Sobre el origen del tiempo

Sobre el origen del tiempo

La última teoría de Stephen Hawking

THOMAS HERTOG

Traducción de
Juan Luis Riera Rey y Francesc Pedrosa

Título original: *On the Origin of Time*

Primera edición: febrero de 2024

© 2023, Thomas Hertog
Reservados todos los derechos
© 2024, Penguin Random House Grupo Editorial, S. A. U.
Travessera de Gràcia, 47-49. 08021 Barcelona
© 2024, Juan Luis Riera Rey y Francesc Pedrosa, por la traducción

Printed in Spain – Impreso en España

ISBN: 978-84-19642-61-5
Depósito legal: B-21.432-2023

Compuesto en La Nueva Edimac, S. L.
Impreso en Black Print CPI Ibérica
Sant Andreu de la Barca (Barcelona)

C 6 4 2 6 1 5

Índice

A Nathalie

La question de l'origine cache l'origine de la question.

La pregunta del origen oculta el origen de la pregunta.

FRANÇOIS JACQMIN

Prefacio

La puerta del despacho de Stephen Hawking era de color verde oliva y, aunque daba directamente a la concurrida sala común, a Stephen le gustaba dejarla un poco abierta. Llamé, entré y me sentí como si me hubieran transportado a un mundo atemporal de contemplación.

Lo encontré sentado tranquilo tras su escritorio, que estaba encarado a la entrada, con la cabeza, demasiado pesada para mantenerla derecha, apoyada en el reposacabezas de su silla de ruedas. Alzó despacio los ojos y me saludó con una sonrisa amable, como si ya me estuviera esperando. La enfermera me ofreció asiento junto a él y me fijé en el ordenador que tenía sobre la mesa. Un salvapantallas corría incansablemente por el monitor: *Para llegar a donde Star Trek no se atreve a ir.*

Mediaba el mes de junio de 1998 y nos encontrábamos en lo más profundo del laberinto del DAMTP, las siglas en inglés del renombrado Departamento de Matemática Aplicada y Física Teórica de Cambridge. El DAMTP se alojaba en un desvencijado edificio victoriano en Old Press, a orillas del río Cam, y durante casi tres décadas había sido el campamento base de Stephen, el nexo de sus empresas científicas. Fue allí donde, recluido en una silla de ruedas e incapaz de levantar siquiera un dedo, había luchado con pasión por doblegar el cosmos a su antojo.

Un colega de Stephen, Neil Turok, me había dicho que el maestro quería verme. Fue el animado curso de Turok, parte del famoso grado avanzado de matemáticas del DAMTP, lo que reavivó mi interés por la cosmología. Stephen se había enterado de algún modo de que los resultados de mi examen eran excelentes y quería saber si podría llegar a ser un buen candidato para un doctorado bajo su tutela.

El viejo y polvoriento despacho de Stephen, abarrotado de libros y artículos científicos, me pareció acogedor. Tenía el techo alto y una gran ventana que, según descubriría más tarde, mantenía abierta incluso en los días más fríos del invierno. En la pared junto a la puerta había una fotografía de Marilyn Monroe y, bajo ella, una foto enmarcada y firmada de Hawking jugando al póquer con Einstein y Newton en la holocubierta del Enterprise. Dos pizarras repletas de símbolos matemáticos ocupaban la pared a nuestra derecha. Una contenía un cálculo reciente relacionado con la última teoría de Neil y Stephen sobre el origen del universo, pero los dibujos y las fórmulas de la segunda parecían datar de la década de 1980. ¿Es posible que se tratase de sus últimos garabatos escritos a mano?[1]

FIGURA 1. Esta pizarra estaba colgada en el despacho de Stephen Hawking en la Universidad de Cambridge como recuerdo de una conferencia sobre la supergravedad celebrada en junio de 1980. Llena de garabatos, dibujos y ecuaciones, es tanto una obra de arte como una mirada al universo abstracto de los físicos teóricos. Hawking está esbozado en el centro, hacia abajo, de espaldas a nosotros. (Versión en color en la lámina 10).

Un suave repiqueteo rompió el silencio. Stephen había comenzado a hablar. Tras perder la voz natural por una traqueotomía practicada a raíz de un ataque de neumonía más de una década antes, ahora se comunicaba mediante una impersonal voz computarizada. Era un proceso lento y laborioso.

Haciendo acopio de la poca fuerza que le quedaba en sus músculos atrofiados, ejercía una débil presión sobre un dispositivo de pulsación, un clicador bastante parecido a un ratón de ordenador, colocado con meticulosidad bajo la palma de su mano derecha. La pantalla ajustada a uno de los brazos de su silla de ruedas se encendió como si fuera una conexión virtual entre su mente y el mundo exterior.

Stephen usaba un programa de ordenador llamado Equalizer que contenía una base de datos de palabras y un sintetizador de voz. Parecía navegar por el diccionario electrónico del Equalizer de manera instintiva, como si hiciera clics rítmicos al son de sus ondas cerebrales. En la pantalla, un menú mostraba varias de las palabras de uso más frecuente y las letras del alfabeto. La base de datos del programa incluía la jerga de la física teórica y el programa se anticipaba a su siguiente elección de palabra mostrándole cinco opciones en la fila inferior del menú. Por desgracia, la selección de palabras se basaba en un algoritmo de búsqueda elemental que no conseguía distinguir entre la conversación general y la física teórica, en ocasiones con resultados hilarantes, desde un *risotto* de microondas cósmicas a dimensiones sexuales adicionales.

«Andrei dice», apareció en la pantalla bajo el menú. Esperé con callada expectación y con la ferviente esperanza de poder entender lo que siguiera. Uno o dos minutos más tarde Stephen dirigió el cursor al icono «Hablar» de la esquina superior izquierda de la pantalla y dijo, con su voz electrónica, «Andrei dice que hay infinitos universos. Eso es un escándalo».

Ahí tenía el disparo de partida de Stephen.

Andrei era el celebrado cosmólogo ruso-estadounidense Andrei Linde, uno de los padres fundadores de la teoría cosmológica de la inflación, propuesta a principios de la década de 1980. Se trata de un refinamiento de la teoría del big bang que postula que el universo comenzó con un breve pulso de expansión superrápida: la inflación. Linde más tarde confeccionó una extensión extravagante de su teoría en la que la inflación producía no uno, sino muchos universos.

Solía pensar en el universo como todo lo que hay. Pero ¿cuánto es eso? En la teoría de Linde, lo que venimos llamando «el universo» no sería más que una fina tajada de un «multiverso» inmensamente mayor. Concebía el cosmos como una enorme extensión en crecimiento que contenía innumerables universos distintos, situados todos ellos a mucha distancia de los horizontes de otros universos, como islas en un océano en expansión. A los cosmólogos les esperaba un viaje movidito. Stephen, el más aventurero de todos ellos, había tomado nota.

«¿Por qué preocuparse por otros universos?», le pregunté.

La respuesta de Stephen fue enigmática. «Porque el universo que observamos parece estar diseñado», replicó. Luego, tras varios clics, añadió: «¿Por qué es el universo como es? ¿Por qué estamos aquí?».

Ninguno de mis profesores de física me había hablado nunca de la física y la cosmología en términos tan metafísicos.

«¿No es esa una cuestión filosófica?», pregunté.

«La filosofía ha muerto», espetó Stephen, con los ojos brillantes, listo para el combate. No me lo esperaba, pero no pude dejar de pensar que, para alguien que había renunciado a la filosofía, Stephen la usaba con abundancia, y de manera creativa, en sus propios trabajos.

Había algo mágico en Stephen. Con el más leve movimiento imprimía suma viveza a nuestra conversación. Transmitía un magnetismo y carisma que casi nunca había visto. Su amplia sonrisa y expresivo rostro, a un tiempo cálido y juguetón, hacían que incluso el sonido robótico de su voz estuviera lleno de personalidad y me sumergiese en los misterios cósmicos sobre los que reflexionaba.

Como el oráculo de Delfos, había llegado a dominar el arte de poner mucho significado en muy pocas palabras. El resultado era una manera única de pensar y hablar sobre la física y, lo que es más, como explicaré, sobre una física nueva por completo. Pero esa concisión también significaba que el más mínimo error en un clic, como el que faltase una palabra, un «no», por ejemplo, podía y solía producir frustración y confusión. Aquella tarde, sin embargo, no me importó verme sumergido en la confusión y agradecí que el trabajo de Stephen con el Equalizer me diese tiempo para pensar en mis respuestas.

Sabía que cuando Stephen decía que el universo parece estar diseñado se refería a la extraordinaria observación de que surgió de su violento nacimiento espectacularmente bien configurado para sustentar la vida, aunque fuese miles de millones de años más tarde. Este conveniente hecho ha atormentado de un modo u otro a los pensadores durante siglos porque parece hecho adrede. Es casi como si la génesis de la vida y el cosmos estuviesen enlazados, como si el cosmos hubiese sabido desde siempre que algún día sería nuestro hogar. ¿Qué debemos pensar de esta misteriosa apariencia de intención? Esta es una de las preguntas centrales que los humanos nos planteamos acerca del universo, y Stephen creía con fervor que la cosmología teórica tenía algo que decir al respecto. De hecho, era la perspectiva —o esperanza— de resolver el enigma del diseño cósmico lo que empujaba muchas de sus investigaciones.

Eso, por sí mismo, ya es excepcional. La mayoría de los físicos prefieren alejarse de esas preguntas difíciles y en apariencia filosóficas. O creen que algún día descubriremos que la delicada arquitectura del universo proviene de algún elegante principio matemático en el corazón mismo de la teoría del todo. De ser así, el aparente diseño del universo nos parecería como un feliz accidente, una consecuencia fortuita de unas leyes de la naturaleza objetivas e impersonales.

Pero ni Stephen ni Andrei eran físicos al uso. Reacios a apostar por la belleza de la matemática abstracta, les parecía que el extraño ajuste del universo que hizo posible el origen de la vida hunde sus raíces en un problema profundo de la física. Insatisfechos con la simple aplicación de las leyes de la naturaleza, persiguieron una concepción más amplia de la física que pusiese en tela de juicio el propio origen de las leyes. Esto los llevó a pensar en el big bang, pues fue en teoría durante el nacimiento del universo cuando quedó establecido su diseño en forma de leyes. Y era justo ahí donde Stephen y Andrei encontraban mayor desacuerdo.

Andrei imaginaba el cosmos como un gigantesco espacio en expansión en el que multitud de big bangs producían de continuo nuevos universos, cada uno con sus propias propiedades físicas, como si estas fuesen poco más que nuestro tiempo atmosférico, pero a escala cósmica. Y argumentaba que, en consecuencia, no debe sorprendernos que nos hallemos en un raro universo idóneo para la vida, pues es obvio que no podríamos existir en uno de los muchos universos donde la vida es imposible. En el multiverso de Linde, toda impresión de un gran diseño tras nuestro universo no sería más que una ilusión nacida de nuestra limitada visión del cosmos.

Stephen sostenía que la gran ampliación cósmica de Linde, del universo al multiverso, era una fantasía metafísica que no explicaba nada, aunque me dio la impresión de que no le parecía que pudiera acabar de demostrarlo. No obstante, me resultó curioso y emocionante que los cosmólogos más destacados del mundo, aunque en feroz desacuerdo, debatiesen aquellas cuestiones fundacionales con tan fuerte convicción.

«¿Acaso no invoca Linde el principio antrópico, la condición de que existimos, cuando escoge un universo biofílico en el multiverso?», aventuré.

Stephen me dirigió la mirada y movió un poco la boca, a lo que yo quedé desconcertado. Más tarde aprendería que eso significaba que no estaba de acuerdo. Cuando comprendió que nadie me había introducido al modo de comunicación no verbal que practicaba con su círculo más cercano, dirigió de nuevo la mirada al monitor y se dispuso a construir una nueva frase. Dos, de hecho.

«El principio antrópico es consejero del desespero —escribió, mientras mi confusión se acrecentaba al ritmo de sus clics—. Es la negación de nuestra esperanza de entender el orden subyacente al universo por medio de la ciencia».

Aquello era sorprendente. Habiendo leído *Historia del tiempo*, era muy consciente de que el joven Hawking había coqueteado a menudo con el principio antrópico como parte de la explicación del universo. Cosmólogo por naturaleza, Hawking había comprendido desde muy temprano las sorprendentes resonancias entre las propiedades físicas del universo a gran escala y la existencia de vida. Ya a principios de la década de 1970 había propuesto un argumento antrópico —aunque resultó ser erróneo— como explicación de por qué la expansión del universo progresaba al mismo ritmo en las tres direcciones del espacio.[2] ¿Había cambiado de opinión acerca de los méritos del razonamiento antrópico en la cosmología?

Mientras Stephen hacía una parada técnica médica para aclarar la tráquea, paseé la mirada por su despacho. Sobre una balda que se extendía por toda la pared izquierda yacían apiladas copias de *Historia del tiempo* traducido a lenguas extrañas. Me pregunté qué más había en ellas que Stephen ya no suscribiera. Junto a aquellas breves historias me fijé en una fila de tesis doctorales de sus antiguos estudiantes. Desde principios de la década de 1970, Stephen había establecido una célebre escuela de pensamiento en Cambridge que siempre había incluido un pequeño círculo, una sucesión de estudiantes de doctorado e investigadores posdoctorales.

Los títulos de sus tesis tocaban algunas de las más profundas preguntas a las que se había enfrentado la física durante el siglo xx. Empezando por los años ochenta, vi *Gravedad: ¿una teoría cuántica?*, de Brian Whitt, y *Tiempo y cosmología cuántica*, de Raymond Laflamme. La tesis de Fay Dowker, *Agujeros de gusano en el espaciotiempo y las constantes de la naturaleza*, me llevó a principios de la década de 1990, cuando Stephen y sus colegas pensaron que los agujeros de gusano (puentes geométricos en el espacio) influían en las propiedades de las partículas elementales. (El amigo de Stephen Kip Thorne daría más tarde un buen uso a los agujeros de gusano en la película *Interstellar* para devolver a Cooper al sistema solar). A la derecha de la tesis de Fay estaba *Problemas de la teoría M*, de Marika Taylor, la progenie académica más reciente de Hawking. Marika había trabajado con Stephen en medio de la segunda revolución de la teoría de cuerdas, cuando esta se transformó en una red mucho más grande conocida como teoría M, y Stephen por fin comenzó a acercarse a la idea.

En el extremo de la izquierda de la balda había dos copias de un libro más viejo con una gruesa cubierta negra, *Propiedades de universos en expansión*. Era la tesis doctoral de Stephen, de mediados de la década de 1960, cuando la gran antena Holmdel Horn de los Laboratorios Bell Telephone captó los primeros ecos del big bang caliente en forma de una tenue radiación de microondas. Stephen demostró en su tesis que, si la teoría de la gravedad de Einstein era correcta, la mera existencia de aquellos ecos significaba que el tiempo debía haber tenido un principio. ¿Cómo encajaba eso con el multiverso de Andrei del que estábamos hablando?

Justo a la derecha de la tesis de Stephen vi la de Gary Gibbons, *Radiación gravitacional y colapso gravitacional*. Gibbons fue el primer estudiante de doctorado de Stephen, a principios de los años setenta, por los tiempos en que el físico estadounidense Joe Weber afirmaba oír frecuentes destellos de ondas gravitatorias procedentes del centro de la Vía Láctea. La intensidad de la radiación gravitacional observada era tan alta que parecía que la galaxia estuviera perdiendo masa a un ritmo que no se podía sustentar a largo tiempo, y, si eso era cierto, entonces pronto no quedaría galaxia. Hechizado por esa paradoja, Stephen y Gary jugaron con la idea de construir su propio detector de ondas gravitatorias en los sótanos del DAMTP. Por poco; los rumores sobre ondas gravitatorias resultaron ser falsos y habrían de pasar todavía unos cuarenta años antes de que LIGO, el Observatorio de Ondas Gravitatorias por Interferometría Láser, lograse por fin detectar estas esquivas vibraciones.

Stephen solía aceptar un nuevo estudiante de doctorado cada año para trabajar con él sobre alguno de sus proyectos de alto riesgo pero alta ganancia, bien fuera sobre agujeros negros (estrellas colapsadas ocultas tras un horizonte) o sobre el big bang. Intentaba alternar, asignando un estudiante para que trabajase sobre agujeros negros y el siguiente sobre el big bang, de manera que en todo momento su círculo de estudiantes de doctorado abarcase los hilos de su investigación. Lo hacía así porque los agujeros negros y el big bang eran como el yin y el yang de su pensamiento: muchas de las ideas clave de Stephen acerca del big bang se pueden relacionar con ideas previas desarrolladas en el contexto de los agujeros negros.

Tanto en el interior de los agujeros negros como en el big bang, el macromundo de la gravedad se funde con el micromundo de los átomos y las partículas atómicas. De un modo u otro, en estas condiciones extremas la teoría de la relatividad de Einstein sobre la gravedad y la teoría cuántica deberían funcionar de manera conjunta. Pero no lo hacen, y eso suele considerarse uno de los grandes problemas no resueltos de la física. Por ejemplo, ambas teorías implican una visión distinta por completo de la causalidad y el determinismo. Mientras que la teoría de Einstein se aferra al viejo determinismo de Newton y Laplace, la teoría cuántica contiene un elemento fundamental de incertidumbre y aleatoriedad, y retiene solo una noción reducida de determinismo, más o menos la mitad de lo que Laplace imaginaba que debía ser. Con los años, el grupo de gravedad de Stephen y su diáspora habían hecho más que ningún otro grupo de investigación del mundo por poner de manifiesto las profundas preguntas conceptuales que surgen cuando uno intenta casar los principios en apariencia contradictorios de estas dos teorías físicas dentro de un único marco armonioso.

Entretanto, Stephen había quedado «arreglado», en palabras de su enfermera, y de nuevo estaba haciendo clics.

«Quiero que trabajes conmigo sobre la teoría cuántica del big bang...».

Al parecer, había llegado en año de big bang.

«... para poner orden en el multiverso». Me miró con una amplia sonrisa, los ojos de nuevo brillantes. Ahí lo tenía. Ni filosofando ni apelando al principio antrópico, sino entretejiendo la teoría cuántica y la cosmología; así es como íbamos a domeñar el multiverso. Tal como lo expresó, parecía el enunciado de unos simples deberes para casa, y, aunque pude discernir en su semblante que se había puesto manos a la obra, no tenía la menor idea de adónde se dirigía la nave espacial Hawking.

«Me estoy muriendo...», apareció en la pantalla.

Me quedé helado. Miré a su enfermera, que leía tranquila en una esquina del despacho. Miré de nuevo a Stephen, que parecía estar bien, por lo que podía ver, y seguía atareado con sus clics.

«... por... una... taza... de... té».

Estábamos en Inglaterra y eran las cuatro de la tarde.

¿Universo o multiverso? ¿Diseño/diseñador o no? Esta es la pregunta decisiva que había de mantenernos ocupados durante veinte años. Unos deberes nos llevaron a otros y pronto Stephen y yo nos encontramos en medio de lo que iba a convertirse en uno de los más acalorados debates de la física teórica de la primera parte del siglo XXI. Casi todos tenían una opinión sobre el multiverso, aunque nadie acabase de saber por dónde cogerlo. Lo que comenzó como un proyecto de doctorado bajo su supervisión evolucionó hacia una intensa y maravillosa colaboración que solo quedó truncada con la muerte de Stephen el 14 de marzo de 2018.

Lo que estaba en juego en nuestras pesquisas no era solo la naturaleza del big bang, ese enigma en el centro de la existencia, sino también el significado más profundo de las leyes de la naturaleza. En definitiva, ¿qué descubre la cosmología sobre el mundo? ¿Cómo encajamos nosotros en él? Esas consideraciones alejan la física de su zona de confort. Pero es justo ahí donde Stephen quería meterse y donde su incomparable intuición, forjada durante décadas de profunda reflexión sobre el cosmos, resultó ser profética.

Como tantos otros antes que él, el joven Hawking veía las leyes de la naturaleza como verdades inmutables y eternas. «Si descubriéramos una teoría completa, conoceríamos la mente de Dios», escribió en *Historia del tiempo*. Más de diez años después, durante nuestro primer encuentro, y con el multiverso de Linde omnipresente, me pareció que su posición no era tan firme. ¿En realidad proporciona la física unos fundamentos cuasidivinos que operan en el origen del tiempo con el big bang? ¿Y los necesitamos?

Pronto descubriríamos que el péndulo platónico había llegado demasiado lejos en la física teórica. Cuando seguimos el universo atrás en el tiempo hasta sus primeros instantes, encontramos un nivel más profundo de evolución en el que las propias leyes físicas comienzan a cambiar y evolucionar en una suerte de metaevolución. En el universo primigenio, las reglas de la física se transmutan mediante un proceso de variación aleatoria y selección que recuerda la selección darwiniana, y las especies de partículas, las fuerzas y, como argumentaremos, el propio tiempo se desvanecen en el big bang. Y, lo que es más, Stephen y yo llegamos a ver el big bang no ya como el principio del tiempo, sino también como el origen de las leyes de la física. En el núcleo de nuestra cosmogonía descansa una nueva teoría física del origen del big bang que, como llegamos a comprender, al mismo tiempo encierra el origen de la teoría.

Trabajar con Stephen fue un viaje no solo a los bordes del espacio y el tiempo, sino también a lo más profundo de su mente, a aquello que definía a Stephen. Nuestra búsqueda en común nos acercó. Era un verdadero indagador. Estando a su lado resultaba imposible no verse influido por su determinación y su optimismo epistémico, que lo llevaban a creer que aquellas enigmáticas preguntas cósmicas eran tratables. Stephen nos hacía sentir que estábamos escribiendo nuestra propia historia de la creación, y, en cierto sentido, lo hicimos.

¡Y la física era divertida! Con Stephen uno nunca sabía dónde acababa el trabajo y dónde comenzaba la fiesta. Su insaciable pasión por entender solo sería pareja a su pasión por la vida y su espíritu de aventura. En abril de 2007, a los pocos meses de cumplir sesenta y cinco años, participó en un vuelo de gravedad cero a bordo de un Boeing 727 equipado para la ocasión, que vio como un preludio a un viaje al espacio, y eso mientras a sus médicos les preocupaba incluso que cruzase el canal de la Mancha en el Eurostar para venir a Bélgica a visitarme.

Entretanto, con su voz natural ya silenciada para siempre y demasiado débil como para mover siquiera un dedo, nada le impidió convertirse en el mayor comunicador de la ciencia de nuestra época. Inspirado por un profundo sentido de que formamos parte de un gran esquema que está inscrito en el firmamento, diríase que, a la espera de que lo desentrañemos, compartía su pasión por el descubrimiento con un público universal. A medio camino de nuestra colaboración escribió un libro, *El gran diseño*, que refleja nuestra confusión de aquella época. En él, Stephen se aferra al principio antrópico, el multiverso y la idea de una teoría final de todo, e incluso a su pugna con un universo creado por un Dios. Pero *El gran diseño* también contiene las primeras semillas del nuevo paradigma cosmológico que pocos años después cristalizaría en nuestro trabajo. Poco antes de su muerte, Stephen me dijo que había llegado el momento de escribir un nuevo libro. Este es ese libro. En los capítulos que siguen describo nuestro viaje de vuelta al big bang, y dentro de él, y cómo este viaje acabó llevando a Hawking a desembarazarse del multiverso para remplazarlo con una nueva y sorprendente perspectiva sobre el origen del tiempo, profundamente darwiniana en alma y naturaleza, que nos brinda una comprensión radicalmente revisada del gran diseño del cosmos.

A menudo se uniría a nosotros en nuestro empeño el físico estadounidense Jim Hartle, el viejo colaborador de Stephen, con quien ya a principios de la década de 1980 había hecho incursiones pioneras en la cosmología cuántica. A lo largo de los años, ambos habían madurado una predilección por ver el universo a través de una lente cuántica. En ellos, incluso el lenguaje encarnaba su pensamiento cuántico, como si su cerebro estuviera conectado de una forma distinta al nuestro. Por ejemplo, cuando la mayoría de los cosmólogos hablan de «el universo», se refieren a las estrellas y galaxias en el vasto espacio que nos rodea. Cuando Jim o Stephen decían «el universo», se referían al universo cuántico abstracto, inundado de incertidumbre, con todas sus historias posibles viviendo en una suerte de superposición. Pero fue justo su visión tan radicalmente cuántica lo que acabó haciendo posible una genuina revolución darwiniana en la cosmología. El último Hawking se tomaba muy en serio la teoría cuántica, muchísimo, y decidió agarrarse a ella, emplearla para repensar el universo a las más grandes escalas. La cosmología cuántica sería el campo de investigación en el que Stephen se mantendría en la vanguardia hasta su último aliento.

Durante el tiempo que colaboramos, Stephen acabó perdiendo la poca fuerza que le quedaba en la mano para presionar el dispositivo que utilizaba para conversar, y lo cambió por un sensor montado en sus gafas que activaba con una ligera contracción de la mejilla. Pero con el tiempo hasta eso le resultaba difícil. La comunicación se fue haciendo más lenta, desde unas pocas palabras por minuto a minutos por palabra y hasta casi cesar del todo, al tiempo que la demanda por su voz crecía.[3] El más célebre apóstol de la ciencia de todo el mundo, incapaz de hablar. Pero Stephen no se rendía. A medida que nuestra conexión intelectual se hacía más profunda con los años, fuimos transitando hacia una comunicación no verbal. Olvidándome del Equalizer, los sensores y los clics, me situaba frente a él, claramente en su campo de visión, y sondeaba su mente lanzándole preguntas. Los ojos de Stephen se encendían cuando mis argumentos se hacían eco de su propia intuición. Sobre los cimientos de esta conexión, navegábamos y explotábamos el lenguaje común y la comprensión mutua que habíamos forjado a lo largo de los años. De esas «conversaciones» nació, lenta pero segura, la teoría final del universo de Stephen.

Hay momentos cruciales en la ciencia en los que, queramos o no, las consideraciones metafísicas pasan a primer plano. En esas bifurcaciones del camino aprendemos algo profundo, no ya sobre cómo funciona la naturaleza, sino sobre las condiciones que hacen posible que nuestra práctica de la ciencia sea posible y valiosa, y sobre la visión del mundo que puede nacer de nuestros descubrimientos. El empeño de la física por comprender qué hace que el universo sea ideal para la vida nos ha traído hasta una de esas bifurcaciones. En lo más hondo, se trata de una cuestión humanista que trasciende la ciencia, pues se ocupa de nuestros orígenes. La teoría final del universo de Stephen contiene el núcleo de una reflexión de extraordinario poder sobre qué significa ser humano en este cosmos biofílico, como custodios del planeta Tierra. Aunque solo fuera por esta razón, podría acabar siendo su mayor legado científico.

Nota del autor

Mis numerosas conversaciones con Stephen a lo largo de una veintena de años son fidedignas y fielmente entretejidas en el relato. Las citas de Stephen que también han aparecido publicadas se indican en las notas finales.

Capítulo 1

Una paradoja

Es könnte sich eine seltsame Analogie ergeben, daß das Okular auch des riesigsten Fernrohrs nicht größer sein darf, als unser Auge.

Podría surgir una curiosa analogía en que el ocular del más grande de los telescopios no puede ser mayor que el ojo humano.

LUDWIG WITTGENSTEIN,
Vermischte Bemerkungen [*Cultura y valor*]

Los últimos años de la década de 1990 fueron la culminación de un periodo dorado de descubrimientos en cosmología. Considerada hasta entonces una disciplina de especulación desenfrenada, la cosmología —la ciencia que se atreve con el estudio del origen, la evolución y el destino del universo como un todo— alcanzaba por fin la madurez. Científicos de todo el mundo asistían emocionados a las espectaculares observaciones obtenidas por sofisticados instrumentos, desde satélites o desde la Tierra, que transformaban nuestra imagen del universo hasta hacerla irreconocible. Parecía que el universo nos hablaba. Estos avances ponían a prueba a los teóricos, a quienes se pedía que refrenaran sus especulaciones y extrajeran predicciones de sus modelos.

Con la cosmología descubrimos el pasado. Los cosmólogos son viajeros en el tiempo, y los telescopios, las máquinas que les permiten viajar por él. Cuando miramos el espacio profundo, en realidad miramos hacia atrás en el tiempo profundo, pues la luz de las estrellas y galaxias lejanas ha viajado millones o incluso miles de millones de años antes de alcanzarnos. Ya en 1927 el sacerdote y astrónomo belga Georges Lemaître predijo que el espacio, considerado a tan largos periodos de tiempo, se expande. Pero no fue hasta la década de 1990 cuando los avances en la tecnología de los telescopios nos permitieron medir la historia de la expansión del universo.

Esa historia escondía algunas sorpresas. Por ejemplo, en 1998 los astrónomos descubrieron que la expansión del espacio comenzó a acelerarse hace unos cinco mil millones de años pese a que todas las formas conocidas de materia se atraen y, por tanto, deberían frenar la expansión. Desde entonces, los físicos se preguntan si esa extraña aceleración cósmica viene determinada por la constante cosmológica de Einstein, una energía oscura, etérea e invisible que hace que la gravedad repela en lugar de atraer. Un astrónomo bromeó con que el universo se parece a Los Ángeles: un tercio de sustancia y dos de energía.

Como es obvio, si el universo se está expandiendo es que debió estar más comprimido en el pasado. Si presenciásemos la historia del universo hacia atrás (como un ejercicio matemático, naturalmente), encontraríamos que toda la materia tuvo que estar algún día densamente empaquetada y muy caliente, puesto que la materia se calienta e irradia cuando se comprime. Este estado primigenio se conoce como «big bang caliente». Desde la década dorada de 1990, las observaciones astronómicas nos han permitido establecer la edad del universo —el tiempo transcurrido desde el big bang— en 13.800 millones de años, 20 millones arriba o abajo.

Ansiosa por saber más sobre el nacimiento del universo, la Agencia Espacial Europea (ESA) lanzó un satélite en mayo de 2009 con la intención de realizar la más ambiciosa y detallada exploración del firmamento nocturno jamás acometida. El objetivo era un enigmático patrón de parpadeos en la radiación térmica que había dejado el big bang. Tras viajar por el cosmos en expansión durante 13.800 millones de años, el calor del nacimiento del universo que hoy nos alcanza ya está frío: 2,275 K, unos −270 grados centígrados. A esta temperatura, la radiación se encuentra en la banda de microondas del espectro electromagnético, por lo que el calor residual se conoce como «radiación cósmica de fondo de microondas», o CMB (por sus siglas en inglés).

Los esfuerzos de la ESA por captar el antiguo calor culminaron en 2013, cuando una curiosa imagen moteada que recuerda un cuadro puntillista decoró las primeras planas de los periódicos de todo el mundo. Es la imagen que aparece reproducida en la figura 2, que muestra una proyección de todo el firmamento compilada con exquisito detalle a partir de millones de píxeles que representan la temperatura de la radiación CMB residual en distintas direcciones del espacio. Estas detalladas observaciones de la radiación de fondo de microondas nos ofrecen una instantánea del aspecto que ofrecía el universo apenas 380.000 años después del big bang, cuando se había enfriado hasta unos pocos miles de grados, lo bastante como para liberar la radiación primigenia, que desde entonces ha viajado sin obstáculos por el cosmos.

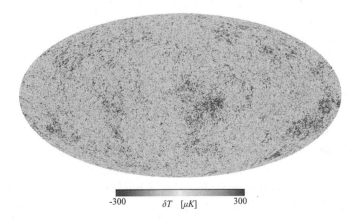

$$-300 \qquad \delta T \; [\mu K] \qquad 300$$

Figura 2. Mapa del resplandor del big bang caliente en todo el firmamento obtenido por la Agencia Espacial Europea mediante el satélite Planck, así bautizado en honor al pionero de la física cuántica Max Planck. Las motas de distintos tonos de gris representan ligeras variaciones de la temperatura de la antigua radiación cósmica de fondo de microondas que nos llega desde distintas direcciones del espacio. A primera vista, estas fluctuaciones parecen aleatorias, pero un estudio más detallado ha revelado que son patrones que conectan distintas regiones en el mapa. Estudiándolas, los cosmólogos pueden reconstruir la historia de la expansión del universo y modelar la formación de las galaxias e incluso predecir su futuro.

El mapa de la radiación de fondo de microondas confirma que el calor residual del big bang se encuentra distribuido por todo el espacio de manera casi uniforme, pero no completamente. Las motas de la imagen representan variaciones minúsculas de temperatura, diminutas fluctuaciones de no más de una centésima de milésima de grado. Pero, por minúsculas que sean, estas variaciones revisten una enorme importancia, pues indican las semillas en torno a las cuales se acabarían formando las galaxias. Si el big bang hubiera sido uniforme en todo el espacio, hoy no habría galaxias.

La instantánea de la antigua radiación CMB marca nuestro horizonte cosmológico: no es posible mirar más atrás. Pero podemos averiguar algo sobre los procesos que tuvieron lugar en épocas más tempranas con la ayuda de la teoría cosmológica. Del mismo modo que los paleontólogos averiguan a partir de fósiles pétreos cómo fue la vida en la Tierra, los cosmólogos pueden descifrar los patrones que se hallan codificados en estos parpadeos fósiles para hacerse una idea de lo que podría haber sucedido antes de que el mapa del calor residual quedase impreso en el firmamento. Eso convierte el CMB en una piedra de Rosetta cosmológica que nos permite rastrear la historia del universo aún más atrás, tal vez hasta tan solo una fracción de segundo después de su nacimiento.

Y lo que descubrimos es muy interesante. Como veremos en el capítulo 4, las variaciones de temperatura de la radiación CMB indican que el universo al principio se expandió deprisa, luego se desaceleró y más recientemente (hace unos cinco mil millones de años) comenzó a acelerarse de nuevo. Frenarse parece ser más la excepción que la regla a las escalas de tiempo profundo y espacio profundo. Es una de esas propiedades del universo en apariencia fortuitas que lo hacen acogedor para la vida, pues solo en un universo que se desacelera puede agregarse la materia para formar galaxias. De no haber sido por la extensa cuasipausa de la expansión en nuestro pasado, hoy, como decíamos, no habría ni galaxias, ni estrellas, ni, por tanto, vida.

De hecho, la historia de la expansión del universo se encuentra en el centro mismo de uno de los primeros momentos en que las condiciones para nuestra existencia se colaron en el pensamiento cosmológico moderno. Ese momento se produjo a principios de la década de 1930, cuando Lemaître hizo una notable anotación en uno de sus cuadernos púrpura acerca de lo que calificaba de universo «vacilante», con una historia de expansión parecida a la que surgiría de observaciones realizadas setenta años más tarde* (ver inserto, lámina 3). Lemaître llegó a abrazar la idea de una larga pausa en la expansión tras considerar la habitabilidad del universo. Sabía que las observaciones astronómicas de galaxias cercanas apuntaban a una elevada tasa de expansión en tiempos recientes. Pero, cuando rastreó la evolución del universo hacia atrás en el tiempo con esa misma tasa, vio que las galaxias habrían estado todas mezcladas hace no más de mil millones de años. Eso, por supuesto, era imposible, pues la Tierra y el Sol son mucho más viejos. Para evitar un obvio conflicto entre la historia del universo y la de nuestro sistema solar, concibió una era intermedia de expansión muy lenta, con el fin de dar tiempo para que se desarrollasen las estrellas, los planetas y la vida.

En las décadas que han trascurrido desde los trabajos pioneros de Lemaître, los físicos no han dejado de tropezarse con muchas más de esas «felices coincidencias». Cualquier cambio que no sea nimio en casi cualquiera de sus propiedades físicas básicas, desde el comportamiento de los átomos y las moléculas hasta la estructura del cosmos a las más grandes escalas, pondría contra las cuerdas la habitabilidad del universo.

Veamos si no qué pasa con la gravedad, la fuerza que esculpe y gobierna el universo a gran escala. La gravedad es muy débil; necesita la masa de la Tierra solo para mantenernos con los pies en el suelo. Pero, si fuera más fuerte, las estrellas brillarían con mayor intensidad y, por consiguiente, morirían antes, sin dar tiempo para la evolución de vida compleja en ninguno de los planetas en órbita que recibieran su calor.

O pensemos en las pequeñas variaciones, de una parte por cien mil, en la temperatura de la radiación residual del big bang. Si esas variaciones fuesen algo mayores, por ejemplo, en una parte por diez mil, las semillas de las estructuras cósmicas habrían crecido hasta con-

---

* Lemaître solía anotar ideas científicas por un extremo de sus cuadernos y reflexiones espirituales por el otro, dejando en medio unas pocas páginas en blanco, como si quisiera evitar que ciencia y religión se mezclasen de forma innecesaria.

vertirse en agujeros negros gigantes en lugar de acogedoras galaxias llenas de estrellas. Y al contrario: variaciones aún más pequeñas, de una millonésima o menos, ni siquiera producirían galaxias. El big bang caliente tenía las características justas. De algún modo, hizo que el universo siguiera una trayectoria muy acogedora para la vida, aunque sus frutos no se hiciesen palpables hasta varios miles de millones de años después. ¿Por qué?

Abundan los ejemplos de coincidencias cósmicas como estas. Habitamos un universo con tres dimensiones grandes de espacio. ¿Tiene ese tres algo de especial? Pues sí. Basta con añadir una sola dimensión más para que las órbitas de átomos y planetas se tornen inestables. La Tierra se abalanzaría en espiral contra el Sol en lugar de trazar una órbita estable en torno a él. Los universos de cinco o más dimensiones espaciales grandes tienen problemas aún mayores. Por otro lado, los mundos de dos dimensiones espaciales quizá no ofrecieran espacio suficiente para que en él funcionasen los sistemas complejos, como ilustra la figura 3. Tres dimensiones de espacio parecen ser las justas para la vida.

Además, esta extraña idoneidad para la vida se extiende a las propiedades químicas del universo, que vienen determinadas por las propiedades de las partículas elementales y de las fuerzas que actúan entre ellas. Por ejemplo, los neutrones son un poquito más pesados que los protones. La razón de masas entre neutrones y protones es 1,0014. Si hubiera sido al revés, todos los protones del universo se habrían desintegrado en neutrones poco después del big bang. Pero

FIGURA 3. Se hace difícil imaginar que la vida pueda surgir, y menos aún sustentarse, en un universo con solo dos dimensiones del espacio. Los mecanismos evidentes para cazar y alimentarse no funcionan.

sin protones no habría núcleos atómicos ni, por tanto, átomos ni química.

Otro ejemplo de lo mismo es la producción de carbono en las estrellas. Por lo que sabemos, el carbono es esencial para la vida. Pero no nació con el universo, sino que se formó en la fusión nuclear que tiene lugar en el interior de las estrellas. En la década de 1950, el cosmólogo británico Fred Hoyle señaló que la síntesis eficiente de carbono a partir de helio en las estrellas depende de un delicado equilibrio entre la fuerza nuclear fuerte, que mantiene unidos los núcleos de los átomos, y la fuerza electromagnética. Si la fuerza fuerte fuese una fracción más fuerte o más débil que ahora (apenas unos pocos puntos porcentuales), las energías que unen los núcleos se desplazarían, comprometiendo la fusión de carbono y, por consiguiente, la formación de la vida basada en el carbono. A Hoyle eso le pareció tan extraño que dijo que el universo le parecía un «montaje», como si «un superintelecto hubiera manipulado la física, pero también la química y la biología».[1]

Pero el más desconcertante de los ajustes finos propicios para la vida guarda relación con la energía oscura. El valor de la densidad de energía oscura que hemos medido es muy bajo, unas sorprendentes 10^{-123} veces más bajo de lo que muchos físicos considerarían un valor natural. Sin embargo, esa pequeñez es justo lo que hizo que el universo «dudase» durante unos ocho mil millones de años antes de que la energía oscura consiguiese hacer acopio de la fuerza suficiente para acelerar la expansión. Ya en 1987, Steven Weinberg señaló que, si la densidad de la energía oscura fuese tan solo un poco más alta, digamos 10^{-121} veces su valor natural, entonces su efecto repulsor habría sido mayor y habría entrado en juego antes, cerrando, una vez más, la ventana de oportunidad cósmica para la formación de galaxias.[2]

En definitiva, como Stephen insistía en señalar en nuestra primera conversación, parece como si el universo hubiese estado de algún modo diseñado para hacer posible la vida. En este contexto el celebrado escritor y físico teórico Paul Davies habló del factor «Ricitos de Oro» en el universo: «Como las gachas del cuento de Ricitos de Oro y los tres ositos, el universo parece ser "justo" lo que necesita la vida, y de muchas y curiosas maneras».[3] Y, aunque eso no signifique que el cosmos tenga que estar repleto de vida, los sensatos ajustes que lo hacen habitable no son de ningún modo cualidades superficiales del mundo, sino que están inscritos de manera muy profunda en la forma matemática de las leyes de la física. Las masas y propiedades de la variedad de partículas, las fuerzas que rigen sus interacciones, incluso la composición global del universo —todo lo cual parece hecho adrede para sustentar la vida— reflejan el carácter específico de las relaciones matemáticas que definen lo que los físicos llaman leyes de la naturaleza. Así que el enigma del diseño en la cosmología es que las leyes fundamentales de la física parecen estar pensadas *ex profeso* para facilitar que surja la vida. Es como si hubiera una conspiración oculta para entretejer nuestra existencia con las leyes básicas sobre las que funciona el universo. Parece increíble, ¡y lo es! ¿Qué conspiración es esa?

Debo recalcar que este es un enigma del todo insólito para los físicos teóricos. Estos, por lo general, utilizan las leyes de la naturaleza para describir tal o cual fenómeno o predecir el resultado de un experimento. También intentan generalizar las leyes existentes con el fin de que se apliquen a una variedad mayor de fenómenos naturales. Pero estas preguntas sobre el diseño nos llevan por un camino bastante distinto. Nos fuerzan a reflexionar sobre la naturaleza profunda de las leyes y sobre cómo encajamos en su esquema. Lo emocionante de la cosmología moderna es que nos ofrece un marco científico en el que podemos albergar la esperanza de dilucidar este misterio de misterios. Y es que la cosmología es el campo de la física en el que nosotros mismos somos parte inherente del problema que intentamos resolver.

Históricamente, el aparente diseño del mundo se ha tomado como prueba de que un propósito subyace al funcionamiento de la naturaleza. Este parecer se remonta a Aristóteles, tal vez el filósofo más influyente de todos los tiempos. Apasionado también por la historia natural, Aristóteles observó que muchos de los procesos que se dan en el mundo vivo parecen tener intención. Pensó entonces que, si los seres vivos que carecen de raciocinio tienen un objeto, debe existir una causa final que dirige el cosmos como un todo. El argumento teológico de Aristóteles era persuasivo, lógico, reconfortante y, hasta cierto punto, tenía base empírica, pues el mundo que nos rodea está colmado de ejemplos del funcionamiento de causas finales, desde el ave que recoge ramillas para hacer un nido hasta el perro que escarba en el jardín para desenterrar un hueso. No debe sorprender, entonces, que las tesis teleológicas de Aristóteles persistieran, sin apenas desafío, durante casi dos milenios.

Pero entonces, en el siglo XVI, en un extremo del continente euroasiático, el trabajo de un pequeño círculo de pensadores prendió la mecha de la revolución científica moderna. Copérnico, Descartes, Bacon, Galileo y sus coetáneos se fijaron en que nuestros sentidos pueden traicionarnos. Hicieron suyo el adagio latino *Ignoramus*, literalmente, «No sabemos». Este cambio de perspectiva ha tenido repercusiones de enorme alcance. Hay incluso quien lo tiene por la más influyente de todas las transformaciones que se han producido en los doscientos mil años que hace que los humanos habitamos este planeta. Además, su plena significación todavía está por desplegarse del todo. El resultado inmediato de la revolución científica, al menos en círculos académicos, fue acabar con la tan arraigada cosmovisión aristotélica para sustituirla por la idea de que la naturaleza está regida por leyes naturales que actúan aquí y ahora, y que podemos descubrir y comprender. De hecho, la esencia misma de la ciencia moderna es que, una vez admitida la ignorancia, podemos adquirir nuevo conocimiento experimentando y observando, y desarrollando modelos matemáticos que organizan estas observaciones en teorías generales o «leyes».

Paradójicamente, sin embargo, la revolución científica hizo aún más profundo el enigma de la biofilia de nuestro universo. Antes de la revolución científica, una suerte de unidad subyacía a la concepción que el hombre tenía del mundo: se creía que tanto lo animado como lo inanimado estaban guiados por un propósito global, divino o no. El diseño del mundo se veía como una manifestación de un gran plan cósmico que, como es lógico, asignaba al hombre un papel privilegiado. El antiguo modelo del mundo que propugnaba el astrónomo alejandrino Ptolomeo en su libro *Almagesto*, por ejemplo, era tan geocéntrico como antropocéntrico.

Pero, con la llegada de la revolución científica, la naturaleza fundamental de la relación de la vida con el universo físico se llenó de confusión. Casi cinco siglos después, nuestro desconcierto con el hecho de que las en teoría objetivas, impersonales y atemporales leyes de la física estén ajustadas de manera casi perfecta para permitir la vida es una manifestación clara de esa confusión. Así, aunque la ciencia moderna consiguió abolir la antigua dicotomía entre el cielo y la Tierra, abrió una nueva y fenomenal brecha entre el mundo vivo y el inanimado, dejando la percepción que teníamos de nuestro lugar en el gran esquema del cosmos en perpetua incertidumbre.

De hecho, quizá podamos comprender mejor de qué modo se ha configurado la visión que tiene el hombre de la ontología de las leyes de la naturaleza si volvemos a fijarnos en las raíces profundas de la idea de que hay leyes. Los primeros indicios de que hubiera leyes que gobiernan la naturaleza aparecieron en el siglo VI a.C. en Mileto, en la escuela jónica de Tales, en lo que hoy es la región más occidental de Turquía. Mileto, la más rica de las ciudades griegas jónicas, se fundó en un puerto natural cerca de donde el río Meandro desemboca en el mar Egeo. Allí el legendario Tales, como luego los modernos científicos, estaba dispuesto a mirar bajo la superficie de las apariencias del mundo en busca de un conocimiento más profundo.

Tales tuvo un pupilo, Anaximandro, que creó lo que los griegos dieron en llamar περι φυσεως ιστοθια, o «investigación acerca de la naturaleza», o sea, física.

A Anaximandro también se lo considera el padre de la cosmología por ser el primero en ver la Tierra como un planeta, una gigantesca roca que flota con libertad en el espacio vacío. Razonaba que más allá de la Tierra no había tierra sin límite ni columnas gigantes, sino el mismo cielo que vemos sobre nuestra cabeza. De este modo, dio profundidad al cosmos, transformándolo de caja cerrada —con el cielo encima y la Tierra debajo— en espacio abierto. Este cambio conceptual permitía imaginar cuerpos celestes más allá de la Tierra y abría así el paso a la astronomía griega. Además, Anaximandro escribió un tratado titulado *Sobre la naturaleza* que, aunque perdido, se cree que contenía el siguiente fragmento:[4]

> Las cosas perecen en aquellas de las que han recibido su ser, como es debido; pues mutuamente se dan justa retribución por su injusticia según el ordenamiento del tiempo.

FIGURA 4. Relieve del antiguo filósofo griego Anaximandro de Mileto. Hace veintiséis siglos, Anaximandro puso las primeras piedras del largo y sinuoso camino de la ciencia para repensar el mundo.

En estas pocas líneas, Anaximandro articula la idea revolucionaria de que la naturaleza no es ni arbitraria ni absurda, sino que está gobernada por algún tipo de ley. Esta es la suposición fundacional de la ciencia: bajo la superficie de los fenómenos naturales hay un orden abstracto pero coherente.

Anaximandro no especificó qué forma podían tomar las leyes de la naturaleza más allá de establecer una analogía con las leyes civiles que regulan las sociedades humanas. Pero su más célebre pupilo, Pitágoras, propuso que el orden del mundo debía tener una base matemática. Los pitagóricos daban a los números un significado místico e intentaban construir el cosmos entero a partir de ellos. Platón adoptó y defendió su idea de que el mundo podía describirse en términos matemáticos y la convirtió en uno de los pilares de su teoría de la verdad. Decía que el mundo de nuestra experiencia se asemejaba a las sombras de una realidad muy superior de formas matemáticas perfectas que existía separada de la que nosotros percibimos. Los antiguos griegos llegarían a pensar que, aunque no podamos llegar a tocar o ver el orden que subyace al mundo, podemos deducirlo por medio de la lógica y la razón.

Sin embargo, por impresionantes que sean sus teorías, las especulaciones de los antiguos acerca de la naturaleza tienen poco en común con la física moderna, ya sea en sustancia, en método o en estilo. Para empezar, los griegos antiguos razonaban casi por completo sobre una base estética y a partir de suposiciones previas, con poco o nulo esfuerzo por ponerlas a prueba. Sencillamente, no se les pasaba por la cabeza. En consecuencia, su concepción de la física y de una realidad regida por leyes no se asemejaba en nada a la moderna teoría científica. En su último libro, *Explicar el mundo*, Steven Weinberg argumentaba que, desde un punto de vista contemporáneo, debemos ver a los antiguos griegos no como físicos o científicos o siquiera filósofos, sino como poetas, puesto que su metodología difería de manera fundamental de la práctica académica actual. Por supuesto, los físicos modernos también ven la belleza de sus teorías, pero esas consideraciones no constituyen una alternativa a la verificación de las teorías mediante experimentos y observaciones, que son, al fin y al cabo, las innovaciones cruciales de la revolución científica.

No obstante, la visión de Platón de hacer matemático el mundo resultaría tener una enorme influencia. Cuando varios siglos más tarde se inició la revolución científica moderna, sus protagonistas se vieron motivados por su fe en el programa platónico de buscar un orden oculto que subyaciera al mundo físico y se expresara en forma de relaciones matemáticas. «El gran libro de la naturaleza —escribió Galileo— pueden leerlo solo aquellos que conocen el lenguaje en el que fue escrito. Y ese lenguaje es la matemática».[5]

Isaac Newton, alquimista, místico y persona de carácter difícil, pero que se cuenta entre los mayores matemáticos de todos los tiempos, consolidó el enfoque matemático a la filosofía natural en sus *Principia*, que algunos consideran la obra más importante de la historia de la ciencia. Newton le dio un buen empujón a esta durante un confinamiento decretado a raíz de la peste de 1665, que obligó a la Universidad de Cambridge a cerrar sus puertas. Bachiller reciente, Newton regresó a la casa materna y su huerto de manzanos en Lincolnshire. Allí reflexionó sobre el análisis matemático, sobre la gravedad y el movimiento, y descompuso la luz con un prisma, demostrando así que la luz blanca está constituida por los colores del arcoíris. Pero no fue hasta mucho más tarde, en abril de 1686, cuando Newton presentó a la Royal Society para su publicación sus *Philosophiae Naturalis Principia Mathematica*, que contenían ya tres leyes del movimiento y la ley de la gravitación universal. Esta última, quizá la más célebre de todas las leyes de la naturaleza, postula que la fuerza de la gravedad entre dos cuerpos es directamente proporcional a su masa e inversamente proporcional al cuadrado de la distancia que los separa.

La demostración de Newton en los *Principia* de que los mismos principios universales subyacen al funcionamiento de los cielos divinos y del imperfecto mundo que nos rodea marcó una ruptura conceptual y espiritual con el pasado. Se dice a veces que Newton unificó cielo y tierra. Su síntesis de los movimientos planetarios en un puñado de ecuaciones matemáticas transformó todas las ilustraciones previas del sistema solar y señaló la transición de la era de la magia a lo que habría de convertirse en la física moderna. El modo de hacer de Newton se convirtió en el paradigma general de toda la física que le siguió. A diferencia de la «física» de los antiguos griegos, que apenas podemos reconocer como tal, la física contemporánea está como en su propia casa en la física newtoniana.

Uno de los éxitos más famosos de las leyes de Newton fue el descubrimiento del planeta Neptuno en 1846. Algunos astrónomos ya se habían percatado de que la trayectoria de Urano se desviaba un poco de la órbita que predecía la ley de la gravedad de Newton. En busca de una explicación de esta obstinada discrepancia, el francés Urbain Le Verrier tuvo el coraje de sugerir que era debida a un planeta desconocido y aún más lejano, cuya atracción gravitatoria debía influir un poco en la trayectoria de Urano. Con la ayuda de las leyes de Newton, Le Verrier consiguió predecir dónde se hallaría en el firmamento este planeta desconocido para explicar las desviaciones de la órbita de Urano, suponiendo, claro está, que las leyes de Newton fuesen correctas. Y, en efecto, los astrónomos no tardaron en descubrir Neptuno a menos de un grado de donde Le Verrier les había indicado. Este se convirtió en uno de los momentos más señalados de la ciencia del siglo XIX. Se dijo entonces que Le Verrier había descubierto un nuevo planeta «con la punta de su pluma».[6]

Éxitos abrumadores como estos a lo largo de varios siglos parecían confirmar las leyes de Newton como verdades universales definitivas. Ya en el siglo XVIII el matemático francés Joseph-Louis Lagrange señaló que Newton había tenido la suerte de vivir en aquel tiempo único en la historia de la humanidad en el que era posible descubrir las leyes de la naturaleza. Al parecer, el propio Newton no hizo mucho por evitar el nacimiento de este mito. Inmerso en una tradición de misticismo, veía la elegante forma matemática de sus leyes como una manifestación de la mente de Dios.

Es a esta formulación matemática de las leyes de la naturaleza a lo que se refieren los físicos actuales cuando usan la palabra «teoría». Las teorías físicas deben su utilidad y poder predictivo al hecho de que logran describir el mundo real mediante ecuaciones matemáticas abstractas que se pueden manipular para predecir lo que ocurrirá sin necesidad de hacer observaciones o realizar experimentos. ¡Y funciona! Desde el descubrimiento de Neptuno hasta el registro de ondas gravitacionales o la predicción de nuevas partículas o antipartículas fruto de colisiones en aceleradores de partículas, una y otra vez los fundamentos matemáticos de las leyes de la física nos han conducido a fenómenos nuevos y sorprendentes que más tarde se observaron. Muy impresionado por este poder de predicción, el premio Nobel Paul Dirac promovió, en célebres declaraciones, la exploración de la matemática bella e interesante como la mejor manera de practicar la física. La matemática «nos lleva de la mano —sentenció— a descubrir nuevas teorías físicas».[7] La mayoría de los actuales teóricos de cuerdas han adoptado la máxima de Dirac en su búsqueda de una teoría final unificada, lo que a veces los ha llevado a sucumbir a la tentación de los antiguos de tomar la belleza matemática de su marco teórico como garantía de su veracidad. Más de un pionero de la teoría de cuerdas ha expresado con tonos líricos que la teoría era una estructura demasiado bella como para ser irrelevante para la naturaleza.

A un nivel más profundo, sin embargo, todavía no acabamos de comprender por qué la física teórica funciona tan irrazonablemente bien. ¿Por qué se ajusta la naturaleza a un sistema de sutiles relaciones matemáticas que actúan bajo su superficie? ¿Qué significado tienen en realidad esas leyes? ¿Y por qué adoptan la forma que adoptan?

La mayoría de los físicos todavía siguen a Platón en este punto. Tienden a concebir las leyes de la física como verdades matemáticas eternas, que no viven solo en nuestra mente, sino que actúan en una realidad abstracta que trasciende el mundo físico. Las leyes de la gravedad o la mecánica cuántica, por ejemplo, suelen verse como aproximaciones de una teoría final que debe existir en algún sitio, en algún dominio que todavía no hemos descubierto. Así que, aunque las leyes físicas surgieron en la era científica moderna sobre todo como herramientas para describir los patrones que encontramos en la naturaleza, desde que Newton identificó sus raíces matemáticas han cobrado vida propia y han adquirido una suerte de realidad que reemplaza al mundo físico. Para el polímata francés de principios del siglo xx Henri Poincaré, la idea de leyes platónicas incondicionales era una presuposición indispensable para la ciencia.

Aunque la proposición de Poincaré no carece de interés e importancia, también resulta desconcertante. ¿En concreto de qué modo esas leyes «socialmente lejanas», allí en su reino platónico, se coligan para gobernar un universo físico, cuanto más uno que es tan acogedor para la vida? El descubrimiento del big bang es crucial por cuanto significa que no estamos tratando «solo» de una cuestión filosófica. De hecho, si el big bang es en realidad el origen del tiempo, será mejor que Poincaré lleve razón, pues, si las leyes físicas determinan cómo comenzó el universo, cabe imaginar que debieron tener alguna forma de existencia más allá del tiempo. Lo interesante, pues, es que la teoría del big bang arrastra lo que podrían haber parecido meras consideraciones metafísicas hasta el dominio propio de la física y la cosmología. La teoría nos enfrenta con algunas de nuestras presuposiciones acerca de la verdadera naturaleza de las leyes físicas.

En definitiva, la idea de que las leyes de la física de algún modo trascienden el mundo natural se arriesga a dejar el origen de su extraordinaria biofilia en un puro misterio. Los físicos que se aferran a esta concepción no pueden más que albergar la esperanza de que un poderoso principio matemático en el núcleo mismo de la teoría final nos explique algún día su carácter biofílico. Hoy por hoy, la respuesta de los físicos platónicos ante el enigma del diseño es que acabará resultando ser una cuestión de necesidad matemática: el universo es como es porque la naturaleza no tiene elección. En la medida en que eso sea una respuesta, tiene un regusto a causa final aristotélica, solo que disfrazada de física teórica moderna. Además, dejando a un lado el hecho de que una teoría final de este tipo sigue siendo un sueño lejano, aun en el caso de que algún día se encontrase un principio matemático tan potente, apenas nos ayudaría a dilucidar por qué el universo resulta ser tan acogedor para la vida. Ninguna verdad platónica, del tipo que sea, podría salvar la brecha entre el mundo vivo y el inanimado que se abrió con el nacimiento de la ciencia moderna. Al contrario, tendríamos que concluir que la vida y la inteligencia no son más que felices coincidencias en una realidad matemática impersonal e ideal, y poco más habría que comprender.

Estas inclinaciones platónicas en cuestiones de diseño en la física y la cosmología, aunque no obviamente erróneas, difieren por completo de cómo ven los biólogos desde Darwin el diseño en el mundo vivo.

Los procesos dirigidos a un fin y los diseños en apariencia intencionados son ubicuos en el mundo biológico. De hecho, son estos los que se encuentran en la base de las tesis teleológicas de Aristóteles. Los organismos vivos son de una enorme complejidad. Incluso una sola célula viva contiene una gran variedad de componentes moleculares que cooperan a la perfección para ejecutar sus numerosas tareas. En organismos de mayor tamaño, un gran número de células trabajan de manera coordinada para construir estructuras sofisticadas y con fines definidos, como el ojo o el cerebro. Antes de Charles Darwin, no se comprendía de qué modo los procesos físicos y químicos podían haber creado una complejidad funcional tan sorprendente, de manera que se apelaba a un Diseñador para explicarla. El clérigo inglés del siglo XIX William Paley comparó los prodigios del mundo físico con el funcionamiento de un reloj. Igual que en este, argumentaba Paley, las señales del diseño del mundo biológico son demasiado fuertes como para ignorarlas, y «un diseño debe tener un Diseñador».[8] Pero la teoría de la evolución de Darwin acabó con ese paradigma extirpando con decisión el pensamiento teleológico de la biología. La profunda idea de Darwin fue que la evolución biológica es un proceso natural y que unos mecanismos simples (variaciones al azar y selección natural) pueden explicar el aparente diseño de los organismos vivos sin la necesidad de apelar a un Diseñador.

En las islas Galápagos, Darwin encontró una variedad de pinzones que diferían en la forma y tamaño del pico. Los pinzones terrestres tenían un pico fuerte, eficaz para cascar nueces y semillas, mientras que los pinzones arbóreos tenían pico fino y puntiagudo, bien adaptado para extraer insectos. Estos datos y otros recabados durante su viaje llevaron a Darwin a pensar que las distintas variedades de pinzones estaban relacionadas y habían evolucionado con el tiempo bajo la influencia de sus particulares nichos ecológicos. En 1837, recién llegado de su viaje a las Galápagos en el HMS Beagle, Darwin bosquejó en uno de sus cuadernos rojos un sencillo esquema de un árbol de ramas irregulares. Este bosquejo de un árbol ancestral capturaba la grandeza de su profunda y floreciente teoría de que todos los seres vivos de la Tierra están emparentados y descienden de un único antepasado común, el tronco del árbol, por medio de un proceso gradual y progresivo de selección natural que actuaba sobre replicantes que mutaban al azar (ver inserto, lámina 4). La idea central del darwinismo es que la naturaleza no mira hacia delante, no anticipa lo que podría necesitar para sobrevivir. Cualquier tendencia, como la forma cambiante del pico o el crecimiento progresivo del cuello de una jirafa, responde a presiones selectivas del ambiente que, al actuar durante largos periodos de tiempo, refuerzan los rasgos útiles.

«Hay grandeza en esta visión de que la vida —escribiría Darwin más de veinte años más tarde—, con sus diferentes fuerzas, ha sido alentada al principio en un corto número de formas o en una sola, y que, mientras este planeta ha ido girando según la constante ley de la gravitación, se han desarrollado y se están desarrollando, a partir de un principio tan sencillo, infinidad de las formas más bellas y portentosas».[9]

El darwinismo le dio la vuelta al argumento de Paley al demostrar que el reloj no necesita un relojero suizo. Proporcionó una descripción por completo evolutiva del mundo vivo en la que su diseño aparente, incluidas las leyes que obedece, se entiende como propiedades emergentes de procesos naturales, no como resultado de un acto sobrenatural de creación.

Pese a su belleza y grandeza, las leyes biológicas suelen verse como algo menos fundamentales que las de la física. Y es que, aunque los patrones que emergen con carácter de ley pueden ser persistentes, nadie piensa en ellos como verdades eternas. Además, el determinismo y la predictibilidad han desempeñado un papel mucho menor como principios en la biología. Las leyes del movimiento de Newton son deterministas; permiten a los físicos predecir dónde estarán unos objetos en el futuro a partir de su posición y velocidad en el momento presente (o en cualquier otro momento del pasado). En el esquema conceptual de Darwin, el azar de las mutaciones de los sistemas vivos implica que casi nada se puede determinar por adelantado, ni siquiera las leyes que algún día podrían emerger. Esta falta de determinismo imbuye en la biología un elemento retrospectivo: solo podemos entender la evolución biológica estudiando su pasado. La teoría de Darwin no nos proporciona los detalles de la trayectoria evolutiva que en realidad se ha producido, desde la vida primigenia hasta la diversa y compleja biosfera de nuestros días. No predice el árbol de la vida, pues ese ni ha sido ni puede ser su propósito. Lo que el genio de Darwin sí consiguió fue esbozar unos principios generales de organización, dejando para la filogenia y la paleontología los registros históricos específicos. Es decir, la teoría de la evolución de Darwin reconoce que la vida tal como la conocemos es el producto conjunto de unas regularidades afines a leyes y de una historia particular. Su utilidad reside en el hecho de que permite a los científicos construir de forma retrospectiva el árbol de la vida, comenzando por nuestras observaciones de la biosfera actual y la hipótesis de un antepasado común.

Los pinzones de Darwin vienen al caso. Si Darwin hubiera razonado hacia delante en el tiempo e intentado predecir las distintas especies de pinzones de las islas Galápagos a partir de las condiciones ambientales de la Tierra prebiótica, habría fracasado por completo. La existencia de pinzones, o de cualquier otra especie de las que se mueven por nuestro planeta, no se puede deducir solo de las leyes de la física y la química, porque toda bifurcación durante la evolución biológica implica un juego de azar. Algunos de los resultados de ese juego se ven favorecidos por las circunstancias ambientales y quedan congelados, a menudo con drásticas consecuencias para el futuro. Esos accidentes congelados contribuyen a determinar el carácter de la evolución subsiguiente y pueden incluso tomar la forma de leyes biológicas. El nacimiento de las leyes de la herencia mendelianas, por ejemplo, descansa sobre el resultado de bifurcaciones colectivas que condujeron a la aparición de los organismos con reproducción sexual.

En la figura 5 presento una versión moderna del árbol filogenético de la vida basado en los análisis de secuencias de ARN ribosómico que muestra tres dominios —bacterias, arqueas y eucariotas— y su antepasado común en la base del árbol. Todo en este árbol, desde su base molecular hasta las ramas de las especies de pinzones, resume y contiene la compleja y retorcida historia de miles de millones de años de «experimentación» química y biológica, lo que hace de la biología una ciencia eminentemente retrospectiva. En palabras de biólogo evolucionista Stephen Jay Gould: «Si rebobinásemos la historia de la vida y dejásemos correr de nuevo la cinta, las especies, el plan corporal y los fenotipos que evolucionarían serían completamente distintos».[10]

El elemento aleatorio inherente a la evolución biológica se extiende a otros niveles de la historia, desde la abiogénesis hasta la historia humana. Como Darwin, los historiadores dan cuenta de los giros accidentales del curso de la historia distinguiendo entre descri-

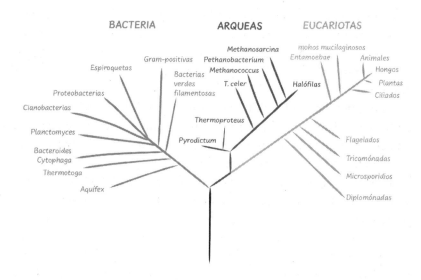

FIGURA 5. El árbol de la vida con sus tres dominios y, en la base, su último antepasado común universal —LUCA, por sus siglas en inglés—, la forma de vida más reciente desde la cual ha evolucionado toda la vida de la Tierra.

bir el «cómo» y explicar el «porqué». Para describir el cómo, los historiadores razonan *ex post facto*, como hacen los biólogos, y reconstruyen la serie de sucesos concretos que llevan de tal punto a tal consecuencia. Explicar por qué, sin embargo, nos obliga a pensar como un físico y avanzar en el tiempo identificando las conexiones causales, deterministas, que predicen una trayectoria histórica concreta de otra. Una lectura superficial de la historia a menudo parece que ofrece una explicación causal determinista de por qué las cosas ocurrieron de un modo y no de otro. Pero un análisis más fino tiende a revelar una enrevesada maraña de fuerzas que compiten en las encrucijadas y que, junto a un gran número de accidentes, hacen que el camino tomado deje de ser evidente y en realidad no inevitable, lo que nos obliga a una descripción del cómo, no del porqué.

Pensemos, por ejemplo, en los bosques que veo desde la ventana de mi despacho, a unas pocas millas al sur de Waterloo. En 17 de junio de 1815, en vísperas de la principal batalla, Napoleón Bonaparte ordenó a su general, Emmanuel de Grouchy, que persiguiera al ejército prusiano para impedirle que se uniese a las fuerzas anglo-aliadas que estaban tomando posición algo más al norte. Grouchy obedeció y emprendió camino hacia el nordeste con buena parte de las tropas francesas, pero no logró encontrar a los prusianos. A la mañana siguiente —desde los bosques que veo—, oyó el profundo estruendo de los cañones franceses en la distancia y comprendió que la batalla ya había comenzado. Durante unos minutos cruciales, dudó si debía desobedecer las órdenes de Napoleón, dar la vuelta y apresurarse a asistir a las tropas francesas que allí habían quedado. Pero decidió seguir adelante, alejándose del destino, persiguiendo a los prusianos. La decisión de Grouchy en ese momento es un notable accidente congelado, y uno que no solo afectó al desenlace de la batalla, sino también al curso de la historia de Europa.

O, por proporcionar otro ejemplo, pensemos en el auge del cristianismo durante el Imperio romano del siglo IV d.C. Cuando el emperador Constantino accedió al trono en el año 306 d.C., el cristianismo no pasaba de ser una oscura secta que competía por influencia con diversos cultos coetáneos. ¿Por qué acabó introduciéndose en el Imperio romano y creciendo hasta convertirse en la fe común? El historiador Yuval Harari argumenta en su libro *Sapiens* que no hay una explicación causal y que la influencia dominante del cristianismo en Europa Occidental se entiende mejor como otro accidente congelado. Haciéndose eco de Gould al hablar de la biología, Harari sentencia que, «si pudiéramos rebobinar la historia y volver a correr el siglo IV un centenar de veces, encontraríamos que el cristianismo solo habría invadido el Imperio romano unas pocas veces». Pero el accidente congelado del cristianismo tuvo consecuencias de gran alcance. Para empezar, el monoteísmo alentó la creencia en un Dios creador con un plan racional para el mundo creado. No debe sorprendernos, pues, que cuando doce siglos más tarde surgió por fin la ciencia moderna en la Europa cristiana, los primeros científicos viesen sus investigaciones como un empeño religioso, desbrozando así el camino hacia el enigma del diseño con el que todavía nos andamos peleando.

En general, la multitud de caminos que se abren ante cada punto de la historia, desde la historia humana hasta la evolución biológica y astrofísica, significa que las explicaciones deterministas solo valen a un nivel grosero, de poco detalle. En todo momento de la evolución, determinismo y causalidad moldean tan solo las tendencias y propiedades más generales, a menudo sobre la base de leyes que actúan a un nivel de complejidad inferior. La historia humana, por ejemplo, repleta como está de giros accidentales, se ha desplegado hasta ahora casi confinada al planeta Tierra, con la excepción de unas pocas excursiones a otros cuerpos celestes del sistema solar. Este confinamiento planetario no es sorprendente, a la vista del entorno físico y geológico en el que surgió la vida humana, y es predecible. Pero no indica nada concreto acerca de cualquiera de las épocas de la historia humana.

De modo parecido, el orden de los elementos químicos y la estructura de la tabla periódica de Mendeléyev quedó congelado en su esencia por las leyes de la física de partículas que actúan a un nivel inferior. Pero las abundancias específicas de los elementos en la Tierra son contingentes a innumerables accidentes que han ido dando forma a su evolución.

Si nos movemos ahora a un nivel bioquímico, pensemos en la regla que dice que toda la vida en la Tierra está basada en el ADN y que los genes están constituidos por cuatro nucleótidos concretos abreviados: A, C, G y T. Las piezas de construcción específicas de la molécula de ADN son, con toda probabilidad, el resultado de la abiogénesis en nuestro planeta. Pero la capacidad computacional básica que la vida debe dominar para sustentarse discurre a un nivel más profundo y bien podría determinar las propiedades estructurales básicas de la molécula portadora de la información genética en función de principios matemáticos y físicos subyacentes. Así lo sugiere la construcción teórica de autómatas autorreplicantes de la mano del matemático húngaro-estadounidense John von Neumann en 1948. Cinco años antes de que Watson y Crick descubriesen la estructura del ADN, Von Neumann identificó los problemas computacionales críticos que la vida tiene que resolver para existir y propuso una ingeniosa estructura, en teoría la única posible, que logra la capacidad de replicarse. En la estructura que dibujó se reconoce de inmediato el ADN.

La evolución construye de continuo sobre una enorme cadena de accidentes congelados. Los niveles de complejidad más bajos definen el entorno de los niveles superiores de evolución, pero dejan tanto espacio para giros sorprendentes que a menudo acaban por hacerse realidad trayectorias del todo improbables, y el determinismo fracasa. Los incontables resultados del azar en los sucesos de bifurcación infunden en la evolución un elemento genuinamente emergente. Añaden una cantidad ingente de estructura e información que simplemente no se encuentra contenida en las leyes de nivel inferior, y de la cual pueden emerger, y a menudo emergen, nuevos patrones afines a leyes. Por ejemplo, aunque en la actualidad ningún científico que se precie cree que haya en la biología «fuerzas vitales» especiales que carezcan de origen físico-químico, el nivel físico por sí solo no determina cuáles serán las leyes de la biología en la Tierra.

* * *

Apenas dieciocho días después de la publicación de su obra maestra, *El origen de las especies*, el 24 de noviembre de 1859, Charles Darwin recibió una carta del astrónomo sir John Frederick William Herschel. Hijo del descubridor de Urano, Herschel expresaba escepticismo sobre la arbitrariedad de la evolución tal como la concebía

Darwin y añadía que su libro era «la ley del desbarajuste».[11] Pero es justo ahí donde reside su fuerza. Lo hermoso de la teoría de Darwin es que sintetiza la competencia de las fuerzas de la variación al azar y la selección ambiental en el mundo vivo. Darwin encontró el punto óptimo entre el «porqué» y el «cómo» en la biología, integrando explicaciones causales y razonamiento inductivo en un solo marco conceptual coherente. Demostró que, pese a su naturaleza sobre todo histórica y accidental, la biología puede ser una verdadera ciencia productiva que contribuya a nuestra comprensión del mundo vivo.

El darwinismo reforzó la revolución científica y la llevó hasta un dominio, el mundo vivo, en el que la visión teleológica parecía inexpugnable. Pero la cosmovisión que irradia no podía ser más distinta de la que emana de la física moderna. Esta diferencia se manifiesta con especial claridad en sus visiones contrastadas sobre el enigma del diseño. El darwinismo ofrece una explicación evolutiva de la apariencia de diseño en el mundo vivo. En cambio, la física y la cosmología han buscado en la naturaleza de unas leyes matemáticas atemporales la explicación de qué hizo posible en un principio la aparición de la vida. Tanto los estudiosos de las ciencias de la vida como los de la física han contrastado a menudo el «desbarajuste» de la evolución darwiniana con el carácter rígido e inmutable de las leyes de la física. No se concibe que en la base de la física rijan ni la historia ni la evolución, sino la eterna belleza matemática. La monumental contribución de Lemaître sobre la expansión del universo sin duda introdujo un fuerte pensamiento evolutivo en la cosmología. Pero a un nivel más profundo, el que atañe al origen fundamental del aparente diseño, los bosquejos de Lemaître y Darwin en las páginas en color (láminas 3 y 4, respectivamente) parecen exudar visiones profundamente distintas. Ese es el abismo que ha apartado a la física y la biología desde la revolución científica.

Tender puentes sobre ese abismo es algo que estuvo en la mente de Stephen desde sus primeras incursiones científicas, pero solo se concretó en un auténtico programa de investigación hacia el final del siglo XX, cuando buena parte de sus esfuerzos acabaron centrándose en el enigma del diseño cósmico. Lo que pretendía era nada menos que cambiar la cosmología desde dentro.

Volvamos a aquellos años dorados. El inesperado descubrimiento observacional de que el universo se estaba acelerando se alió con desarrollos teóricos igual de sorprendentes que sugerían que las leyes de la física podrían no estar grabadas en piedra. Crecían las pruebas de que al menos algunas propiedades de las leyes físicas podrían no ser necesidades matemáticas, sino accidentes que reflejan la manera particular en que este universo se enfrió en el breve periodo del big bang caliente. Desde las especies de partículas hasta la magnitud de las fuerzas, pasando por la cantidad de energía oscura, se hizo patente que la biofilia del universo tal vez no estaba inscrita en su arquitectura básica desde el principio mismo, como si fuera parte de su certificado de nacimiento, sino que habría sido el resultado de una antigua evolución escondida en lo más profundo del big bang caliente.

Los teóricos de cuerdas no tardaron en concebir un abigarrado multiverso, un enorme espacio en inflación que contendría una multitud de universos isla, cada uno con su propia física. Esta grandiosa extensión cósmica condujo a un cambio de perspectiva radical sobre las cuestiones relacionadas con el ajuste fino del cosmos. En lugar de lamentar el fin del sueño de una única teoría final que prediga cómo debería ser el universo, los proponentes del multiverso intentaron darle la vuelta a tan embarazoso fracaso transformando la cosmología en una ciencia ambiental (¡aunque con un ambiente de dimensiones ingentes!). Un teórico de cuerdas comparó el carácter local de las leyes físicas en el multiverso con el clima de la costa este de Estados Unidos: «Tremendamente variable, casi siempre horrible, pero delicioso en contadas ocasiones».[12]

La historia de la ciencia nos permite hacernos una idea de la magnitud de este cambio. En el año 1597, el astrónomo alemán Johannes Kepler ideó un modelo del sistema solar basado en los antiguos sólidos platónicos, los cinco poliedros regulares, de los que el cubo es el más conocido. Kepler pensó en asociar las órbitas más o menos circulares de los seis planetas conocidos a esferas invisibles que giraban en torno al Sol. Entonces propuso que los tamaños relativos de esas esferas venían dictados por la condición de que cada una de ellas, salvo la más exterior de Saturno, encajaba dentro de uno de los poliedros regulares, y que cada una, salvo la más interior de Mercurio, encajaba justo por fuera de uno de los poliedros.* La ilustración de Kepler que se puede ver en la figura 6 ilustra esta configuración. Cuando Kepler colocó los cinco sólidos geométricos en el orden preciso, cada uno dentro de otro, todos ellos perfectamente ajustados, encontró que las esferas encajadas en ellos se situaban a intervalos que se correspondían con la distancia de cada planeta al Sol, con Saturno sobre una esfera que circunscribía el más exterior de los poliedros, sin que quedase margen alguno para alterar los radios relativos. Su modelo predecía el número total de planetas (seis), así como los tamaños relativos de sus órbitas. Para Kepler, el número de planetas y sus distancias desde el Sol eran una manifestación de la profunda simetría matemática de la naturaleza. Su obra *Mysterium Cosmographicum* es en realidad un intento por reconciliar el antiguo sueño platónico de la armonía de las esferas con el descubrimiento del siglo XVI de que los planetas se desplazan alrededor del Sol.

En tiempos de Kepler, se solía considerar que el sistema solar comprendía casi todo el universo. Nadie sabía que las estrellas eran soles con sus propios sistemas de planetas, de modo que fue perfectamente natural suponer que las órbitas planetarias eran una cuestión del todo fundamental. Hoy sabemos que el número de planetas o su distancia desde el Sol no revisten mayor importancia. Entendemos que la constelación de planetas del sistema solar no es única o siquiera especial, sino el resultado accidental de la historia de su formación a partir de una nebulosa de gas y polvo que se arremolinaba en torno a un protosol. En las últimas tres décadas, los astrónomos han observado cientos de miles de sistemas planetarios con configuraciones orbitales muy variadas. Algunas estrellas tienen planetas del tamaño de Júpiter que completan una órbita en cuestión de días, otros tienen tres o más planetas habitables, parecidos a la Tierra, y aun otros sistemas planetarios poseen dos estrellas, lo que produce un patrón caótico de días y noches, y muchos otros fenómenos celestes curiosos.

---

* En concreto, hacia fuera desde el Sol, Kepler colocó la esfera de Mercurio, un octaedro; la esfera de Venus, un icosaedro; la esfera de la Tierra, un dodecaedro; la esfera de Marte, un tetraedro; la esfera de Júpiter, un cubo; y, por último, la esfera de Saturno.

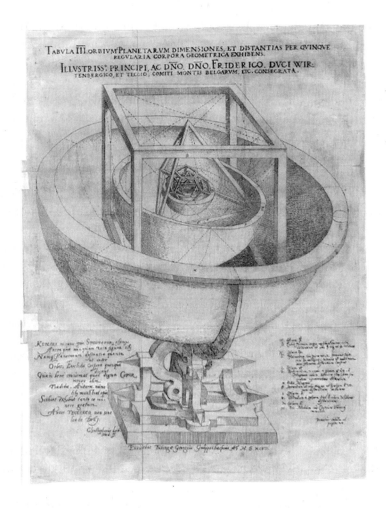

FIGURA 6. En su primera gran obra astronómica, el *Mysterium Cosmographi-cum*, Johannes Kepler propuso un modelo platónico del sistema solar que relacionaba los tamaños de las órbitas (circulares) de los planetas con los cinco sólidos regulares. En el dibujo de Kepler se pueden observar claramente cuatro esferas planetarias, así como el dodecaedro, el tetraedro y el cubo.

Si de verdad vivimos en un multiverso, a las leyes de la física de nuestro universo les espera el mismo destino que a las órbitas plane-tarias del sistema solar. Sería inútil seguir los pasos de Kepler y buscar una explicación más profunda de los ajustes finos que engendraron la vida. En el multiverso, las propiedades biofílicas de las leyes no serían más que el resultado accidental de procesos aleatorios durante el big bang caliente que dio origen a nuestro particular universo isla. Los proponentes del multiverso arguyen que los platónicos de nuestros días han estado buscando en la dirección equivocada. No es para ellos una profunda verdad matemática la que hace a nuestro universo acogedor para la vida, sino solo un estupendo clima cósmico. Cualquier impresión de un gran diseño cósmico no es más que una ilusión.

Pero en este razonamiento se esconde un problema que será de enorme importancia cuando comentemos el núcleo de la teoría final de Hawking: el multiverso es también un constructo platónico. La cosmología del multiverso postula algún tipo de metaleyes eternas que rigen todo el conjunto. Pero esas metaleyes no especifican en cuál de los muchos universos se supone que estamos nosotros. Eso es un problema, pues, sin una regla que relacione las metaleyes del multiverso con las leyes locales dentro de nuestro universo isla, la teoría queda atrapada en una espiral de paradojas que nos deja sin predicciones verificables de ningún tipo. La cosmología del multiverso es sobre todo indeterminada y ambigua. Carece de información crucial acerca de nuestra ubicación en ese demencial tapiz cósmico, y, en consecuencia, no puede predecir qué deberíamos ver. El multiverso es como una tarjeta de crédito sin pin o, lo que es peor, un armario de IKEA sin instrucciones de montaje. En un sentido profundo, la teoría no logra decirnos quiénes somos en el cosmos y por qué estamos aquí.

Los multiversistas, sin embargo, no se rinden con facilidad y han propuesto una forma de remendar la teoría tan radical que ha sacudido a la comunidad científica desde entonces. Se trata del «principio antrópico».

El principio antrópico hizo su aparición en la cosmología en 1973. El astrofísico Brandon Carter, que, igual que Stephen, estudiaba entonces en Cambridge, propuso el principio en una conferencia celebrada en Cracovia para conmemorar a Copérnico. Este es un curioso giro de la historia, pues había sido Copérnico quien, en el siglo XVI, había dado los primeros pasos para destronar a la humanidad de su posición central en el cosmos.[13] Más de cuatro siglos después, Carter se mostraba de acuerdo con Copérnico en que no ocupamos ese lugar en el orden cósmico, pero, según razonaba, ¿no nos estaríamos equivocando al suponer que no somos especiales de ningún modo, sobre todo en lo que concierne a nuestras observaciones del cosmos? ¿No podría ser que descubramos un universo que es como es porque nosotros lo habitamos?

Carter tenía su parte de razón. Es evidente que no podemos observar nada donde o cuando no existimos. Ya en la década de 1930, científicos como Lemaître y el astrónomo estadounidense Robert Dicke reflexionaron sobre qué propiedades debería tener el universo para sustentar seres inteligentes. Las formas de vida, inteligentes o no, dependen del carbono, por ejemplo, que es producto de la fusión termonuclear que tiene lugar en las estrellas, un proceso que requiere miles de millones de años. Pero un universo en expansión no puede proporcionar miles de millones de años de tiempo salvo que contenga miles de millones de años luz de espacio. No debe sorprendernos entonces que Lemaître y Dicke concluyeran que vivimos en un universo grande y viejo. Los universos en expansión tienen un periodo definido en el que pueden trabajar astrónomos hechos de carbono, y eso influye por necesidad en lo que pueden ver.

Estas conclusiones no difieren en lo esencial de las que extraemos cuando consideramos sesgos de selección en situaciones cotidianas. Pero Carter fue un poco más allá. Mucho más allá. Sugirió que los efectos de selección no se producen en un único universo, el nuestro, sino en todo el multiverso. Sugirió que en todo ello se aplica un principio antrópico, una regla que está por encima y más allá de las metaleyes impersonales que gobiernan el multiverso, que encierra las condiciones cósmicas óptimas para la vida y que «actúa» seleccionando cuál de los muchos universos debería ser el nuestro.

Esa era una proposición decididamente radical. Al situar de nuevo la vida en una posición privilegiada en el centro de la explicación del universo, el principio antrópico de Carter parece llevarnos cinco siglos atrás, hasta los tiempos anteriores a Copérnico. Pero, además, al postular un particular estado predilecto que incluye la vida, la inteligencia e incluso la consciencia, coquetea incluso con la teleología, la visión aristotélica que la revolución científica había conseguido destituir, o eso creíamos.

No debe sorprendernos, entonces, que cuando en 1973 Carter propuso su principio antrópico cosmológico, sin que hubiera apenas prueba alguna de ningún tipo de multiverso, sus cavilaciones se recibieron en general como un sinsentido. Sin embargo, cuando a finales de siglo, en un notable giro de los acontecimientos, la teoría del multiverso ganó terreno, el pensamiento antrópico de Carter experimentó una rápida resurrección y se apeló a él para comprender nuestro lugar en este vasto tapiz cósmico. El principio antrópico pasó a verse como el pin que transformaba la teoría del multiverso del edificio platónico abstracto en teoría física formal con auténtico potencial explicativo.

Los aficionados a los multiversos declararon que habían hallado una segunda respuesta posible al misterio del diseño del universo; la primera era que solo es resultado de una coincidencia, una feliz consecuencia del profundo, pero, hasta el momento, misterioso principio matemático que se hallaría en el corazón mismo de la existencia. La nueva respuesta que ofrecía la cosmología antrópica del multiverso era que el aparente diseño es una propiedad de nuestro entorno cósmico «local»: dentro de un enorme mosaico de universos isla, habitamos en un raro universo biofílico que se ve destacado por el principio antrópico. No fue poca la excitación que provocaron estas tesis. «Estamos juntos, el universo y nosotros —proclamó Linde—. No puedo imaginar una teoría coherente del universo que ignore la vida y la conciencia».[14] En su obra *El paisaje cósmico*, el acérrimo defensor de la teoría de cuerdas Leonard Susskind, de la Universidad de Stanford, con quien siempre se puede contar para una buena especulación, presentaba el tándem formado por unas metaleyes objetivas y un principio antrópico subjetivo como el nuevo paradigma de la física fundamental.

El gigante de la física de partículas Steven Weinberg también sugirió que el razonamiento antrópico señalaba el albor de una nueva era para la cosmología. Su teoría unificada de finales de la década de 1960, que reconocía que las fuerzas nucleares fuerte y débil eran una y la misma, está en la base del llamado modelo estándar de la física de partículas. Desde entonces, algunas de las predicciones de este modelo se han podido verificar con una asombrosa precisión, de no menos de catorce decimales, lo que la convierte en la teoría física contrastada con mayor precisión de todos los tiempos. Pese a ello, a Weinberg le parecía que, para comprender las razones profundas por las que el modelo estándar adopta la forma particular que tiene, era necesario complementar los principios matemáticos de la física ortodoxa con un principio de una naturaleza distinta por completo. «La mayoría de los avances de la historia de la ciencia han estado jalonados por descubrimientos acerca de la naturaleza —nos explica en su conferencia «Viviendo en el multiverso», impartida en Cambridge—, pero en determinados momentos hemos hecho descubrimientos sobre la propia ciencia y sobre qué consideramos una teoría aceptable. Tal vez nos hallemos en una de esas bifurcaciones. [...] El multiverso legitima el razonamiento antrópico como una nueva base para las teorías físicas».[15] La visión del mundo a la que Weinberg apela aquí se asemeja a una forma de dualismo. Hay leyes físicas o metaleyes, y las estamos descubriendo, pero son frías e impersonales. Sin embargo, también está el principio antrópico que a su propia y enigmática manera tiende puentes entre las (meta)leyes y el mundo físico que experimentamos.

La respuesta fue feroz. A lo largo de los años, el principio antrópico se ha convertido, bajo cualquier medida, en la cuestión más polémica de la física teórica. Algunos son firmes en su oposición. «La teoría inflacionaria ha cavado su propia tumba», ha declarado desde Princeton Paul Steinhardt, el codescubridor de la inflación cósmica. «Es como rendirse», lamentó secamente David Gross, premio Nobel de la Universidad de California. Otros piensan que toda discusión sobre nuestro lugar en el cosmos es prematura. «Es demasiado pronto para ocuparse de esas cuestiones»,[16] confesó el teórico, por lo general visionario, Nima Arkani-Hamed ante un público de teóricos de cuerdas en el verano de 2019. Cinco siglos después de la revolución científica moderna, que plantó las semillas del dualismo en la física, esta es una declaración notable.

Para frustración de Stephen, una callada mayoría de teóricos siguió mirando hacia otro lado, perdidos en la matemática. La mayoría de los físicos teóricos creían —y todavía creen— que una investigación sobre el origen profundo de la biofilia del universo cae fuera del ámbito de su disciplina. Prefieren pensar que, de algún modo, el problema se desvanecerá cuando descubramos la ecuación maestra de la teoría de cuerdas que rige el universo. En una ocasión, durante la hora del té en el DAMTP, Stephen, nunca receloso de alborotar el gallinero, se quejó de esto. «Me sorprende —soltó— que la gente [los teóricos de cuerdas] sean tan miopes y no se pregunten en serio cómo y por qué el universo llegó a ser lo que es».[17] Stephen sostenía que para dilucidar el misterio del universo no bastaba con encontrar las metaleyes matemáticas abstractas. Para él, la búsqueda de una teoría unificada en la física estaba indisolublemente ligada a nuestros orígenes en el big bang. El sueño de una teoría final, argumentaba, no se alcanzará si la concebimos «tan solo» como un problema de laboratorio más, sino que debemos perseguirla en el contexto de la evolución cosmológica. En su búsqueda de una nueva visión del universo, la matemática era la vasalla de Stephen, no su señora. Así que Hawking coincidía con los defensores del principio antrópico en que era importante comprender mejor las propiedades que hacen el universo acogedor para la vida, y que el simple platonismo no bastaría, sino que haría falta un cambio de paradigma, un cambio fundamental en nuestra manera de concebir la física y el estudio del universo.[18] No obstante, cada vez iría recelando más de que el razonamiento antrópico fuese el tipo de cambio revolucionario que se necesitaba a la luz de aquellos avances. Su preocupación principal respecto al principio antrópico como parte de un nuevo paradigma cosmológico no era tanto su naturaleza cualitativa, pues la biología y otras ciencias históricas están repletas de predicciones de un tipo más cualitativo. Para él, el verdadero problema radicaba en que el razonamiento antrópico escapa al proceso científico básico de predicción y falsación.

Este proceso lo había desarrollado a fondo el filósofo austro-húngaro de la ciencia Karl Popper. Según su teoría, lo que hace de la ciencia una forma especialmente potente de adquirir conocimiento es que una y otra vez se alcanza el consenso entre científicos mediante la argumentación racional sobre la base de las pruebas empíricas disponibles. Popper comprendió que nunca se puede demostrar que una teoría científica sea cierta, pero se puede falsar, es decir, contradecir con experimentos. Sin embargo, y esta es la clave del método de Popper, este proceso de falsación solo es posible porque se exige que las hipótesis teóricas produzcan predicciones inequívocas, de manera que, si se obtienen resultados contrarios, se demuestre que al menos una de las premisas de la teoría no se aplica en la naturaleza. La razón de que esto sea crucial para el funcionamiento de la ciencia es que esta situación es asimétrica; la confirmación de una predicción teórica apoya una teoría, pero no la prueba, mientras que la refutación de una predicción puede demostrar que es falsa. En la ciencia, la posibilidad de que una hipótesis fracase siempre se esconde a la vuelta de la esquina, y esa es una parte esencial de su modo de progresar.

Pero el principio antrópico hace descansar este proceso sobre unos cimientos inestables porque los criterios personales sobre qué constituye un universo biofílico introducen un elemento subjetivo en la física que compromete el proceso popperiano de falsación. La perspectiva antrópica de uno podría seleccionar una sección del universo con cierto conjunto de leyes, y la de otro, otra sección con un conjunto de leyes distinto, sin que tengamos a mano ninguna regla objetiva que nos permita decidir cuál es la correcta.

Esto es muy diferente de la evolución darwiniana, que de manera muy ingeniosa evita que nada parecido al razonamiento antrópico se cuele en la biología. Que exista o no vida extraterrestre, por no decir cómo evolucionó, no desempeña ningún papel en la teoría de Darwin, como tampoco deja margen alguno el darwinismo para destacar una u otra especie para un papel privilegiado en los asuntos de la biología, ya se trate de *Panthera leo*, de *Homo sapiens* o de cualquier otra. Muy al contrario, nuestra relación con el resto del mundo vivo se encuentra en el meollo mismo del darwinismo, que reconoce su profunda interconexión. Una de las aportaciones de mayor calado de Darwin fue comprender que *Homo sapiens* coevolucionó con el resto del mundo vivo. «Debemos admitir, según me parece, que el hombre con todas sus nobles cualidades [...] todavía lleva marcado en su cuerpo el sello indeleble de sus bajos orígenes», escribió en *El origen del hombre*. Qué diferente es eso del principio antrópico de Carter en la cosmología, que actúa por fuera de la evolución natural del universo, como si fuese un añadido.

En un sentido popperiano, por lo que concierne a la falsación, el multiverso antrópico apenas difiere de la cosmología del polímata

FIGURA 7(a). En agosto de 2001, Martin Rees, en pie a la izquierda de Stephen, convocó una reunión en su casa de campo en Cambridge (Inglaterra) para debatir los méritos (si los tiene) del principio antrópico en la física fundamental y la cosmología. Fue en el contexto de esta conferencia cuando Stephen y el autor (tercera fila, detrás de Stephen) comenzaron a discutir en serio de qué modo una mirada cuántica al cosmos podría sustituir el razonamiento cosmológico antrópico. La conferencia de Rees reunió a muchos de los colegas que habrían de desempeñar un papel clave en nuestro viaje, entre ellos Neil Turok (sentado a la izquierda), Lee Smolin (sentado a la derecha) y Andrei Linde, en pie en el extremo derecho de la fila media. A la izquierda de Linde está Jim Hartle, apenas visible detrás de Bernard Carr, y luego Jaume Garriga, Alex Vilenkin y Gary Gibbons.

alemán del siglo XVII Gottfried Leibniz. En su obra *Monadología*, Leibniz sugirió que hay infinitos universos, cada uno de ellos con su propio espacio, tiempo y materia, y que habitamos en el mejor de los mundos posibles, seleccionado por Dios en toda su bondad.

Es bastante comprensible, pues, que la comunidad científica se encuentre en perpetuo desacuerdo acerca de los méritos del principio antrópico. En su incisiva crítica de la teoría de cuerdas, *Las dudas de la física en el siglo XXI*, el escritor y físico estadounidense Lee Smolin señala sin ambages que «en el momento en que se prefiere una teoría no falsable a otras alternativas que sí lo son, el proceso de la ciencia se para y queda descartado cualquier aumento del conocimiento». Eso era también lo que preocupaba a Stephen en nuestra conversación en su despacho: que, una vez aceptado el principio antrópico, se renuncia a la predictibilidad básica que había ganado la ciencia.

Llegamos así a un callejón sin salida. El principio antrópico había de especificar «quiénes somos» en el vasto tapiz que es el cosmos y, de ese modo, actuar como puente entre la abstracta teoría del multiverso y nuestras experiencias como observadores dentro de este universo. Sin embargo, no consigue hacerlo respetando los principios básicos de la práctica científica y despoja a la cosmología del multiverso de todo poder explicativo.

Esto nos conduce a una observación singular: en el más amplio de los sentidos, desde la moderna revolución científica hemos avanzado sorprendentemente poco en el objetivo de sondear el origen más profundo del diseño aparente que subyace a la realidad física. Sí, entendemos la historia de la expansión del universo con todo lujo de detalles, comprendemos cómo la gravedad moldea el universo a gran escala y entendemos el comportamiento cuántico preciso de la materia hasta escalas mucho más pequeñas que el tamaño de un protón. Pero ese detallado conocimiento físico, sin duda de enorme significación, solo ha servido para acentuar el más profundo enigma del diseño. El carácter biofílico del universo sigue generando confusión, dividiendo por igual a la comunidad científica y al público en general. Una profunda brecha conceptual sigue separando nuestra comprensión del mundo vivo de nuestro conocimiento de las condiciones físicas subyacentes que hacen posible la vida en un principio. ¿Por qué las leyes matemáticas que quedaron establecidas en el big bang han resultado ser apropiadas para la vida? El abismo que separa el mundo animado del inanimado parece ser más profundo que nunca.

Los físicos dicen que el multiverso nos lastra con una paradoja. La cosmología del multiverso se construye sobre la inflación cósmica, la idea de que el universo experimentó un breve periodo de rápida expansión en sus primeros estadios. La teoría inflacionaria gozó de una gran cantidad de apoyo observacional durante algún tiempo, pero tiene la inconveniente tendencia a generar no uno, sino muchísimos universos. Y como no nos dice en cuál de ellos deberíamos estar, carece de esa información, la teoría pierde buena parte de su capacidad de predecir qué deberíamos ver. Esta es la paradoja. Por un lado, nuestra mejor teoría del universo temprano sugiere que vivimos en un multiverso. Al mismo tiempo, el multiverso destruye gran parte del poder predictivo de esta teoría.

A decir verdad, esta no era la primera vez que Stephen había de enfrentarse a una enigmática paradoja. Ya en 1977 se había implicado en un rompecabezas parecido referido al destino de los agujeros negros. La teoría de la relatividad general de Einstein predice que casi toda la información sobre lo que cae en un agujero negro queda para siempre oculta en su interior. Pero Stephen descubrió que la teoría cuántica da un giro paradójico a esta historia. Lo que encontró fue que los procesos cuánticos cerca de la superficie de un agujero negro hacen que el agujero radie un chorro leve pero constante de partículas, entre ellas partículas de luz. Esta radiación, que hoy conocemos como radiación de Hawking, es demasiado tenue para detectarla físicamente, aunque su mera existencia ya es inherentemente problemática.[19] La razón es que, si los agujeros negros irradian energía, se ven abocados a encogerse y, con el tiempo, desaparecer. ¿Qué pasa entonces con la ingente cantidad de información que queda oculta en su interior cuando el agujero negro radia su último gramo de masa? Los cálculos de Stephen indicaban que esa información se perdía para siempre. Argumentaba que los agujeros negros eran la papelera definitiva. Sin embargo, este escenario contradice un principio básico de la teoría cuántica que dicta que los procesos físicos pueden transformar y retorcer la información, pero nunca pueden acabar con ella de manera irreversible. Una vez más, llegamos a una paradoja: los procesos cuánticos hacen que los agujeros negros radien y pierdan información, mientras que la teoría cuántica dice que eso es imposible.

Las paradojas sobre el ciclo de vida de los agujeros negros y sobre nuestro lugar en el multiverso se convirtieron en dos de los rompecabezas más insidiosos y debatidos de las últimas décadas. Conciernen a la naturaleza y el destino de la información en la física y, por consiguiente, golpean el corazón mismo de la cuestión de la naturaleza última de las teorías físicas. Ambas surgen en el contexto de la llamada gravedad semiclásica, una descripción teórica de la gravedad de la que fueron pioneros Stephen y su grupo de Cambridge a mediados de la década de 1970, que se basa en una amalgama de pensamiento clásico y cuántico. Las paradojas aparecen cuando se aplican estos razonamientos semiclásicos a escalas de tiempo ingentes (el caso de los agujeros negros) o a distancias ingentes (el caso del multiverso). Juntas encarnan las profundas dificultades que surgen cuando intentamos que trabajen con armonía los dos pilares de la física del siglo XX: la relatividad y la teoría cuántica. De este modo, han actuado como exasperantes experimentos mentales con los que los físicos teóricos han forzado su pensamiento semiclásico sobre la gravedad hasta el extremo de ver justo cómo y dónde se desmorona.

Los experimentos mentales siempre han sido los favoritos de Stephen. Aun habiendo renunciado a la filosofía, a Stephen le encantaba jugar con cuestiones filosóficas profundas: si el tiempo tuvo un principio, si la causalidad es fundamental y, la más ambiciosa de todas, cómo encajamos nosotros, como «observadores», en el esquema del cosmos. Y lo hacía enmarcando estas preguntas en ingeniosos experimentos de física teórica. Tres de los descubrimientos más destacados de Stephen fueron el resultado de experimentos mentales ingeniosos y diseñados con precisión. El primero fue la serie de teoremas sobre la singularidad del big bang en la gravedad clásica; el segundo, el descubrimiento, en 1974, en el contexto de la gravedad semiclásica, de que los agujeros negros radian; y el tercero, su proposición de ausencia de límites, también en el marco de la gravedad semiclásica, para el origen del universo.

Ahora bien, aunque se podría argüir que la paradoja del agujero negro solo tiene interés académico (es improbable que podamos nunca medir los detalles más finos de la radiación de Hawking), la paradoja del multiverso atañe directamente a nuestras observaciones cosmológicas. En el centro mismo de la paradoja se encuentra la tensa relación entre el mundo vivo y el universo físico en la cosmología moderna. El paradigma del multiverso se convirtió en un faro que guio los esfuerzos de Hawking por reimaginar esta relación por medio del desarrollo de una perspectiva del cosmos completamente cuántica. Su teoría final del universo, cuántica de principio a fin,

FIGURA 7(b). Stephen (izquierda) y el autor (derecha) en el año 2001, poco después de embarcarse en su viaje, en el bar de Bruselas À La Mort Subite.

redefine los fundamentos de la cosmología y es la cuarta gran contribución de Hawking a la física. En cierto sentido, el gran experimento mental que hay detrás de la teoría llevaba cinco siglos forjándose. Llevarlo a término sería nuestro viaje.

Capítulo 2

El día sin ayer

L'espace-temps nous apparaît semblable à une coupe co-nique. On progresse vers le futur en suivant les génératri-ces du cône vers le bord extérieur du verre. On fait le tour de l'espace en parcourant un cercle normalement aux gé-nératrices. Lorsqu'on remonte par la pensée le cours du temps, on s'approche du fond de la coupe, on s'approche de cette instant unique, qui n'avait pas d'hier parce qu'hier, il n'y avait pas d'espace.

Podemos comparar el espaciotiempo con una copa cónica. Progresamos hacia el futuro ascendiendo por el cono hasta su borde exterior. Nos desplazamos por el espacio recorriendo los círculos del cono. Si con la mente viajamos atrás en el tiempo, llegamos al fondo de la copa y alcanzamos ese instante único que no tiene ayer, porque ayer no había espacio.

GEORGES LEMAÎTRE,
L'hypothèse de l'atome primitif
[*La hipótesis del átomo primitivo*]

En una entrevista[1] emitida por la red belga de radiodifusión en abril de 1957 para conmemorar el segundo aniversario de la muerte de Albert Einstein, Georges Lemaître recordó la reacción de célebre físico cuando le contó su descubrimiento de que el universo se expande. Fue en octubre de 1927, en Bruselas, donde se habían congregado un buen número de los físicos más destacados del mundo para celebrar la Quinta Conferencia Solvay de Física. El sacerdote-astrónomo, de treinta y tres años, no se encontraba entre los asistentes, pero se acercó a Einstein fuera de las sesiones. Sin embargo, cuando le propuso que su teoría general de la relatividad predecía que el espacio se expande y que, por tanto, deberíamos observar que las galaxias se alejan de nosotros, Einstein se resistió. «Tras unos pocos comentarios técnicos favorables, [Einstein] concluyó diciendo que desde un punto de vista físico aquello le parecía "abominable"», recordaba Lemaître en la entrevista.

Impertérrito, Lemaître se tomó muy en serio sus propios hallazgos y pensó que la expansión significaba que el universo debía haber tenido un origen en lo que denominó átomo primigenio, una mota minúscula de extraordinaria densidad cuya gradual desintegración habría creado la materia, el espacio y el tiempo.

¿Por qué Einstein se oponía de manera tan vehemente a la idea de que el universo tuviera un principio? Porque le parecía que eso destruiría los fundamentos mismos de la física. Pensaba que el átomo primigenio de Lemaître, o cualquier otro origen en un big bang, sería un punto de entrada para que Dios interfiriera en el funcionamiento de la naturaleza. En los largos paseos que compartieron a principios de los años treinta, Einstein presionó a Lemaître para que hallase la manera de evitar un principio porque «eso me recuerda demasiado el dogma cristiano de la creación». Le parecía que, si la teoría cosmológica emitía un certificado de nacimiento del universo, tendría que mantenerse para siempre en silencio sobre quién o qué lo había emitido, acabando con toda esperanza de entender el universo a su nivel más fundamental por medio de la ciencia.

En vano, el abate belga intentó tranquilizar a Einstein argumentando que «la hipótesis del átomo primigenio es la antítesis de la creación sobrenatural del mundo».[2] De hecho, Lemaître veía el origen del universo como una maravillosa oportunidad para expandir el alcance de las ciencias naturales.

El debate entre Einstein y Lemaître sobre la causa última de la expansión del universo iba al corazón mismo del misterio sobre su aparente diseño. En cierto sentido, fue precursor del que setenta años más tarde enfrentaría a Linde y Hawking. ¿Qué tenía Lemaître en mente cuando pensaba en el big bang como «la antítesis de la creación sobrenatural»? Para entenderlo, necesitamos examinar más de cerca las ideas de estos dos científicos.

Los fundamentos teóricos de la cosmología moderna descansan sobre la teoría de la relatividad de Einstein. Esto nos lleva a principios del siglo XX, cuando los físicos disponían de las leyes de Newton de la gravitación y el movimiento, y la teoría de Maxwell de la electricidad, el magnetismo y la luz, las cuales, junto con la teoría del calor, constituían los cimientos sobre los que se había erigido la Revolución Industrial. La visión del mundo que surgió de estas teorías físicas del siglo XIX concordaba bien con nuestra imagen intuitiva de la realidad, con partículas y campos que se propagaban por un espacio fijo guiados por un reloj universal, un Big Ben cósmico, podríamos decir. No debe sorprendernos, entonces, que los físicos creyesen que se estaban acercando a una descripción definitiva de la naturaleza y que la física pronto estaría completa.

Pero en el año 1900 el físico irlandés-escocés William Thomson, uno de los gigantes del siglo XIX, más conocido como lord Kelvin, atisbó «dos nubarrones en el horizonte».[3] Uno de ellos tenía que ver con el movimiento de la luz por el éter y el otro con la cantidad de radiación emitida por los cuerpos calientes. Con todo, a la mayoría de los físicos les parecieron simples detalles que había que acabar de explicar, y que el edificio de la teoría física era sólido y seguro.

Ese edificio se derrumbó en menos de una década. La resolución de los «detalles» que Kelvin había puesto sobre la mesa desató dos grandes revoluciones: la relatividad y la física cuántica. Más aún, cada una de estas revoluciones llevó a la física en una dirección distinta por completo, creando un nuevo nubarrón que todavía hoy se encuentra suspendido sobre la frontera de la física: el problema de cómo encajar los mundos de lo macro y lo micro.

¿Cuál fue exactamente el problema con la luz que hizo que los cimientos de la física del siglo XIX se tambalearan? La velocidad. Experimentos hechos con sumo cuidado mostraron que la luz se desplaza a 299.792 kilómetros por segundo con independencia del movimiento relativo del observador respecto a la fuente de la radiación. Es evidente que el hecho no cuadraba con la experiencia cotidiana: si viajamos en un tren en movimiento y medimos su velocidad, claramente obtenemos un valor distinto (cero) que cuando medimos su velocidad parados fuera del tren. También iba en contra de lo que se pensaba en el siglo XIX sobre la luz, que se veía como ondas en el éter, un misterioso medio que llenaba todo el espacio. Sin embargo, si de verdad fuese así, los observadores que se desplazasen a distintas velocidades por el éter deberían ver pasar las ondas de luz a distintas velocidades. Pero los experimentos decían todo lo contrario, y aquello fue razón suficiente para que Einstein, que por aquel entonces era un empleado de la oficina de patentes de Suiza, pusiera en duda la existencia del éter.

Einstein entendió que, si la luz siempre se observa viajando a la misma velocidad, entonces dos observadores que se muevan el uno con relación al otro deberían tener nociones distintas del espacio y el tiempo. Al fin y al cabo, la velocidad es una medida de la distancia recorrida dividida por la duración del viaje. Para Einstein no había un único Big Ben, sino que cada uno de nosotros llevamos nuestro propio reloj, y, aunque todos esos relojes tengan la misma precisión, cuando nos desplazamos los unos con relación a los otros, marcarán el tiempo a un ritmo algo diferente, midiendo distintas cantidades de tiempo entre dos eventos iguales. Lo mismo puede decirse de la distancia; la vara de medir de un observador puede diferir un poco de la de otro. No hay medidas universalmente válidas para la duración y la distancia. Este es el núcleo de la teoría de la relatividad especial de Einstein de 1905. El término «relatividad» se refiere justo aquí a esta idea revolucionaria de que las nociones de espacio, tiempo y simultaneidad no son hechos objetivos, sino que están siempre ligados a la visión de un observador particular.

Cabe preguntarse qué pasa con las diferencias de distancia medidas por un observador con relación a otro. ¿Acaso desaparecen? No exactamente. Se transforman en una cantidad de tiempo. Como se ve, en el universo relativista de Einstein el movimiento por el espacio se mezcla con el movimiento por el tiempo. Cuando miro el deportivo de mi hermana aparcado, encuentro que todo su movimiento es por el tiempo. Pero, si lo pone en marcha y se aleja, una parte muy pequeña de su movimiento por el tiempo se canaliza hacia movimiento por el espacio. El reloj del coche avanzará un poco más despacio que el mío. Y, aunque eso no vaya a convertir a mi hermana en «la joven de Bright»,* sí produce un levísimo desacuerdo temporal a su regreso. La velocidad máxima se alcanza cuando todo el movimiento por el tiempo se desvía hacia movimiento por el espacio. Esa es la velocidad de la luz, que es el límite de velocidad en el cosmos. Dicho rápido y mal, moverse a la velocidad de la luz por el espacio no deja nada para viajar por el tiempo. Si una partícula de luz llevase reloj, no haría tictac.

Armada con estas ideas, la teoría de Einstein rompía con la arraigada manera newtoniana de ver el mundo, en la que el espacio era un escenario fijo sobre el cual se desarrollaban todos los acontecimientos, y el tiempo, una flecha que progresaba en línea recta y de forma estable y universal desde un pasado infinito hacia un futuro también infinito. En la concepción de Newton, nada podía alterar jamás la naturaleza rígida del espacio y el fluir lineal del tiempo. Además, tiempo y espacio no estaban conectados entre sí. Para Newton, el tiempo siempre había existido y siempre existiría, con independencia de cualquier espacio que pudiera existir o no.

La teoría de la relatividad especial de Einstein desafiaba todo esto al forjar una relación íntima entre espacio y tiempo. En 1908, el matemático alemán Hermann Minkowski, que había sido uno de los profesores de Einstein en la Politécnica de Zúrich, completó la reconceptualización del espacio y el tiempo de Einstein, y, con unas célebres palabras, declaró que «desde hoy el espacio como tal y el tiempo como tal habrán de retirarse a las sombras y solo tendrá significado una suerte de unión de ambos».[4] Minkowski fusionó las tres dimensiones del espacio con la única dimensión del tiempo en una sola entidad de cuatro dimensiones: el *espaciotiempo*.

Para ilustrar esta unión de cuatro dimensiones se suele suprimir una o dos de las tres dimensiones del espacio y las que queden se dibujan enfrentadas a la dimensión del tiempo en un «diagrama de espaciotiempo». La figura 8 muestra el primer esquema del espaciotiempo que dibujó Minkowski, en el que retuvo solo una dimensión del es-

* Referencia a un epigrama posiblemente originario de 1923 sobre una joven que se movía más rápido que la luz. *(N. de los T.)*

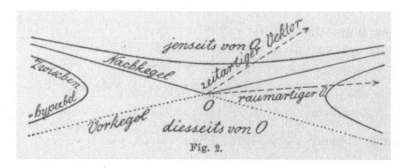

FIGURA 8. Primer diagrama de Minkowski que unifica espacio y tiempo en el espaciotiempo, de su obra de 1908 *Raum und Zeit* (Espacio y tiempo). El tiempo y una dimensión de espacio vienen indicados por flechas discontinuas o «vectores». Una de las flechas apunta en la dirección del tiempo («zeitartiger vektor») y la otra en la dirección del espacio («raumartiger vektor»). En el punto O se encuentra un observador. La región del espaciotiempo en su futuro («jenseits von O») está acotada por el «Nachkegel», y en su pasado («diesseits von O»), por el «Vorkegel», que son, respectivamente, los conos de luz del futuro y del pasado del observador.

pacio, que corre en dirección horizontal, mientras que el tiempo discurre por la vertical. La estructura revela de qué modo la relatividad especial redefine nuestra relación con el universo. Si nos situamos en el punto marcado con una O, de observador, entonces las señales que viajan a la velocidad de la luz y que nos llegan desde direcciones opuestas del pasado, y las señales que irradian desde O hacia el futuro, trazan dos líneas que se cruzan en O y dividen el espaciotiempo en cuatro secciones distintas. El pasado del observador es la región triangular del espaciotiempo limitada por las trayectorias de los rayos de luz que llegan hasta O. Esta región contiene todos los acontecimientos que han ocurrido y pueden afectar a lo que el observador ve. El futuro del observador es la región triangular limitada por rayos de luz que parten de O y contiene todo aquello en lo que el observador puede influir. Más tarde nos encontraremos con diagramas de espaciotiempo que incluyen una segunda dimensión del espacio en el plano horizontal. En esos diagramas, las trayectorias de los rayos de luz del pasado y el futuro en cada punto trazan dos conos que se tocan por las puntas y se abren en direcciones opuestas. Esta estructura de cono de luz en cada punto del espaciotiempo constituye la esencia misma de la física relativista. Solíamos pensar que pasado y futuro se encontraban simplemente pegados el uno al otro en el presente, pero la relatividad especial nos enseña que, para cada observador, presente y futuro se tocan tan solo en el punto que marca su particular posición en el universo.

En el mundo de Newton, en el que espacio y tiempo eran distintos y absolutos (y no había límite cósmico para la velocidad), se creía que, al menos en principio, podíamos acceder de manera instantánea a todo el espacio. En el mundo relativista de Einstein comenzamos a apreciar lo pequeña que es la parte accesible. El universo observable queda limitado, tanto en el espacio como en el tiempo, a la región confinada de nuestro cono de luz pasado, y, dado que solo han transcurrido 13.800 millones de años desde el big bang, eso significa que hay un horizonte cosmológico, una distancia limitante más allá de la cual todo lo que ocurra en el universo (o el multiverso) queda de verdad fuera de nuestro alcance por mucho que avance la tecnología de los telescopios.

Incluso dentro de nuestro horizonte cosmológico solo podemos recoger información sobre algunas regiones limitadas del espaciotiempo. La figura 9 muestra las regiones dentro del cono de luz pasado de un observador de la Tierra que le son directamente accesibles. En primer lugar, las observaciones astronómicas de luz nos proporcionan información sobre la región cercana a la superficie del cono de luz y nos llevan hasta más de 13.000 millones de años hacia el pasado. En segundo lugar, las observaciones de fósiles terrestres, partículas cósmicas y otros restos que se encuentran en el espacio nos permiten mirar atrás unos 4.600 millones de años hacia el interior local de nuestro cono de luz pasado. Pero quedan en medio inmensas regiones (en gris claro en la figura 9) a las que no tenemos acceso directo.

* * *

En 1907 Einstein se dispuso a repensar la ley de la gravitación universal de Newton con el fin de encajar nuestra descripción de la gravedad dentro de su nueva visión relativista del espaciotiempo.

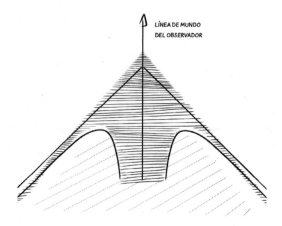

LÍNEA DE MUNDO
DEL OBSERVADOR

FIGURA 9. Nuestro cono de luz pasado y, con rayado denso, las regiones dentro de nuestro pasado a las que tenemos acceso directo.

Aquello iba a suponer un enorme desafío, una expedición matemática que más tarde describiría como «un largo y solitario viaje por el desierto buscando en la oscuridad la verdad que uno siente, pero no puede expresar».[5] Pero mereció la pena. En noviembre de 1915, en los oscuros días de la Primera Guerra Mundial, Einstein consiguió por fin exponer su teoría de la relatividad general, una nueva teoría de la gravedad coherente con su teoría de la relatividad especial del espaciotiempo, que se convertiría en su logro científico de mayor alcance.

La relatividad general describe la gravedad en términos geométricos; de hecho, usa la geometría propia del espaciotiempo.[6] La teoría concibe la gravedad como una manifestación de la curvatura del tejido del espaciotiempo por la masa y la energía. Por ejemplo, la teoría sostiene que la Tierra se mueve alrededor del Sol no porque exista una fuerza misteriosa que actúa a tan gran distancia y que de algún modo tira de la Tierra, sino porque la masa del Sol deforma un poco el espacio que lo circunda. Esta deformación crea una especie de valle que lleva a la Tierra (y a los otros planetas) a describir órbitas casi elípticas en torno al Sol. No podemos ver ese valle, pero podemos sentirlo: ¡es la gravedad! De igual modo, de acuerdo con Einstein, nos mantenemos pegados con los pies a la tierra porque la masa de nuestro planeta crea una pequeña abolladura en la forma del espacio por la que nuestro cuerpo intenta deslizarse, por así decirlo, lo cual hace que sintamos una presión hacia arriba en los pies. Es la misma abolladura que permite que los satélites y la Estación Espacial Internacional y la Luna mantengan cómodamente su órbita alrededor del planeta.

Y no es solo el espacio lo que se curva; también lo hace el tiempo, un fenómeno que explotan, con gran exageración, directores de películas como *Interstellar*. Cuando Cooper y su tripulación regresan a su nave espacial después de una breve estancia en el planeta de Miller, descubren que Romilly, el miembro de la tripulación que se había quedado atrás, había envejecido más de veintitrés años. Al parecer, la enorme masa del agujero negro cercano al planeta de Miller había hecho que el tiempo avanzase más despacio para la tripulación que visitó el planeta.

El enorme poder de la teoría de la relatividad general de Einstein radica en el hecho de que resume este maravilloso diálogo entre materia y energía y la forma del espaciotiempo en una ecuación matemática:

$$G_{\mu\nu} = \frac{8\pi G}{c^4} \, T_{\mu\nu}$$

Esta ecuación no es difícil de leer. En el lado derecho tenemos toda la materia y energía de una región del espaciotiempo, simbolizada por $T_{\mu\nu}$. El lado izquierdo describe la geometría, $G_{\mu\nu}$, de esa región. En el signo de igualdad es donde se produce la magia, pues nos dice, con precisión matemática, de qué modo la geometría del espaciotiempo de la izquierda ($G_{\mu\nu}$) se relaciona con la configuración particular de materia y energía ($T_{\mu\nu}$) de la derecha, y es esta relación, nos dice la teoría de Einstein, lo que experimentamos como gravedad. Así pues, la gravedad no entra en la teoría de Einstein como una fuerza independiente, sino que emerge de la interacción entre la materia y la forma del espaciotiempo. En palabras del físico estadounidense John Archibald Wheeler: «La materia le dice al espaciotiempo cómo curvarse. El espaciotiempo le dice a la materia cómo moverse».[7]

En resumen, la relatividad general insufla vida en el espaciotiempo. La teoría transforma el espaciotiempo, que pasa así de ser el escenario inmutable de Newton, inasequible a nuestro entendimiento, a convertirse en un campo físico flexible. Por cierto, que el concepto de campos en la física, como sustancias invisibles que llenan el espacio, se remonta al brillante experimentador escocés Michael Faraday. Poco tiempo después, Maxwell los utilizó para formular su teoría del electromagnetismo. El campo magnético a través del cual un imán ejerce su influencia es con toda probabilidad el ejemplo más conocido de campo. En la actualidad, los físicos usan campos no solo para describir fuerzas, sino también especies de partículas. De manera aproximada, concebimos las partículas como concreciones densas de su campo subyacente, que llena el espacio. La genialidad de Einstein fue identificar el propio espaciotiempo como el campo físico responsable de la gravedad.

No hubo de pasar mucho tiempo antes de que la relatividad general recibiese apoyo observacional. La primera prueba provino del propio sistema solar y tenía que ver con la trayectoria del planeta Mercurio. Cuando a mediados del siglo XIX Le Verrier llamó la atención de los astrónomos sobre el planeta Neptuno, también hizo notar que la órbita de Mercurio alrededor del Sol se desviaba algo de lo que predecía la ley de la gravedad de Newton. Como es natural, Le Verrier sugirió que la trayectoria de Mercurio podría verse influida por otro planeta aún más cercano al Sol, que incluso bautizó como Vulcano. Pero nunca se encontró. Así que en 1915 Einstein se dispuso a recalcular la órbita de Mercurio a partir de su nueva teoría de la gravedad y halló que esta explicaba a la perfección la anomalía de Mercurio, un descubrimiento que calificó como la experiencia emocional más intensa de su vida, «como si la naturaleza hubiera hablado».[8]

Pero el verdadero triunfo de la relatividad general llegó en 1919, cuando el astrónomo británico sir Arthur Eddington navegó hasta la isla portuguesa de Príncipe, en la costa del África Occidental, para medir las posiciones de las estrellas durante un eclipse solar total. Si Einstein tenía razón y la masa curva el espaciotiempo, la luz de las estrellas no debería viajar en línea recta al pasar cerca de un objeto masivo como el Sol, sino que se vería desviada, lo que debería observarse como un leve desplazamiento de sus posiciones en el firmamento. Y eso fue justo lo que Eddington y su equipo descubrieron: las estrellas se habían movido. Que un astrónomo británico hubiese puesto a prueba la teoría de un físico alemán se proclamó incluso como un acto de reconciliación entre ambos países, recién salidos de un enfrentamiento en la Primera Guerra Mundial. *The New York Times* presentó las observaciones de Eddington con un titular sensacionalista, «Las luces se doblan en el cielo. Los hombres de ciencia más o menos conmocionados», propulsando a Einstein a la fama internacional como el genio que había destronado a Newton.[9] Vistas hasta entonces como verdades definitivas, las leyes de Newton habían resultado ser provisionales y aproximadas.

La curvatura de la luz en torno al Sol es minúscula, de apenas unos cuantos segundos de arco, porque el campo gravitatorio del Sol es débil en comparación con los estándares astronómicos. Pero casi exactamente cien años más tarde, en la primavera de 2019, las primeras planas de todo el mundo nos mostraron una espectacular y sonriente imagen de la deflexión de la luz en su forma más extrema. En una versión moderna de la expedición de Eddington, un equipo internacional de astrónomos había creado un telescopio virtual del tamaño de la Tierra, el Telescopio del Horizonte de Sucesos, formado por ocho antenas de radio distribuidas por el planeta, desde Groenlandia hasta la Antártida, que mediante una meticulosa coordinación permitían alcanzar una resolución espacial capaz de detectar una pelota de tenis en la Luna. Cuando los astrónomos dirigieron su Telescopio del Horizonte de Sucesos, con toda su resolución, al centro mismo de Messier 87, una gran galaxia del cúmulo de Virgo, a unos cincuenta y cinco millones de años luz de distancia, y cosieron digitalmente los píxeles, lo que apareció fue un disco oscuro rodeado de un halo de luz, la señal inequívoca de la sombra de un agujero negro gigante absorbiendo materia.

El disco oscuro de la figura 10 indica que hay una región central donde la curvatura del espaciotiempo es de tal magnitud que los rayos de luz que pasan por allí no se ven simplemente desviados, sino que quedan atrapados en su interior. El anillo de luz que lo rodea tiene su origen en materia y gas que se calienta al tiempo que desaparece en el agujero negro. Este agujero en particular gira de tal modo que la

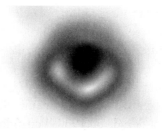

FIGURA 10. Esta primera imagen de un agujero negro cautivó al mundo cuando el Telescopio del Horizonte de Sucesos la obtuvo en 2019. La «sombra» central no es mayor que nuestro sistema solar, pero contiene la masa de unos 6.500 millones de soles. Se encuentra en el núcleo central de la galaxia Messier 87, a unos cincuenta y cinco millones de años luz de distancia. El halo de luz proviene de la materia que cae en el interior del agujero negro, mientras que la sombra es donde la curvatura del espacio es tan potente que toda la luz es absorbida.

luz que nos alcanza desde debajo del disco negro incremente tanto su energía que la parte inferior brilla con mayor intensidad. Con una masa de 6.500 millones de soles comprimida en una región más o menos del tamaño del sistema solar, es uno de los agujeros negros más pesados de nuestro vecindario cósmico.

La teoría de la relatividad general ya predecía la existencia de los agujeros negros. A los pocos meses de que Einstein publicase su trascendental obra, el astrónomo alemán Karl Schwarzschild dio con la primera solución a la ecuación definitoria de la teoría (pág. 75) que describía la geometría fuertemente curvada del exterior de una masa M de extraordinaria densidad y perfectamente esférica. Comoquiera que a la sazón Schwarzschild estaba sirviendo en el frente ruso durante la Primera Guerra Mundial, escribió su solución en una tarjeta postal que envió a Einstein en Berlín. Como es natural, Einstein la recibió con entusiasmo y del mismo modo la presentó ante la Academia Prusiana.

La geometría de Schwarzschild contenía una superficie muy peculiar a una corta distancia, $2GM/c^2$, del centro de la masa,[10] donde espacio y tiempo parecían intercambiar papeles. Durante años, aquello provocó una gran perplejidad. Einstein los veía como una rareza matemática de la solución, carente de significado físico. El propio Schwarzschild pensaba que, de algún modo, el espacio y el tiempo acababan en aquella superficie.

Pero la bruma que envolvía la geometría de Schwarzschild comenzó a disiparse en la década de 1930,[11] cuando se comprendió que la solución describe la forma final del espaciotiempo tras el colapso gravitatorio completo de una estrella grande y perfectamente esférica que agota su combustible y muere.[12] Por descontado, las estrellas reales no son esféricas por completo, así que la mayoría de los físicos siguieron viendo con escepticismo la existencia de esas «estrellas colapsadas por la gravitación» o agujeros negros. Habría que esperar al renacimiento de la relatividad general en la década de 1960, espoleada por los trabajos de Roger Penrose, para que la realidad física de las estrellas colapsadas por la gravitación comenzara por fin a imponerse, y Wheeler acuñara el término «agujero negro» para describirlas. Penrose, un matemático puro que trabajaba en el Birbeck College, en Londres, introdujo todo un nuevo conjunto de ingeniosas herramientas para manejar las complicadas geometrías de la relatividad general y demostró que todas las estrellas de suficiente masa, con independencia de su forma o composición inicial, colapsan formando agujeros negros al final de su vida. Eso significaba que, lejos de ser una excentricidad matemática, los agujeros negros había que verlos como una parte integral del ecosistema cósmico. En un artículo de 1969, Penrose escribió: «Tan solo deseo hacer un llamamiento para que los agujeros negros se tomen en serio y que sus consecuencias se exploren con todo detalle. Pues ¿quién puede decir que no hayan de desempeñar algún papel importante en la formación de los fenómenos observables?».[13] Sus comentarios resultaron ser proféticos. Las observaciones astronómicas de las siguientes décadas irían reforzando poco a poco el caso a favor de los agujeros negros hasta culminar, en 2019, con las primeras imágenes borrosas de estos enigmáticos objetos. Cincuenta y cinco años después de su predicción de que los agujeros negros debían ser ubicuos en el universo, Penrose compartió el Premio Nobel de Física de 2020 por lo que en un principio no había sido más que un descubrimiento puramente teórico.

El artículo de Penrose de 1965, el que le valió el Premio Nobel,[14] no ocupa más de tres páginas e incluye pocas ecuaciones, pero contiene un dibujo fascinante, al estilo de los de Leonardo, de la formación de un agujero negro a partir del colapso de una estrella (ver la figura 11). El diagrama del espaciotiempo de Penrose muestra dos dimensiones espaciales y cómo se entremezclan con la dimensión del tiempo. Podemos ver que, lejos del objeto, los conos de luz futuros se abren hacia ambos lados, lo que significa que los rayos de luz pueden dirigirse hacia la estrella o apartarse de ella, tal como uno esperaría. Cerca de la estrella que está colapsando, la masa de esta curva el espacio haciendo que los conos de luz se doblen hacia el interior. A medida que el colapso avanza, aparece una superficie especial en la que los conos se curvan tanto que incluso los rayos de luz que se dirigen hacia fuera, alejándose a la velocidad de la luz, se quedan suspendidos a una distancia constante del centro de la estrella. Y, como nada puede viajar más rápido que la velocidad de la luz, nada puede tampoco escapar a su tirón gravitatorio. Al colapsar, la estrella ha creado una región del espaciotiempo que queda por completo desconectada del resto del universo: un agujero negro.

La superficie que separa la zona de no escape, en el interior, del resto del universo es la peculiar superficie de la geometría de Schwarzschild que tanta confusión había causado en los primeros días de la relatividad general. Hoy la conocemos como «horizonte de sucesos» de un agujero negro. Corresponde de manera aproximada al borde del disco negro de la figura 10. El horizonte de sucesos actúa como una membrana de un solo sentido a través de la cual la materia, la luz y la información pueden entrar, pero nada puede salir. Los agujeros negros son la expresión última de una sala de escape.

Pocos físicos creen que haya mucho que ver o sentir en el horizonte de sucesos de un gran agujero negro, pero el horizonte reviste un enorme significado en lo que concierne a la estructura causal de los agujeros negros. En el interior de la superficie del horizonte, el espacio y el tiempo en cierto sentido intercambian sus identidades. Si un intrépido astronauta se internase tras el horizonte de un agujero negro, la curvatura cada vez mayor de los conos de luz implicaría que necesariamente habría de seguir desplazándose hacia el centro. Dicho de otro modo, la dimensión radial del espacio en el interior adquiere

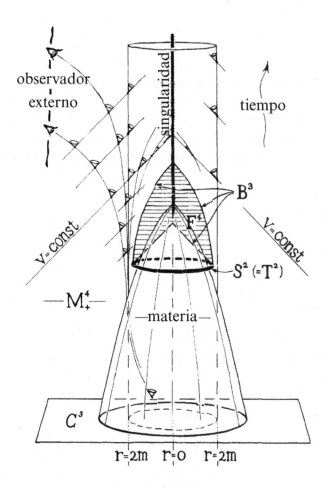

FIGURA 11. Ilustración de Roger Penrose, de 1965, del colapso de una estrella para formar un agujero negro. A medida que la estrella se encoge, aparece una curiosa superficie en el espacio vacío que la rodea, mostrada aquí como el anillo negro del centro de la figura. Penrose demostró sobre una base puramente matemática que, con independencia de su forma, la aparición de una superficie como esta que atrapa los rayos de luz señala la inevitable formación de un agujero negro, con una singularidad en el centro rodeada de un horizonte de sucesos cilíndrico. En el interior del agujero negro, la extrema curvatura de los conos de luz futuros implica un movimiento continuo hacia la singularidad. Sin embargo, también significa que un observador exterior nunca podrá ver los estadios finales del colapso, menos aún la singularidad del interior del agujero negro.

las propiedades de una dimensión temporal, una dirección en la que no se puede parar o dar la vuelta, sino que siempre hay que avanzar. En el centro aguarda una singularidad del espaciotiempo de curvatura infinita que no es en realidad un lugar del espacio, sino más bien un momento en el tiempo. El último momento.

En esta singularidad de curvatura infinita es donde (cuando) la ecuación de Einstein pierde su poder predictivo. La teoría de la relatividad general se desmorona en las singularidades del espaciotiempo. Eso es desconcertante. ¿Cómo pudo Penrose demostrar que el colapso gravitatorio de una estrella grande produce una singularidad si el marco teórico en el que trabajaba pierde validez en las singularidades? La genialidad de la estrategia de Penrose consistió en identificar un punto de no retorno en el colapso gravitatorio, la formación de lo que llamó una superficie atrapada desde la que ni siquiera la luz puede alejarse de la estrella. Penrose demostró que, cuando se forma una superficie atrapada, el colapso prosigue de manera ineludible hacia una singularidad. Sus trucos matemáticos eran tan potentes que le permitieron predecir el resultado pese a no poder seguir el colapso de una estrella real hasta el final.

Pero ¿qué ocurre cuando dos agujeros negros entran en sus esferas de influencia mutuas y comienzan a orbitar la una en torno a la otra? La relatividad general predice que esta interacción genera ondas gravitacionales, perturbaciones oscilantes del espaciotiempo que se propagan por el universo a la velocidad de la luz. No es más que un resultado de la ecuación de Einstein: dos agujeros negros en órbita mutua forman una configuración de masas que cambia de manera periódica, a la que, según la ecuación de Einstein, el espaciotiempo responde con sus propias perturbaciones periódicas. Estas son las ondas gravitatorias.

En tanto que ondulaciones de la geometría, las ondas gravitatorias son portadoras de enormes cantidades de energía. En consecuencia, drenan la energía del sistema de agujeros negros en órbita mutua haciendo que describan una espiral hacia el interior y acaben fusionándose en un único y mayor agujero negro. Estas fusiones son, de lejos, los sucesos más violentos del universo. Una sola colisión de dos agujeros negros puede generar un destello de ondas gravitatorias más potente que la potencia combinada de toda la luz radiada por todas las estrellas del universo observable. No obstante, las ondas de geometría generadas cuando los agujeros negros chocan tienen un tamaño minúsculo porque el tejido del espaciotiempo es muy rígido.[15] Por eso los destellos de ondas gravitatorias son, pese a su enorme potencia, muy difíciles de detectar.

Además, como no hay partículas implicadas, un destello de ondas gravitatorias que atraviese nuestro planeta resulta ser un suceso bastante esquivo. Salvo por el hecho de que por un momento hacen que las varas de medir se alarguen y encojan un poquito y que los relojes se adelanten y atrasen muy ligeramente, las ondas gravitatorias atraviesan los planetas como si llevasen una capa de invisibilidad. Para detectar las variaciones temporales provocadas por las ondas gravitatorias se necesita una vara de medir de varios kilómetros de longitud que permita medir esa distancia con una precisión considerablemente mayor que la anchura de un solo protón. Eso parece imposible. Sin embargo, en una verdadera hazaña de la ingeniería, el equipo LIGO en Estados Unidos y el Virgo en Europa han logrado hacer justo eso. Con la ayuda de láseres y una buena dosis de ingeniería sofisticada para monitorizar la longitud de tres pares de tubos de vacío de varios kilómetros de longitud colocados en una configuración en forma de L en tres lugares bastante apartados de la superficie de la Tierra, ambos equipos consiguieron montar una trampa para las ondas gravitatorias que atravesasen nuestro planeta. El 14 de septiembre de 2015, tras años de espera y escucha, las extremidades de las dos L de LIGO comenzaron de pronto a vibrar, de forma muy leve al principio, luego gradualmente con mayor fuerza y rapidez hasta que, tras una fracción de segundo, las vibraciones se debilitaron de nuevo. Con la ayuda de la teoría de Einstein, los físicos lograron asociar este breve patrón de vibraciones con un destello de ondas gravitatorias generado por la espiral cerrada y la fusión, hace más de mil millones de años, de una pareja de agujeros negros de unas treinta masas solares cada uno. Cinco años después, se han detectado ya casi un centenar de estallidos de ondas gravitacionales como este, lo que ha dejado claro que los agujeros negros son en realidad una parte integral del ecosistema cósmico, tal como Penrose había predicho.

El descubrimiento observacional de las ondas gravitatorias confirma la última de las grandes predicciones consagradas en la relatividad general de Einstein. De muchas maneras, marca la madurez de la teoría, pues señala tanto el inicio de un nuevo comienzo como el cierre de una era. Lo que empezó como una ecuación matemática abstracta que describe el espacio, el tiempo y la gravedad se ha convertido, con la observación de las ondas gravitatorias, en una manera nueva por completo de mirar el universo. Más de cuatro siglos después de que Galileo dirigiera un telescopio hacia las estrellas, es como si los astrónomos hubiesen desarrollado un nuevo sentido que pueden utilizar para acceder al lado oscuro del universo, dominado por agujeros negros, materia oscura y energía oscura. Los observatorios de ondas gravitatorias que en la actualidad están operativos en el mundo exploran el universo percibiendo la geometría del propio espaciotiempo, capturando minúsculas vibraciones del campo que Einstein sacó a la luz hace más de un siglo.

Ya en los primeros tiempos de la relatividad general, Einstein no tardó en percatarse de que su teoría podía contener una visión nueva por completo del cosmos. En 1917 escribió al eminente astrónomo holandés Willem de Sitter en Leiden: «Quiero zanjar la cuestión de si la idea básica de la relatividad puede llevarse hasta su conclusión y determinar la forma del conjunto del universo».[16]

Einstein propuso que la forma global del espacio es como una versión tridimensional de la superficie de una esfera, una *hiperesfera*. Las hiperesferas son difíciles de imaginar, porque tendemos a pensar en espacios curvos como si fueran superficies bidimensionales incrustadas en el espacio tridimensional euclidiano que todos conocemos. Pero esta incrustación de superficies en un espacio mayor solo sirve para visualizarlo con cierta comodidad. Los matemáticos del siglo XIX ya habían demostrado que todas las propiedades geométricas de las superficies curvas (las líneas rectas, los ángulos, etc.) pueden definirse de forma intrínseca, sin tener que hacer referencia a nada por encima o por debajo de la superficie.[17] De igual modo, la forma curva de una hiperesfera tridimensional no requiere ningún punto de referencia externo. Es lo que es: una hiperesfera.

Igual que la superficie de una esfera, una hiperesfera tridimensional no tiene ni centro ni límites o fronteras. El espacio presenta el mismo aspecto indistintamente de donde se esté en la hiperesfera. Sin embargo, el volumen total de espacio es finito en el universo de Einstein; por consiguiente, del mismo modo que la Tierra tiene una superficie finita, el número de lugares distintos en un universo hiperesférico es limitado. Así, si uno se desplaza en línea recta por el universo de Einstein, acaba regresando al mismo punto por la dirección opuesta a la de partida, igual que se puede volar alrededor del mundo yendo siempre hacia delante. Y, lo que es más, nada habría cambiado, pues, tal como Einstein lo concibió, el universo no cambia con el tiempo. Para conseguirlo, incluso añadió un término adicional a su ecuación, al que llamó término cosmológico y simbolizó con la letra griega λ, que hoy conocemos como la constante cosmológica. El término λ de Einstein describe una energía oscura del espacio que se manifiesta a las más grandes escalas del universo, donde da origen a cierta forma de antigravedad o repulsión cósmica. Einstein vio que para una hiperesfera de un tamaño especial, el tirón gravitatorio de atracción de toda la materia y la repulsión inducida por el término λ se compensan a la perfección, dando lugar a un universo que ni se expande ni se contrae y que existe para toda la eternidad pasada y futura. Este es el cosmos que buscaba y el único que, a su parecer, casaba con el significado físico más profundo de su teoría.

La proeza de Einstein de captar el cosmos entero por medio de una sola ecuación demostró de manera muy llamativa que la relatividad general podía llevarnos allí donde no llegaban las leyes de Newton. Su espaciotiempo estático e hiperesférico relacionaba la forma y tamaño global del universo con la cantidad de materia y energía oscura que contiene, mostrando de este modo que su teoría en realidad podía ofrecer respuestas fantásticas a preguntas inmemoriales. Con su tratamiento del universo como un todo, Einstein, en cierto modo, llevó la esfera exterior de los antiguos modelos del mundo al dominio de la ciencia moderna. Aunque su modelo de universo resultó estar muy lejos de la realidad, sus pioneras exploraciones marcaron el nacimiento de la cosmología relativista moderna.

Habrían de pasar diez años más, sin embargo, para que Lemaître comenzase a vislumbrar que las verdaderas implicaciones cosmológicas de la relatividad iban mucho más allá de lo que Einstein o cualquier otro hubieran imaginado.

Lemaître fue una persona amable e interesante.[18] Nacido en 1894 en la ciudad de Charleroi, en el sur de Bélgica, tuvo que abandonar su carrera de ingeniería para incorporarse al servicio militar en la Primera Guerra Mundial. Cuando Alemania invadió Bélgica en agosto de 1914, el joven Georges se presentó voluntario para servir en la infantería del ejército belga y luchó en la batalla del Yser, cerca de la frontera con Francia. Este conflicto se prolongó durante dos meses, hasta que los belgas inundaron la zona para frenar el avance germánico. Se dice que, en los periodos de más calma, Lemaître intentaba relajarse en las trincheras leyendo los clásicos de la física, entre ellos las *Leçons sur les hipothèses cosmogoniques* [*Lecciones sobre las hipótesis cosmogónicas*] de Poincaré. Dice la leyenda familiar que desató la ira de un instructor del ejército cuando señaló un error matemático en el manual de balística militar.

En respuesta a una doble vocación, después de la guerra Lemaître se matriculó en la Universidad Católica de Lovaina para estudiar física y en el seminario de Malinas, donde recibió un permiso especial del cardenal Mercier para estudiar la nueva teoría de la relatividad de Einstein. En 1923, ya con alzacuellos, cruzó el canal de la Mancha para trabajar con Eddington en el Observatorio de Cambridge.

Ávido lector de filosofía, además de física, Lemaître quizá hallase inspiración en la visión del filósofo escocés del siglo XVIII David Hume para desarrollar un enfoque científico en la intersección entre la teoría matemática y las observaciones astronómicas. En su obra maestra *An Enquiry Concerning Human Understanding* [*Investigación sobre el conocimiento humano*], Hume sostiene que la experiencia es el fundamento del conocimiento. Aun reconociendo el poder de las matemáticas, Hume prevenía contra el razonamiento abstracto desvinculado del mundo real: «Si razonamos *a priori*, cualquier cosa puede parecer capaz de producir cualquier otra. La caída de una piedra podría, por lo que sabemos, apagar el Sol, o el deseo de un hombre controlar los planetas en sus órbitas». Con este énfasis en la experiencia como base de todo nuestro conocimiento, Hume contribuyó a sentar los cimientos de la práctica de la ciencia como proceso inductivo basado en la experimentación y la observación del universo.

Con ánimo parecido, Lemaître resumía su posición de este modo: «Toda idea proviene de algún modo del mundo real, de acuerdo con el adagio "Nihil est in intellectu nisi prius fuerit in sensu".[19] Sin duda, la idea que nace de los hechos debe trascenderlos y seguir el flujo natural del pensamiento, la actividad fundamental del intelecto. Pero quizá sea esta una de las más valiosas lecciones que la extrañeza de la física nos enseña: ese flujo debe estar controlado, no debe perder el contacto con los hechos, debe permitirse verse condicionado por ellos. Aquí, como en tantos otros campos, debemos hallar un feliz equilibrio entre un idealismo ensoñador que se extravía y un positivismo estrecho que permanece estéril».[20]

Al mudarse del Cambridge de Inglaterra al Cambridge de Massachusetts para trabajar en el Observatorio de la Universidad de Harvard, Lemaître fue testigo en Washington de la clausura del «Gran Debate» en enero de 1925. La cuestión era si las nebulosas espirales del firmamento, que se conocían desde la Edad Media, eran gigantescas nubes de gas del interior de la Vía Láctea o bien galaxias diferentes y lejanas. Con la ayuda del telescopio más potente de la época, el nuevo telescopio Hooker de 100 pulgadas (254 cm) de Monte Wilson, cerca de Pasadena, el astrónomo americano Edwin Hubble y sus colaboradores habían logrado distinguir estrellas en partes de dos nebulosas (Andrómeda y Triángulo), y después habían usado las propiedades características de las estrellas pulsantes cefeidas que allí encontraron para estimar sus distancias.[21] Para su sorpresa, estas se acercaron al millón de años luz. Unas distancias tan grandes las situaban mucho más allá de los límites de nuestra Vía Láctea, lo que confirmaba que, en efecto, eran galaxias distintas. De golpe, las observaciones de Hubble habían hecho el universo mil veces mayor.

Además, la mayoría de las nebulosas parecían alejarse de nosotros. Ya en 1913 el ingenioso astrónomo Vesto Slipher, a la sazón en el Observatorio Lowell,[22] cerca del Gran Cañón, se había percatado de que los espectros de la luz procedente de la mayoría de las nebulosas espirales estaban desplazados hacia longitudes de onda más largas.[23] Un desplazamiento de este tipo se produce cuando se observa la luz de fuentes que se alejan, un fenómeno que se conoce como efecto Doppler. Todos conocemos el efecto Doppler de las ondas de sonido: basta con pensar en el cambio del sonido de la sirena de una ambulancia a su paso por nuestra posición. Pero el mismo fenómeno se aplica también a las ondas de luz, de manera que, si la fuente de luz se aleja, se produce un cambio hacia el rojo en el color global de la luz, que en cosmología se conoce apropiadamente como desplazamiento al rojo. A mediados de la década de 1920, Slipher había medido los espectros de no menos de cuarenta y dos nebulosas espirales y había descubierto que solo dos de estas se estaban acercando a la Vía Láctea, mientras que treinta y ocho se alejaban de ella, a menudo a enormes velocidades, de hasta 1.800 km/s, mucho mayor que la velocidad de cualquier otro objeto celeste conocido en aquel tiempo. A la vista de lo que hoy sabemos, las velocidades de las nebulosas de las tablas de Slipher, como la que se muestra en la figura 12, fueron las primeras indicaciones de que el universo se expande.[24]

De vuelta en Lovaina, en 1925, Lemaître reconoció el significado de las observaciones de Slipher. Se dice que para entonces entendía la relatividad general mejor que nadie, incluidos Eddington y Einstein. Lemaître se dio cuenta de que el universo estático que Einstein había construido era terriblemente inestable. Se parecía más al equivalente cosmológico de un alfiler en equilibrio sobre su cabeza que al más leve golpecito empezaría a moverse. Su golpe de ingenio fue entonces abandonar la idea tan arraigada de un universo no cambiante que es igual para toda la eternidad y leer en la relatividad general lo que la teoría nos quería decir desde siempre: el universo se expande. Al vincular masa y energía con la forma del espaciotiempo, la teoría de Einstein provoca de manera ineludible que el espacio cambie con el tiempo, y no solo en el ámbito local, sino también *in extenso*, a la escala del cosmos entero. Lemaître había llegado a la conclusión de que, al diseñar un mundo estático, Einstein había desafiado la más drástica de las predicciones de su propia ecuación a favor de sus prejuicios filosóficos sobre cómo debería ser el cosmos. El artículo seminal de Lemaître, de 1927, en el que predice que el universo se expande, estableció el vínculo fundamental entre la teoría de la relatividad general y el comportamiento del universo físico como un todo.[25] Él mismo recordaría, con su característica frivolidad: «Resulté ser más matemático que la

TABLE I.

RADIAL VELOCITIES OF TWENTY-FIVE SPIRAL NEBULÆ.

Nebula.	Vel.	Nebula.	Vel.
N.G.C. 221	− 300 km.	N.G.C. 4526	+ 580 km.
224	− 300	4565	+1100
598	− 260	4594	+1100
1023	+ 300	4649	+1090
1068	+1100	4736	+ 290
2683	+ 400	4826	+ 150
3031	− 30	5005	+ 900
3115	+ 600	5055	+ 450
3379	+ 780	5194	+ 270
3521	+ 730	5236	+ 500
3623	+ 800	5866	+ 650
3627	+ 650	7331	+ 500
4258	+ 500		

FIGURA 12. La primera prueba de que el universo se expande. La tabla muestra la velocidad radial de veinticinco nebulosas espirales (galaxias), publicadas por Vesto Slipher en 1917. Los términos negativos corresponden a galaxias que se acercan, mientras que las velocidades positivas son galaxias que se alejan.

mayoría de los astrónomos y más astrónomo que la mayoría de los matemáticos».[26]

Lemaître entendió que un universo en expansión es algo bastante diferente de una explosión normal. Una explosión tiene su origen en un lugar concreto. Si pensamos, por ejemplo, en la explosión de una estrella desde una distancia, el espacio tendrá un aspecto muy distinto dependiendo de si miramos hacia la estrella o en la dirección opuesta. No así en un universo en expansión. Este carece de centro y de fronteras, pues es el propio espacio el que se estira. En todo caso, la expansión sería la explosión del espacio. «Las nebulosas [galaxias] son como microbios en la superficie de un globo —explicaba Lemaître—. Cuando el globo se infla, cada microbio se percata de que los otros se alejan, así que tiene la impresión, pero solo la impresión, de que está en el centro». Una caricatura de la metáfora de Lemaître apareció en un periódico holandés en 1930 (ver inserto, lámina 2).

Cuando las ondas de luz viajan de un «microbio» a otro, su longitud de onda se estira a medida que lo hace el espacio, corriendo poco a poco el color hacia el rojo. Eso hace que parezca que las galaxias lejanas se alejan a toda velocidad de la Vía Láctea, aunque en realidad no

FIGURA 13. Georges Lemaître impartiendo una clase en la Universidad Católica de Lovaina (Bélgica).

se mueven. Así que los desplazamientos al rojo de los espectros de las nebulosas no son fruto de un verdadero efecto Doppler debido a movimientos reales de las galaxias, como Slipher y Hubble creyeron, sino una mera consecuencia de la expansión del propio espacio. He intentado ilustrar esto en la figura 14. Como me veo limitado en el número de dimensiones que puedo representar sobre un papel, una vez más he suprimido dos dimensiones del espacio, dejando solo una, dibujada como un círculo. El interior del círculo y el espacio en el exterior de él no forman parte de este universo, solo ayudan a visualizarlo. Así pues, tenemos un universo circular unidimensional que se está estirando, de modo que su radio crece con el tiempo. Como se puede ver, eso hace que aumenten las distancias entre las galaxias.

El grado de desplazamiento al rojo que observamos depende de cuánto tiempo haga que se emitió la luz que recibimos y desde qué distancia. Lemaître calculó que, si el universo se expande a una tasa constante, debería haber una relación entre la velocidad aparente de recesión, v, de una galaxia y su distancia, r, desde nuestra posición, que resumió en la célebre ecuación 23 de su artículo de 1927:

$$v = Hr$$

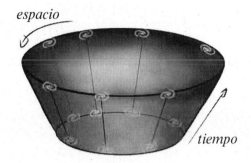

espacio

tiempo

Figura 14. Representación esquemática de un universo unidimensional en forma de círculo que se expande con el paso del tiempo. La expansión del espacio hace que las galaxias se alejen unas de otras, aunque en realidad no se mueven de su sitio. Como consecuencia de este movimiento aparente, la luz de las galaxias que observamos se nos presenta desplazada al rojo.

Esta relación dice que la velocidad aparente v de recesión de las galaxias debería ser directamente proporcional a la distancia r a la que se encuentra de nosotros. El factor de proporcionalidad H de esta relación es la cifra que mide la tasa de expansión del universo. Al tratar de corroborar con observaciones esta predicción, Lemaître tomó los desplazamientos al rojo de Slipher y las (muy inciertas) mediciones de distancias de Hubble para su muestra de cuarenta y dos nebulosas, y estimó que las galaxias se alejaban unos 575 kilómetros por segundo más rápido por cada tres millones de años luz de distancia.[27]

Este descubrimiento dio paso al mayor cambio de paradigma de la cosmología desde Newton, aunque, por aquel entonces, casi nadie se dio cuenta de ello, y los pocos comentarios que llegaron a oídos de Lemaître no fueron alentadores. Lemaître le envió una copia de su artículo a Eddington, que lo perdió. Einstein, tras haber amañado su teoría hasta conseguir que el universo se estuviese quieto, se negó a reconsiderar la cuestión. De hecho, durante su breve y agitado encuentro en la Quinta Conferencia Solvay,[28] hizo saber a Lemaître que las soluciones a su ecuación que describen universos en expansión ya las había descubierto cuatro años antes un joven matemático de San Petersburgo, Alexander Alexándrovich Friedmann,[29] que para entonces había fallecido. Para Einstein (y para Friedmann) aquellas soluciones no eran más que rarezas matemáticas de la teoría de la relatividad y carecían de significación para el cosmos real. Un universo estático parecía mucho más perfecto y emocionalmente satisfactorio. Por lo que sabemos, pues, con Friedmann muerto, Einstein en negación y Eddington ignorante de los descubrimientos de Lemaître, a finales de la década de 1920 solo una persona en todo el planeta había comprendido lo que acabaría siendo la predicción de más calado de la relatividad general.

Pero Lemaître perseveró y se dispuso a estudiar el curso del crecimiento del universo. Trabajando desde su casa en Lovaina (una antigua cervecería), Lemaître trazó la evolución del tamaño de una hiperesfera tridimensional[30] con distintas cantidades de materia y energía oscura. En la lámina 1 se puede ver la diversidad de universos que encontró, todos ellos expandiéndose y evolucionando de acuerdo con la teoría de la relatividad general. Estos gráficos, que Lemaître calculó con sumo cuidado en papel milimetrado amarillo en 1929 o 1930, constituyen uno de los documentos científicos más notables del siglo XX. Épicos en la medida en que se apartaban de la visión del mundo preponderante, literalmente cambiaron el mundo.

En 1929, con el telescopio más potente del mundo en Monte Wilson todavía a su disposición, Hubble proporcionó pruebas empíricas fuertes de la relación distancia-velocidad, hasta el punto de que esta relación (la ecuación 23 del artículo de Lemaître de 1927) pasó a conocerse como ley de Hubble.[31] Y eso pese a que Hubble no hizo mención alguna de la expansión y se fue a la tumba creyendo en la interpretación relativista de sus observaciones.[32] Sea lo que fuere, la obtención de las observaciones fue toda una hazaña. Hubble contó con la ayuda de Milton Humason, un antiguo arriero y uno de los últimos astrónomos que se incorporaron a la disciplina sin un título universitario, que hizo esfuerzos heroicos para captar la débil luz de las nebulosas lejanas. Se dice que precisaba tres días de meticulosa observación para medir el espectro de una sola nebulosa.

Las espectaculares observaciones de Hubble y Humason se convirtieron en un punto de inflexión para la cosmología relativista. En enero de 1930, Eddington convocó una reunión de la Real Sociedad Astronómica para discutir el asunto y, conocedor por fin del artículo de Lemaître de 1927, ordenó que se publicara de inmediato una traducción al inglés en los *Monthly Notices*. A la vista de la evidencia astronómica, también Einstein cedió y de un plumazo aceptó la expansión y descartó el término λ que había añadido a su ecuación para conseguir que el universo se estuviera quieto. Siempre había recelado de aquel término, según dijo, porque le parecía que le restaba mucha belleza matemática a su teoría. Refiriéndose a su recién destronada teoría, escribió al astrónomo americano Richard Tolman: «Esta es incomparablemente más satisfactoria».[33]

Aunque pueda resultar paradójico, Lemaître lo veía de otro modo. Pensaba que el término λ de Einstein era un brillante añadido a la teoría, no para construir un universo estático, por supuesto (lo que había motivado a Einstein), sino solo para dar cuenta de la energía asociada al espacio vacío. Eddington se mostró de acuerdo con Lemaître sobre este punto y llegó a declarar: «Antes volvería a la física newtoniana que abandonar la constante cosmológica».[34] Mientras que Einstein había añadido el término en el lado izquierdo de su ecuación, siguiendo un razonamiento geométrico, a Eddington y Lemaître les pareció que formaba parte del balance de energía del universo, en el lado derecho. Sostenían que, si el espaciotiempo es un campo físico, ¿no cabría esperar que estuviera dotado de sus propias propiedades físicas? La constante cosmológica hace justo eso: llena el espaciotiempo de energía y presión. Del mismo modo que un cuenco de leche contiene cierta cantidad de energía, dada su temperatura, el término λ inunda el espacio, por lo demás vacío, con una cantidad de energía oscura y presión oscura que vienen determinadas por el valor numérico de la constante λ. «Con el término λ, es como si la energía del vacío fuese distinta de cero», escribió Lemaître.[35]

El efecto antigravedad de la constante cosmológica se produce porque la presión que llena el espacio es negativa. La presión negativa no es ninguna rareza; es lo que solemos llamar tensión, como la que se da en una cinta elástica estirada. La presión negativa induce «gravedad negativa», o antigravedad, en la teoría de Einstein, y eso es lo que acelera la expansión.

Cuando el espacio se estira, sus propiedades intrínsecas no cambian. Solo se obtiene más de ese espacio. Así pues, a diferencia de la energía de la materia normal o radiación, la energía oscura del espaciotiempo no se diluye a medida que se despliega la expansión y puede incluso convertirse en el factor determinante de la evolución del universo cuando el espacio se hace grande. Este no es el caso de los universos hiperesféricos que corresponde al conjunto inferior de curvas en el gráfico icónico de Lemaître (ver inserto, lámina 1). En estos universos, el espacio tiene una baja densidad de energía oscura. En consecuencia, la gravedad es básicamente atractiva y el tamaño del universo cambia un poco como la trayectoria de una pelota lanzada al vuelo: al principio crece, alcanza un máximo antes de que la antigravedad de la energía oscura se acumule e interfiera, y luego colapsa de nuevo en un *big crunch* (gran implosión). Pero, si el valor de la constante cosmológica fuese mayor, contrarrestaría el tirón gravitatorio de la materia, alterando de forma drástica el curso de la evolución cosmológica. El camino que sigue la expansión de los universos con suficiente energía oscura pasa de ser como la trayectoria de una pelota a ser más bien como la de un cohete espacial en aceleración. Este es el tipo de comportamiento que Lemaître muestra en las curvas superiores de su diagrama.

En realidad, aparte de pensar sobre las propiedades del espacio vacío, Lemaître tenía una segunda razón para conservar la λ, una razón no menos interesante a la que ya aludimos en el capítulo 1, pues tenía mucho que ver con la habitabilidad del universo. Si con sumo cuidado ajustaba el valor numérico de λ, podía obtener un universo con una larga era de muy lenta expansión que permitía la formación de galaxias, estrellas y planetas. Este vacilante universo fue, de lejos, el más biofílico que Lemaître consiguió obtener. Corresponde a la única curva que discurre de manera casi horizontal en la lámina 1. (Sin embargo, incluso este universo habría comenzado a acelerarse si Lemaître hubiera proseguido sus cálculos).

Lemaître y Einstein siguieron discutiendo sobre la «pequeña lambda» durante el resto de su vida. Nunca alcanzaron un acuerdo. Los periodistas que iban tras sus huellas en sus paseos por el Athenaeum de Caltech escribieron que la «pequeña lambda» los seguía allí donde fueran. En su última correspondencia con Lemaître sobre el asunto, Einstein concedió que, «si pudiera demostrar que λ está presente, eso sería muy importante».[36] Eso es lo máximo que se acercó a reconsiderar el dichoso término λ. No menos de ochenta años después, en un giro de la trama realmente notable, las observaciones astronómicas de alta precisión del espectro de explosiones de las estrellas conocidas como supernovas probaron que Lemaître tenía razón: vivimos en un universo vacilante, aunque su periodo de titubeo acabó hace unos pocos miles de millones de años.[37]

Pero el «detalle» más desconcertante del diagrama de Lemaître de la lámina 1 se esconde tal vez en la esquina inferior izquierda, donde escribió «t = 0», el «cero del tiempo».

El caso es que el universo en expansión original de Lemaître, el de 1927, no tenía un principio. Lemaître había supuesto que el universo había evolucionado de forma lenta y gradual desde un estado cuasiestático en el pasado infinito. Pero en 1929 ya se había dado cuenta de que esa situación en el pasado lejano se parecía mucho al alfiler en equilibrio sobre su cabeza que proponía Einstein, así que lo abandonó a favor de un verdadero principio. Lemaître llegó a la conclusión de que la expansión significaba que el universo tiene que haber tenido un pasado inconcebiblemente distinto del presente. «Necesitamos revisar por completo nuestra cosmogonía —afirmó—, una teoría pirotécnica de la evolución cósmica».[38]

Aventurándose aún más lejos de donde podía llevarlo la teoría de Einstein, llegó a imaginar el origen del universo como un átomo primigenio superpesado cuya espectacular desintegración produciría el vasto cosmos que hoy contemplamos. «Ante unos rescoldos medio fríos, vemos cómo los soles languidecen poco a poco y tratamos de reconstituir el brillo desvanecido de la formación de los mundos», escribió en su monografía *L'hypothèse de l'atome primitif*. En busca de restos fósiles del violento parto del universo, se interesó entonces por los rayos cósmicos, que veía como jeroglíficos de la antigua bola de fuego. Más adelante en su carrera, para descifrar sus trayectorias, Lemaître adquirió una de las primeras máquinas de computación, la

Burroughs E101, que había visto en la Exposición Universal de Bruselas de 1958, y, con la ayuda de sus estudiantes, en un memorable día la subió hasta el desván del Departamento de Física de Lovaina y estableció así el primer centro de computación de la universidad.[39]

Sin embargo, aunque la idea de un universo en expansión ya se aceptaba de manera general a principios de la década de 1930, toda mención de que el universo tuviese un principio se recibía con gran escepticismo. «La idea de un principio del presente orden de la naturaleza me repugna —protestaba Eddington—. Como científico sencillamente no creo que el universo comenzase con una explosión. Como si algo desconocido estuviera haciendo quién sabe qué».[40]

También Einstein rechazó de entrada la idea de un principio. De modo parecido a como veía la singularidad en el interior de los agujeros negros esféricos de Schwarzschild, pensaba que un tiempo cero en los universos en expansión de Lemaître era una rareza que tenía su origen en la manera perfectamente simétrica y uniforme en que se expandía. Razonaba que, como el universo real no es uniforme por completo, las cosas pasarían de largo unas de otras si se reconstruyese la expansión hacia atrás, sustituyendo de este modo el principio por ciclos de contracción y expansión, que desde una perspectiva filosófica le parecían más satisfactorios. Lemaître recordaría su conversación en 1957: «Me reuní de nuevo con Einstein en California, en el Athenaeum de Pasadena. Hablando de sus dudas sobre la inevitabilidad, bajo ciertas condiciones, de un principio, Einstein propuso un modelo simplificado de un universo no esférico para el que no tuve ninguna dificultad en calcular el tensor de energía y demostrar que el remiendo que se le había ocurrido a Einstein [para evitar un principio] no funcionaba».[41] Lemaître, al parecer, compartía los recelos de Einstein sobre la inevitabilidad de un principio, y observaba: «Desde un punto de vista estético, es desafortunado. Un universo que se expande y contrae repetidamente posee un irresistible encanto poético que recuerda el Fénix de las leyendas».[42]

Pero el universo es el que es. Pese a las inclinaciones filosóficas y poéticas de sus pioneros, la cosmología relativista indicaba con fuerza un verdadero principio, y lo ha hecho desde entonces. Dicho esto, el cero del tiempo (el día sin ayer de Lemaître) no deja de ser una singularidad en la relatividad general en la que la curvatura del espaciotiempo se torna infinita y, en consecuencia, la ecuación de Einstein queda muda. Por ello, curiosamente, el big bang es a un tiempo la piedra angular y el talón de Aquiles de la cosmología relativista: inevitable, pero en apariencia más allá de nuestra comprensión.

Esta es una situación muy ofuscante. Si el tiempo mismo comienza con el big bang, todas las preguntas sobre qué ocurrió antes carecen de sentido. La sola especulación sobre qué provocó el big bang está fuera de lugar, puesto que las causas preceden a los efectos, lo que requiere alguna idea de tiempo. Esta aparente ruptura de la causalidad básica en el origen del tiempo era el meollo del debate que enfrentó a Eddington y Einstein con Lemaître. Los primeros eran tan renuentes a concebir un principio del universo porque les parecía que un verdadero principio requería alguna suerte de agente sobrenatural que interfiriese en el curso natural de la evolución. Esta reticencia se tornaría aún más acusada cuando, con el transcurso del siglo, se fue acumulando la evidencia de que el universo se había originado de un modo que favorecía de manera sorprendente la evolución de la vida. A la vista de lo que hoy sabemos, ¡hay que perdonar los recelos de Eddington y Einstein!

Las perspectivas de Einstein y Eddington sobre el principio estaban impregnadas del viejo determinismo que se remonta a Newton, con el que concuerda la teoría clásica de la relatividad general. Dentro de este esquema, todo principio requiere unas condiciones iniciales con el mismo grado de ajuste que el universo que evolucionará a partir de ellas. Un universo que haya de evolucionar hasta hacerse complejo en su futura evolución requiere condiciones iniciales con el mismo nivel de complejidad desde los primeros momentos. Un universo que parece diseñado *ex profeso* para que en él surja la vida requiere condiciones iniciales que ya desde el principio codifiquen ese mismo nivel de biofilia. Eso hace que parezca que, para poner en marcha nuestro universo finamente ajustado para que sea acogedor para la vida, habría sido necesario un «acto de Dios».

Lemaître, en cambio, estaba a un paso de gigante del determinismo. Proponía romper la cadena de causas y efectos adoptando una visión cuántica del origen y explicó su posición en «El principio del mundo desde el punto de vista de la teoría cuántica», publicado en la revista *Nature* en mayo de 1931.[43] La comunicación cosmopoética de Lemaître es uno de los textos científicos más audaces del siglo XX. No contiene más de 457 palabras, pero puede verse como el acta de constitución de la cosmología del big bang. En esta comunicación defiende, hasta donde sé por primera vez, que las revoluciones relativista y cuántica se encuentran profundamente relacionadas, que el principio del universo debería formar parte de la ciencia, regido por leyes físicas que podemos descubrir, pero que esas hipotéticas leyes serán una mezcla de teoría cuántica y gravedad. Lemaître argumentaba que debemos fundir la teoría cuántica con la gravedad, pues la segunda implica un big bang en el que la primera cobra importancia. Esa unificación, tal como la imaginaba, nos proporcionaría una síntesis tan poderosa y profunda que integraría el origen del universo en el dominio de las ciencias naturales. Estas ideas resultaron ser prescientes; en la actualidad, a los científicos les gusta decir que el big bang es el mayor de los experimentos cuánticos.

La teoría cuántica imbuye en la física un ineludible elemento de indeterminación, una calidad «difusa» o «borrosa». Lemaître especulaba que en las condiciones extremas de los primeros estadios del universo, incluso el espacio y el tiempo se tornan borrosos e inciertos. «En el principio, las nociones de espacio y tiempo acaban por despojarse de todo significado —escribió en su manifiesto del big bang—. Espacio y tiempo solo comenzarían a adquirir un significado razonable cuando el "cuanto" original se hubiese dividido en un número suficiente de cuantos». Y añadió, enigmáticamente: «Si esta sugerencia es correcta, el principio del mundo ocurrió un poco antes que el principio del espacio y el tiempo».

Pero ¿cómo puede el indeterminismo cuántico resolver el enigma de la causalidad que plantea el big bang? Lo que Lemaître tenía en mente era que unos saltos cuánticos aleatorios podían haber generado un universo complejo a partir de un átomo primigenio simple. Y, si la complejidad del universo actual fuese el resultado de incontables accidentes que quedaron congelados en su evolución embrionaria, y no la consecuencia necesaria de unas condiciones iniciales perfectamente orquestadas desde el principio, ¿no sería más fácil tragar con la idea de un principio? Reflexionando sobre las implicaciones de un origen cuántico, Lemaître finaliza su comunicación a la revista *Nature* diciendo: «Claramente, el cuanto inicial no podía esconder en sí mismo el curso completo de la evolución. La historia del mundo no tiene por qué estar escrita en el primer cuanto como la canción de un disco de gramófono…, sino que desde un mismo principio podrían haber evolucionado universos muy distintos».

De hecho, como la idea de un origen cuántico parecía hacer más llevadero el origen del tiempo, Lemaître llegó a verla como un pilar central de su nueva cosmología, aunque nunca escribió una sola ecuación para el átomo primigenio que diera cuerpo a su visión. La imagen intuitiva del principio sobre el que cavila en su manifiesto del big bang es de una suprema simplicidad. En el pensamiento de Lemaître, el átomo primigenio era como un huevo cósmico abstracto, indiferenciado y prístino. A mí me recuerda *El principio del mundo* del escultor rumano Constantin Brâncuşi (ver inserto, lámina 6).

El físico cuántico británico Paul Dirac, uno de los primeros defensores de la hipótesis del átomo primigenio, fue aún más lejos al especular que los saltos cuánticos del universo primigenio podían arrumbar por completo con la necesidad de unas condiciones iniciales. ¿No podría ser que la causalidad se desvaneciera en el origen cuántico, que el misterio de la «causa primera» se evaporase en un mundo cuántico, en nuestro mundo?

Paul Dirac había llegado a Cambridge como estudiante en 1923, el mismo año que Lemaître, también con la esperanza de estudiar la relatividad con Eddington. Pero se le asignó otra tarea que lo llevó a la teoría cuántica de partículas, un campo de investigación que llegaría a comprender con una profundidad sin parangón. Dirac descubrió la ecuación epónima que unifica la teoría de la relatividad especial de Einstein y la teoría cuántica, y que predijo la existencia de la antimateria, lo que le valió el Premio Nobel en 1933. Más tarde se alzó como el decimoquinto ocupante de la Cátedra Lucasiana de Matemáticas de Cambridge. Dirac fue un personaje curioso, notoriamente tímido y callado, casi invisible, a decir de algunos de sus colegas. Un día de finales de la década de 1970 Stephen y su esposa, Jane, invitaron a los Dirac a tomar el té en su casa una tarde de domingo. Don Page, el ayudante de investigación de Stephen por aquel entonces, que vivía con ellos para ayudar con los cuidados diarios de Stephen, decidió quedarse por allí para escuchar la conversación entre estos dos gigantes de la física del siglo xx. Al parecer, ninguno de ellos dijo una palabra.

Los archivos Dirac en Tallahassee (Florida) contienen un hermoso bosquejo a lápiz de Lemaître hecho por un miembro del público durante la conferencia que pronunció Lemaître en el Club Kapitza de Cambridge en 1930. El dibujo, que se muestra en la figura 15, lleva un pie que reza: «Pero no creo que el dedo de Dios agite el éter». Según los recuerdos de Dirac, que escribió en una nota adjunta en 1971, «se debatió mucho durante la conferencia de Lemaître sobre el papel de la indeterminación cuántica». Tanto Dirac como Lemaître veían en la mecánica cuántica una manera de desenredar el nudo causal creado por una visión determinista del principio, al identificar las raíces de buena parte de la complejidad del universo actual en saltos cuánticos aleatorios al poco de su nacimiento. Estos saltos, en cierto modo, convertían la evolución cósmica en un proceso de verdad creativo.

Al evaluar la situación tras la vorágine de una década de descubrimientos, Dirac volvió a examinar la hipótesis del átomo primigenio de Lemaître en 1939, en su conferencia con motivo del Premio Scott de la Toral Society de Edimburgo: «Es probable que la nueva cosmología [de la expansión] resulte ser filosóficamente aún más revolucionaria que la relatividad o la teoría cuántica, aunque en el presente resulte difícil comprender todas sus implicaciones».[44] Setenta años más tarde, liberado ya de unos pocos prejuicios más, mi viaje con Stephen haría aflorar algunas de esas implicaciones filosóficas.

* * *

Por aquel entonces, las observaciones que pudieran respaldar la hipótesis del átomo primigenio o algo parecido se resistieron a aparecer. Tras un momento álgido a principios de la década de 1930, la cosmología se convirtió en una especie de páramo científico caracterizado por datos escasos y especulaciones grandiosas, y los cosmólogos adquirieron la dudosa reputación de situarse «a menudo en el error, pero nunca en la duda».

FIGURA 15. Este dibujo de Georges Lemaître lo hizo uno de los asistentes a una conferencia que pronunció en 1930 en la Universidad de Cambridge. La nota al pie («Pero no creo que el dedo de Dios agite el éter») deja claro que Lemaître no veía razón alguna para que Dios interfiriese en el big bang. Veía la hipótesis del átomo primigenio como una cuestión puramente científica, asentada en la teoría física y que al final había de ser verificada por observaciones astronómicas. Cuarenta años más tarde, Paul Dirac escribió la nota adjunta de la página siguiente.

En efecto, en la década de 1950 la teoría del big bang casi desapareció de la vista del público. Crítico con la teoría de Lemaître de forma manifiesta, el astrofísico británico Fred Hoyle había acuñado el término «big bang» con intención peyorativa durante una entrevista radiofónica en la BBC en 1949, y lo calificó de «proceso irracional que no se puede describir en términos científicos». Hoyle no

[Hacia 1930, el abate Lemaître visitó Cambridge y pronunció una conferencia en el Club Kapitza. Se debatió mucho sobre la indeterminación de la mecánica cuántica. Lemaître insistió en su opinión de que Dios no influyó de manera directa en el curso de los sucesos atómicos. Un miembro del público hizo este dibujo para conmemorar este debate. No recuerdo quién fue el artista. Es un buen retrato de Lemaître.

P. A. M. DIRAC, 1 de septiembre de 1971]

dejaba pasar la ocasión de presentar la cosmología del big bang como una pseudociencia de espíritu concordista.* Haciéndose eco de Eddington, Hoyle sentenció: «No puede haber explicación causal, ni de hecho explicación de ningún tipo, para el origen del universo. La frenética pasión con que la cosmología del big bang se aferra a la mama de la ciencia corporativa nace evidentemente de una profunda

---

* El concordismo pretendía conciliar los relatos bíblicos con la ciencia moderna, sobre todo en lo que concierne a la cosmogonía. *(N. de los T.)*

fijación con la primera página del Génesis, y es fundamentalismo religioso en la más fuerte de sus versiones»,[45] y recomendaba: «Cada vez que se oye la palabra "origen", ¡no hay que creer nada de lo que se nos dice!».[46]

En colaboración con Hermann Bondi y Thomas Gold, Hoyle propuso un modelo rival del universo, la teoría de estado estacionario, que se convirtió en un serio contendiente en la década de 1950. Esta teoría sostenía que, aunque el universo siempre se está expandiendo, mantiene una densidad media constante porque continuamente se crea materia para formar nuevas galaxias que llenan los espacios que quedan abiertos a medida que se alejan las galaxias más viejas. Mientras que en la cosmología del big bang la mayor parte de la materia se crea en el calor primordial, en un universo en estado estacionario la creación de materia es un proceso lento y perpetuo. El universo no tiene principio ni fin en el estado estacionario de Hoyle, que en cierto modo es como una versión mini del multiverso, con una producción constante de nuevas galaxias en lugar de universos.

Mientras, sin embargo, el formidable físico ruso George Gamow, Gee-Gee para los amigos, había estudiado a fondo el exótico ambiente de un big bang caliente. Gamow fue todo un personaje con facilidad para conocer gente de toda casta, de Trotski a Bujarin y de Einstein a Francis Crick, a menudo en circunstancias memorables.[47] Gamow creció en la ciudad ucraniana de Odesa y estudió en San Petersburgo, donde aprendió sobre la relatividad general de la mano de Alexander Friedmann. Consternado ante las crecientes intrusiones del Estado comunista en la vida intelectual, Gamow y su esposa intentaron escapar de Ucrania remando desde la punta más meridional de la península de Crimea para cruzar el mar Negro hasta Turquía. Todo fue bien hasta los dos días de su periplo, cuando los sorprendió una tempestad que los arrastró de vuelta a Crimea. Pero los Gamow no se dieron por vencidos. En 1933, cuando Niels Bohr invitó a Gamow a la Séptima Conferencia Solvay en Bruselas, aprovecharon la ocasión para emigrar a Estados Unidos.

Gamow no era ni matemático ni astrónomo, sino físico nuclear, y pensó en el universo entero durante los primeros minutos de su expansión como un gigantesco reactor nuclear. En colaboración con Ralph Alpher y Robert Herman, Gamow imaginó el big bang caliente, muy caliente, y se preguntó si los elementos químicos de los que nosotros y todo lo que nos rodea estamos hechos se conocieron en algún momento en aquel horno cósmico primigenio. Razonaba que, si la densidad y la temperatura del universo primordial eran tan elevadas que ni siquiera los núcleos atómicos pudieran sobrevivir, la tabla periódica habría estado al principio vacía, salvo por el primero de los elementos, el hidrógeno, que no es más que una única partícula, un protón. El universo entero habría estado lleno de un plasma caliente superdenso que Gamow denominó Ylem, por la palabra griega ὕλη, 'materia'.* Este plasma habría estado formado por las piezas básicas de construcción de los átomos (electrones, protones y neutrones) que se moverían con libertad inmersos en un baño caliente de radiación. Al expandirse y enfriarse el universo, los neutrones y protones se habrían combinado formando núcleos atómicos compuestos. El primero en la línea es el deuterio, el hidrógeno pesado, que está formado por un protón y un neutrón, que a su vez se fusionaría con más protones y neutrones para formar helio. Combinando las leyes de la física nuclear con la expansión del espacio, Gamow y su equipo calcularon que la ventana para la fusión nuclear en el universo primordial se habría abierto unos cien segundos después del big bang para cerrarse unos pocos minutos más tarde, cuando la expansión habría hecho descender la temperatura hasta un centenar de millones de grados, lo bastante baja como para apagar el reactor nuclear cósmico. Vieron que esta breve ventana habría bastado para convertir alrededor de una cuarta parte de todos los protones del universo en núcleos de helio, además de unas cantidades menores de elementos más pesados como el berilio y el litio. Las abundancias relativas de los elementos ligeros predichas por Gamow y su equipo concuerdan de maravilla con las que los astrónomos han medido desde entonces. En la actualidad, esta se cuenta como una de las pruebas más importantes de la teoría del big bang caliente.[48]

Pero en el trabajo de Gamow se ocultaba otra predicción de mayor importancia todavía, si es que eso es posible. Alpher, Gamow

---

* En castellano, esta raíz aparece en la palabra «hilemorfismo», la teoría aristotélica sobre la materia (ὕλη) y la forma (μορφή) como principios constitutivos de todo cuerpo. (N. de los T.)

FIGURA 16. George Gamow escribió en la etiqueta de esta botella de Cointreau la palabra YLEM para conmemorar el artículo que publicó en 1948 con Ralph Alpher sobre la síntesis de núcleos atómicos en el ardiente calor del big bang. «Ylem» es una palabra del inglés medio que hace referencia a la sustancia primordial a partir de la cual se habría creado toda la materia.

y Herman se dieron cuenta de que el calor liberado por la síntesis de los núcleos atómicos todavía debería estar entre nosotros en forma de un mar de radiación residual que llenara todo el espacio. Al fin y cabo, ¿adónde iría si no? El universo es todo lo que hay. Sus cálculos demostraron que miles de millones de años de expansión cósmica habrían enfriado la radiación de calor hasta una temperatura de unos 5 kelvin, o −267 grados Celsius. Una radiación tan fría haría que el universo brillase predominantemente en la banda de frecuencia de microondas del espectro electromagnético. Así que el universo actual, todo el espacio, debería estar bañado en microondas. Este era un descubrimiento monumental: Gamow y sus colaboradores habían identificado una reliquia fósil de la era del antiguo big bang que, además, deberíamos poder ver solo con que miráramos el espacio profundo con ojos sensibles a las microondas.

Y lo hemos visto. Los cuerpos calientes emiten radiación, y el universo no es una excepción. La radiación cósmica de fondo de microondas, o CMB (por sus siglas en inglés), la descubrieron en 1964, en un momento de serendipia, dos físicos americanos, Arno Penzias y Robert Wilson. Sin saber de los trabajos de Gamow, Penzias y Wilson, estaban calibrando en los laboratorios de Bell Telephone en Holmdel (Nueva Jersey) una gigantesca antena de bocina para microondas, construida para el seguimiento de satélites globo Echo, cuando descubrieron un persistente siseo en la antena que no podían explicar. Dirigieran a donde dirigieran su antena en el cielo, encontraban siempre el mismo ruido, de una longitud de onda de 7,35 cm, día y noche. Hablando con colegas cosmólogos, no tardaron en comprender que había una buena razón para aquel pitido: estaban captando la débil radiación residual del big bang caliente, el telegrama de los albores del tiempo que Lemaître había imaginado y Gamow identificado.

El descubrimiento de Penzias y Wilson de la radiación fósil de microondas fue como un disparo que se oyó en todo el mundo. La comunidad científica por fin comprendió que la expansión cosmológica tenía efectos reales a largo plazo, lo que significaba que el pasado lejano era inconcebiblemente distinto del presente. Reconocerlo transformó de manera fundamental el debate sobre el origen del universo. Casi de la noche a la mañana la causa última de la expansión, el enigma que casi treinta años antes había confrontado a Einstein y Lemaître, pasaba a ocupar el centro del escenario de la cosmología teórica, y ahí ha permanecido desde entonces.[49]

Lemaître supo del descubrimiento del CMB el 17 de junio de 1966, solo tres días antes de su muerte, en el hospital donde un amigo cercano le dio la noticia de que por fin se había encontrado el residuo fósil que demostraba que su teoría era correcta. *«Je suis content... Maintenant on a la preuve»*, fue su respuesta.

Puede parecer extraño que el «padre del big bang» fuese también un sacerdote católico. Pero Lemaître sabía cómo navegar entre Einstein y el papa, y se esforzó mucho en explicar por qué no veía ningún conflicto entre los «dos caminos hacia la verdad», la ciencia y la salvación, que había decidido seguir. En una entrevista con Duncan Aikman para *The New York Times*, Lemaître parafraseó a Galileo acerca de la ciencia y la religión,* diciendo: «Cuando se entiende que la Biblia no pretende ser un tratado de ciencia y se comprende que la relatividad es irrelevante para la salvación, el viejo conflicto entre ciencia y religión desaparece». Y añadía: «Siento demasiado respeto por Dios para reducirlo a una hipótesis científica»[50] (ver inserto, lámina 5). Los escritos de Lemaître dejan muy claro que no sufría el menor conflicto entre estas dos esferas. Incluso podemos advertir cierta ligereza, como cuando dijo: «Resulta que para perseguir a fondo la verdad hay buscar tanto en las almas como en los espectros cósmicos».

A principios de la década de 1960, el por entonces monseñor Lemaître, presidente de la Pontificia Academia de las Ciencias, se preocupó por progresar hacia los objetivos de la academia de promover la excelencia en la ciencia y mantener una relación saludable con la Iglesia, respetando de manera meticulosa las diferencias en métodos y lenguaje ente ciencia y religión. Lejos de las interpretaciones concordistas que pretendían alinear las verdades de la fe y los descubrimientos científicos, Lemaître insistió en que la ciencia y la religión tenían sus propios campos de juego. De la hipótesis del átomo primigenio, decía a este respecto: «Esa teoría se sitúa por entero fuera de cualquier cuestión metafísica o religiosa. Deja al materialista libre para negar cualquier Ser trascendental. [...] Para el creyente, elimina todo intento de alcanzar familiaridad con Dios. Es coherente con la palabra de Isaías cuando habla del "Dios oculto", escondido incluso en el principio de la creación».[51]

La posición más formal de Lemaître acerca de estas cuestiones se vio sin duda influida por sus estudios en la escuela de filosofía neotomista del cardenal Mercier en Lovaina, que abrazaba la ciencia moderna al tiempo que le restaba significación ontológica. En el instituto de Mercier, Lemaître aprendió a diferenciar entre dos niveles de existencia, entre el principio del mundo físico en un sentido tempo-

---

* En 1615 Galileo escribió una legendaria carta sobre la relación entre la ciencia y la religión a Cristina de Lorena, gran duquesa de Toscana. En ella cita a una eminente autoridad eclesiástica, posiblemente el cardenal César Baronio, director de la Biblioteca Vaticana: «Que la intención del Espíritu Santo es enseñarnos cómo se va al cielo, no cómo va el cielo».

ral y las cuestiones metafísicas de la existencia: «Podemos hablar de este suceso [la desintegración del átomo primigenio] como de un principio. No digo una creación. En lo que respecta a la física, todo ocurre como si en verdad fuese un principio, en el sentido de que, si algo ocurrió antes, no tiene ninguna influencia observable sobre el comportamiento de nuestro universo. [...] Toda preexistencia de nuestro universo tiene carácter metafísico».[52]

Esta distinción hacía para el abad posible, incluso obvio, contemplar el estudio del origen físico del universo como una oportunidad para las ciencias naturales, mientras que Einstein lo veía como una amenaza para la teoría física. Así pues, en el centro mismo de su debate científico se encontraban posiciones filosóficas diferentes. Parecen haber tenido concepciones distintas sobre qué es, en último término, lo que la ciencia intenta descubrir sobre el mundo. Lemaître se nos aparece por completo consciente de que, por muy abstracta que sea, nuestra capacidad para la ciencia permanece enraizada en nuestra relación con el universo. Su doble vocación lo inspiró para deslindar con sumo cuidado las fronteras de las esferas científica y espiritual. El resultado fue una fe despojada de dogmas y una ciencia enraizada en la condición humana. En un acto de conmemoración en su pueblo natal, una de las sobrinas de Lemaître me dijo que, en las reuniones familiares, ella y sus primos y primas solían desafiar a Georges presionándolo para que explicase de dónde venía su átomo primigenio. «Oh, es Dios», solía bromear.

Einstein, en cambio, era un idealista. Su descubrimiento de la teoría de la relatividad general fue una hazaña incomparable. Este logro reforzó en él la convicción de que, a la espera de que la descubran, debe existir una teoría final de verdades matemáticas inmutables que dicta cómo debe ser el universo. De ello es reflejo la actitud fundamentalmente causal y determinista de Einstein sobre todas las cuestiones relativas al origen. Y, sin embargo, la sorprendente predicción de su propia teoría de la relatividad de que el universo tuvo su origen en un big bang que fue también el origen del tiempo supuso un grave desafío para su posición.

En los capítulos que siguen argumentaré que la posición de Lemaître acabaría siendo una guía más fiable para desentrañar el enigma del diseño. En efecto, Einstein *versus* Lemaître es reflejo de la distancia

FIGURA 17. Cuando comenzamos a trabajar juntos, Stephen desconocía los trabajos pioneros de Lemaître sobre la cosmología cuántica, así que lo llevé al antiguo despacho de Lemaître en el Colegio Premonstratense de Lovaina, donde le mostré el manifiesto de Lemaître sobre el big bang de 1931.

que Hawking recorrería setenta años más tarde. El primer Hawking era fiel a la posición de Einstein, a la idea de que en la física descubrimos verdades objetivas que de algún modo trascienden el universo físico. La historia de nuestro viaje hacia un nivel filosófico más profundo tiene que ver con lo que llevó a Hawking a romper con la posición einsteniana para adoptar la de Lemaître, y con lo que esto implica no solo para nuestra concepción del big bang, sino también para los objetivos futuros de la cosmología.

Capítulo 3

Cosmogénesis

Ich schreite kaum, doch wähn' ich mich schon weit.
Du siehst, mein Sohn, zum Raum wird hier die Zeit.

Apenas he caminado y lejos me encuentro ya.
¿Lo veis, hijo mío? Aquí el tiempo se convierte
en espacio.

RICHARD WAGNER, *Parsifal*

En sus memorias, Stephen escribió que se interesó por la cosmología porque quería explorar las profundidades del conocimiento. Fue el insaciable deseo de Stephen de plantearse preguntas cada vez más profundas lo que lo llevó a Cambridge. Llegó allí en el otoño de 1962 desde Oxford, donde había tomado un curso de pregrado en física. «La actitud dominante en Oxford en aquel tiempo era anti-trabajo —comentó—. Trabajar con ahínco para conseguir mejores notas se veía como la marca del hombre gris, el peor epíteto del vocabulario de Oxford».[1] Cuando se realizaron los exámenes finales, Stephen decidió centrarse en problemas de física teórica porque no requerían demasiado conocimiento factual. Quedó en la frontera entre las dos calificaciones más altas, de modo que se le convocó a una entrevista con los examinadores para decidir cuál de ambas se le concedía. Stephen les dijo que, si le daban un grado uno, la nota más alta, iría a Cambridge; en caso contrario se quedaría en Oxford. Le dieron la nota más alta. A la vista de los posteriores logros de Stephen, esta debió ser una de las peores decisiones de Oxford en sus ochocientos años de historia.

En Cambridge, Stephen se sintió atraído por Hoyle, el físico del estado estacionario, aunque a principios de la década de 1960 su teoría ya se encontraba bajo fuerte presión.[2] Pero Hoyle no estaba disponible, así que a Stephen le asignaron a Dennis Sciama. Eso resultó ser un buen golpe de fortuna. Sciama, que había sido estudiante de Paul Dirac, era un catalizador, una persona con una capacidad excepcional para estimular, que había convertido a Cambridge en la meca de la cosmología relativista. Conocedor de los principales avances de la física en todo el mundo, Sciama se aseguraba de que sus estudiantes estuvieran al corriente de los últimos descubrimientos. Cada vez que aparecía publicado un artículo interesante, encargaba a uno de ellos que lo comentase. Cada vez que se celebraba a una conferencia interesante en Londres, los enviaba en tren para asistir a ella. Stephen floreció en el entorno científico interactivo, enérgico y ambicioso que Sciama había creado, y más tarde se esforzaría por generar un ambiente igual de estimulante para sus propios estudiantes.

Cuando Stephen llegó a Trinity Hall, en Cambridge, Sciama también se aferraba al modelo de universo en estado estacionario, de modo que puso a Stephen a trabajar sobre una variación del modelo que Hoyle había ideado en un intento por rescatar la teoría. Pero Stephen no tardó en ver que en la nueva versión de Hoyle había infinitos que hacían que la teoría no quedase bien definida, así que le planteó este desafío a Hoyle durante una reunión de la Royal Society celebrada en Londres en 1964. Cuando Hoyle preguntó: «¿Cómo lo sabes?», Stephen, sin dejarse intimidar por el más eminente astrofísico británico, le replicó: «¡Porque lo he calculado!», en una temprana indicación de su espíritu independiente y su don para el dramatismo. Su análisis de la teoría del estado estacionario se convertiría en el primer capítulo de su tesis doctoral.

El último clavo en el ataúd de la cosmología del estado estacionario llegó unos pocos meses más tarde con el descubrimiento de la radiación cósmica de fondo de microondas. La existencia de este calor residual demostraba sin lugar a dudas que el universo no se encontraba en estado estacionario, sino que en otro tiempo había sido fundamentalmente distinto: muy caliente. Pero ¿significaba eso también que debía haber tenido un principio? Claramente esta era ahora la pregunta central de la cosmología del big bang, y Stephen estaba dispuesto a abordarla.

Sciama puso a Stephen en contacto con Roger Penrose, que acababa de publicar su rompedor artículo de tan solo tres páginas en el que demostraba que los agujeros negros debían ser omnipresentes en el universo. Penrose había demostrado que, si la teoría de la relatividad general era correcta, el colapso gravitatorio de las estrellas de masa suficiente acaba creando una singularidad en el espaciotiempo que queda oculta al mundo exterior por un horizonte de sucesos: un agujero negro.

Stephen enseguida se dio cuenta de que, si invertía la dirección del tiempo en el razonamiento matemático de Penrose, de modo que el colapso se convierta en expansión, podía demostrar que un universo en expansión ha de tener una singularidad en el pasado.[3] Trabajando con Penrose, derivó una serie de teoremas matemáticos que demuestran que, si se sigue la historia de un universo en expansión hacia atrás en el tiempo, hasta una era anterior al nacimiento de las primeras estrellas y galaxias, y anterior incluso a la instantánea del CMB, se acaba topando con una singularidad en la que el espaciotiempo se curva hasta romperse. Los dos lados de la ecuación de Einstein se tornan infinitos en la singularidad inicial (allí donde la curvatura infinita del espaciotiempo «iguala» la densidad infinita de la materia), lo que significa que la teoría pierde toda capacidad predictiva. Es, en cierto modo, como dividir por cero en una calculadora: el resultado es infinito, y, se calcule lo que se calcule después, ya no tendrá ningún sentido. Las singularidades son los bordes del espaciotiempo donde la teoría de la relatividad general ya no sirve de guía de lo que ocurrirá. De hecho, el propio concepto de «ocurrir» pierde su sentido en la singularidad del espaciotiempo.

Penrose había demostrado que, según la teoría de la relatividad, el tiempo debía hallar un fin en el interior de los agujeros negros. El argumento de Stephen basado en la inversión del tiempo demostraba que, en un universo en expansión, el tiempo debía tener un principio.

No es que la singularidad del big bang estuviese simplemente allí, como un huevo cósmico, a la espera de eclosionar para formar un universo; es que la singularidad señala el nacimiento del propio tiempo. El teorema de Stephen demostraba que el cero del tiempo en los modelos de universo perfectamente esféricos de Friedmann y Lemaître no era en absoluto un artefacto de su simplicidad, sino una predicción robusta y universal de la cosmología relativista. Este fue el resultado principal de su tesis doctoral de 1966, el que más tarde aparecería en la película biográfica *La teoría del todo*. En el resumen de su tesis, Hawking escribió: «Se examinan algunas de las implicaciones y consecuencias de la expansión del universo. [...] El capítulo 4 se dedica a la presencia de singularidades en los modelos cosmológicos. Se demuestra que una singularidad es inevitable si se satisfacen ciertas condiciones muy generales».

Este es un resultado sorprendente. Caminando por la superficie de la Tierra en lugares como el Gran Cañón del Colorado se pueden encontrar rocas de varios miles de millones de años de antigüedad. Las formas más simples de vida bacteriana en la Tierra tienen unos 3.500 millones de años, y el propio planeta no es mucho más viejo, de unos 4.600 millones de años. El teorema de la singularidad del big bang nos dice que, si nos remontamos a un tiempo tres veces más antiguo, 13.800 millones de años, no hay ni tiempo, ni espacio ni nada de nada. Visto así, nos encontramos bastante cerca del principio de todo.

Si Stephen hubiera estado vivo cuarenta y cinco años más tarde, es posible que hubiera compartido el Premio Nobel de Física de 2020 por el importantísimo trabajo que hizo con Penrose sobre el principio y el fin del tiempo. La imagen de nuestro pasado que surge de su investigación predoctoral es la de una región del espaciotiempo con forma de pera como la que se muestra en la figura 18. Este fantástico dibujo es obra de George Ellis,[4] otro estudiante de Sciama que trabajó con Stephen en los teoremas de la singularidad a mediados de la década de 1960. Nosotros nos encontramos en la punta de la pera. La superficie de esta la dibujan los rayos de luz que nos llegan de distintas regiones del firmamento. El diagrama muestra el efecto de la materia sobre la forma de nuestro cono de luz pasado. Podemos ver que la masa de la materia hace que los rayos de luz se desvíen de unas líneas rectas hasta converger a medida que las seguimos hacia atrás en el tiempo. En consecuencia, los conos de luz rectos de las figuras 8 y 9, que pasan por alto este efecto de enfoque gravitacional de la materia, se encuentran deformados en el universo real, curvándose hacia dentro y creando una superficie en forma de pera (nuestro cono de luz pasado) que separa la región finita del espaciotiempo que puede influir sobre nosotros, en el interior de la pera, del resto del universo, que no puede hacerlo. El resultado crucial del teorema de la singularidad de Stephen es que, si la materia hace que los conos de luz del pasado converjan de este modo, la historia no puede extenderse de manera indefinida, sino que debe alcanzar un «borde de momentos», una frontera en el fondo del pasado en la que el universo de espacio y tiempo deja de ser.

El esquema de Ellis es el análogo cosmológico de la icónica ilustración de Penrose de la formación de un agujero negro que se muestra en la figura 11. Si los comparamos, veremos que el pasado de un observador en la cosmología se parece mucho al futuro en el interior de una estrella masiva, pues ambos solo existen durante una cantidad finita de tiempo. Pero hay una diferencia crucial: mientras que el horizonte de sucesos de un agujero negro protege a un observador externo al agujero de la violencia de la singularidad de su interior, la singularidad del big bang se encuentra dentro de nuestro horizonte cosmológico. Un universo en expansión es como el revés de un agujero negro. La singularidad del principio forma de manera bastante literal el borde del pasado de nuestro cono de luz pasado. Así que, en principio, está ahí, a la vista, escrito en grandes letras en el firmamento.

Como es natural, no es fácil mirar hacia atrás hasta el principio mismo porque la constante dispersión de las partículas de luz durante los primeros estadios de la expansión oscurece la imagen. Mirar hacia atrás al big bang es un poco como mirar al Sol. Cuando miramos al Sol, lo que vemos es un contorno bastante bien definido que en realidad es la superficie donde los fotones que producen las reacciones de fusión nuclear en lo más profundo de su interior consiguen por fin dispersarse. Desde esa superficie, que se conoce como fotosfera, los fotones vuelan hacia nosotros sin encontrar obstáculos. Pero

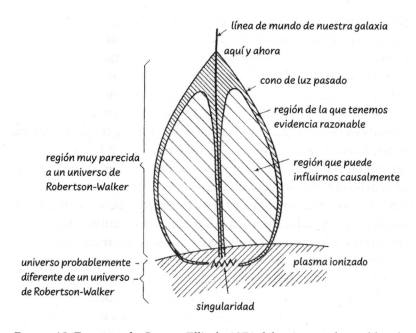

línea de mundo de nuestra galaxia

aquí y ahora

cono de luz pasado

región de la que tenemos
evidencia razonable

región muy parecida
a un universo de
Robertson-Walker

región que puede
influirnos causalmente

universo probablemente
diferente de un universo
de Robertson-Walker

plasma ionizado

singularidad

FIGURA 18. Esquema de George Ellis de 1971 del universo observable y las partes (con un rayado fino) que podemos observar con algo de detalle. Nosotros nos encontramos en la punta, donde dice «aquí y ahora». La materia hace que los rayos de luz converjan hacia el pasado, curvando nuestro cono de luz pasado hacia el interior y dibujando una región en forma de pera: nuestro pasado. Como la luz establece un límite cósmico de velocidad, esta región es la única parte del universo que, en principio, podemos observar. De acuerdo con el teorema de Stephen Hawking, la convergencia de la luz hacia el pasado significa que el pasado tiene que finalizar en una singularidad inicial. Sin embargo, no podemos ver directamente hasta esa singularidad porque los fotones, las partículas de luz, constantemente se esparcen y chocan contra todo lo demás en el plasma caliente ionizado que llena el universo primigenio, haciéndolo opaco.

esta dispersión de los fotones nos impide mirar directamente al interior del Sol. Este es opaco a las partículas de luz, no transparente.

De modo parecido, la constante dispersión de fotones en el plasma caliente que llena el universo primigenio crea una bruma que nos impide ver más allá, hasta el principio mismo, al menos con telescopios de captación de fotones. El universo recién nacido solo se tornó transparente 380.000 años después del big bang, cuando se había enfriado hasta unos agradables tres mil grados Celsius. A esta temperatura, para los núcleos atómicos empezó a ser energéticamente favorable combinarse con electrones para formar átomos neutros, dejando muy pocos electrones libres contra los que pudieran chocar las partículas de luz. En consecuencia, los fotones comenzaron a viajar sin obstáculos por el espacio, al tiempo que sus longitudes de onda se estiraban hasta en un factor de mil, en sincronía con la expansión. Lo que en un principio era luz roja nos llega hoy, miles de millones de años más tarde, en forma de radiación fría de microondas. La figura 2 del capítulo 1 muestra el mapa del firmamento de esa radiación de fondo de microondas. Ese mapa nos brinda una instantánea del universo desde el momento en el tiempo en que se tornó transparente. Pero esa radiación de microondas también nos tapa la visión de épocas anteriores; el mapa de la radiación de fondo de microondas (CMB) es el análogo cosmológico «invertido» de la fotosfera del Sol.

La singularidad que limita nuestro pasado en la relatividad general subraya lo enigmático que resulta que la radiación residual de fondo de microondas se encuentre distribuida de manera casi uniforme por el espacio. Como ya he mencionado en el capítulo 1, las motas que aparecen en la figura 2 representan variaciones de temperatura por el firmamento, todas menores de una diezmilésima de grado. Al parecer, el big bang actuó de manera casi idéntica sobre todas las regiones del universo observable. Esta es una de las curiosas propiedades biofílicas. En el caso de la fotosfera del Sol, una temperatura casi uniforme es lo que cabe esperar, puesto que todos los fotones que emanan de la superficie del Sol han estado intercambiando calor a través de interacciones que se producen en su interior. Naturalmente, esto las lleva a adquirir casi la misma temperatura, del mismo modo que la leche fría enseguida alcanza una temperatura común con el té (al menos en el Reino Unido).

Pero parece que las interacciones no habrían podido uniformizar la radiación de fondo de microondas porque no habría transcurrido el tiempo suficiente desde la singularidad para que un proceso físico, aunque se moviera a la velocidad de la luz, pudiera nivelar las diferencias de temperatura antes de que los antiguos fotones se liberasen y comenzasen a volar en libertad por el espacio. He intentado ilustrar este aspecto en la figura 19 con una representación algo más precisa que el bosquejo de Ellis de la figura 18 del pasado de un observador en un universo nacido de un big bang caliente. Los fotones del fondo de microondas que llegan a nosotros desde direcciones opuestas del firmamento parten de los puntos A y B de nuestro cono de luz pasado, pero los conos de luz pasados de cada uno de estos puntos no se intersecan hasta el principio, lo que significa que no se puede haber transmitido ninguna señal de luz entre A y B desde el big bang. Como la velocidad de la luz establece un límite superior para la rapidez con la que puede desplazarse una señal, esto significa que absolutamente ningún proceso físico podría haber tendido un entorno interconectado que incluyese los puntos A y B. En el habla de los físicos, diríamos que las regiones en torno a A y B se encuentran fuera de sus respectivos horizontes cosmológicos.

De hecho, en el universo del big bang caliente de la década de 1960, cuando miramos a la radiación del fondo de microondas en direcciones separadas por más de unos pocos grados en el firmamento, lo que vemos son partes del universo que todavía no han entrado en contacto entre sí. Nuestro universo observable actual comprendería no menos de varios millones de estos dominios independientes del tamaño del horizonte cósmico. Esto hace que la uniformidad casi perfecta de la radiación CMB por todo el firmamento resulte no ya enigmática, sino misteriosa. Si Eddington y Einstein hubieran sabido de ella, este enigma del horizonte podría haber confirmado sus peores temores sobre la idea de un origen cósmico. Es como si los vikingos nórdicos hubieran arribado a las costas de América del Norte y descubierto que los habitantes indígenas hablaban nórdico antiguo.

Esta es una situación extraña. El teorema de la singularidad de Hawking predice que el universo tuvo un principio, pero no dice cómo comenzó, y mucho menos por qué surgió de su génesis explosiva con una radiación de fondo de microondas casi uniforme y con tantas otras propiedades biofílicas. Más aún, parece situar todas las preguntas acerca del origen último del universo y su diseño fuera de la ciencia, como si las dejase en manos del agente sobrenatural de Eddington. No es necesario filosofar sobre ello: la teoría de la relatividad predice su propia ruina. El big bang de la tesis doctoral de Hawking es un suceso sin explicación porque la singularidad que se

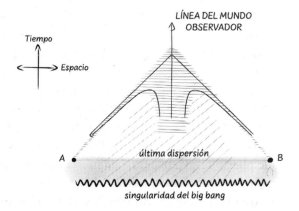

FIGURA 19. Nuestro pasado, de acuerdo con el modelo del big bang caliente de la década de 1960. Nosotros nos encontramos aquí y ahora en la punta del cono. Los fotones de la radiación de fondo de microondas que nos alcanzan desde direcciones opuestas del firmamento tienen su origen en los puntos A y B de nuestro cono de luz pasado. Estos puntos se encuentran muy lejos de sus respectivos horizontes cosmológicos: sus propios conos de luz pasados, con forma de pera, no se superponen hasta el principio. Sin embargo, lo que observamos es que la temperatura de los fotones que nos llegan desde A y B es idéntica con una precisión de una milésima de 1 por ciento. ¿Cómo puede ser eso?

encuentra en su inicio señala la ruptura absoluta del tiempo, el espacio y la causalidad. En palabras del gran Wheeler: «La existencia de singularidades del espaciotiempo representa el fin del principio de causación suficiente y, por ende, de la predictibilidad conseguida por la ciencia».[5]

¿Cómo puede ser eso? ¿Cómo puede la física conducirnos a una violación de sí misma, a la no física? Para desentrañar esto tenemos que examinar con más detenimiento lo que quieren decir los físicos cuando afirman que predicen lo que ocurrirá.

Desde Galileo y Newton, la física se ha basado en alguna forma de dualismo, en el sentido de que ha descansado sobre una separación fundamental entre dos fuentes de información distintas. En primer lugar, se encuentran las leyes de la evolución, ecuaciones matemáticas que prescriben cómo cambian los sistemas físicos de un estado a otro en el tiempo. En segundo lugar, hay condiciones de contorno, una descripción concisa del estado de un sistema en un momento dado en el tiempo. Las leyes de la evolución toman ese estado y lo llevan a evolucionar, adelante o atrás en el tiempo, determinando cómo era el sistema en un momento anterior o como será en un momento futuro. Es la combinación de las leyes de la evolución y las condiciones de contorno lo que establece el marco para la predicción del que tanto se enorgullecen la física y la cosmología.

Por ejemplo, imaginemos que queremos predecir dónde y cuándo se producirá el próximo eclipse solar. Para hacerlo podemos aplicar las leyes del movimiento y de la gravedad de Newton para describir las trayectorias futuras de la Tierra y la Luna. Sin embargo, antes de usar estas leyes tenemos que especificar primero la posición y la velocidad de la Tierra y la Luna con relación al Sol (y a Júpiter) en un momento particular en el tiempo. Esos datos, que constituyen las condiciones de contorno, describen el estado de esos dos cuerpos celestes en el sistema solar en un momento específico. Nadie espera que las leyes de Newton expliquen por qué esas posiciones son las que son en ese momento. Tenemos que medirlas. Con esta información en nuestras manos, podemos resolver entonces las ecuaciones de Newton para determinar sus posiciones en tiempos futuros y predecir así cuándo y dónde se producirán eclipses, o para retrodecir eclipses documentados en tiempos pasados.

Este ejemplo es representativo de cómo se producen las predicciones en la física en general. Los físicos suponen que la evolución viene regida por leyes universales de la naturaleza: las leyes que intentan descubrir. Pero las condiciones de contorno contienen información específica de uno u otro sistema, así que no se consideran parte de las leyes. Las condiciones de contorno sirven, en cierto sentido, para definir las preguntas particulares que formulamos a las leyes físicas. De hecho, una ley dinámica concreta, como la de Newton, se construye de tal modo que puede dar cabida a una gran variedad de condiciones de contorno. Es eso lo que imparte a las ecuaciones su carácter universal y la flexibilidad que necesitan para explicar una amplia diversidad de fenómenos. Así que las leyes de la física son un poco como las reglas del ajedrez: por importantes que sean, nos dicen muy poco sobre cómo se desarrollará un juego particular.

Pero ¿es esta separación entre una dinámica en forma de leyes y unas condiciones de contorno *ad hoc* una propiedad fundamental de la naturaleza? Esta distinción es, por supuesto, del todo natural y apropiada en situaciones de laboratorio, donde se produce una diferencia marcada entre el diseño experimental que uno controla (las condiciones de contorno) y las leyes que intenta poner a prueba mediante la ejecución del experimento. Sin embargo, la distinción corre el riesgo de tornarse embarazosa en el contexto de la cosmología, en la que incluimos experimentos y experimentadores, nuestro planeta, las estrellas y las galaxias dentro de la evolución a gran escala del propio universo. Cuando hacemos esto, las condiciones de contorno del experimento original quedan subsumidas en la ley de evolución del sistema mayor, junto a las condiciones de contorno de este último. Si volvemos al ejemplo del eclipse solar, un cosmólogo holístico diría que las velocidades y posiciones de los planetas en un momento dado (las condiciones de contorno originales) son consecuencia de sus respectivas historias, y que nuestro propio sistema planetario es el resultado de la historia de la formación del sistema solar, que a su vez surgió de la condensación de restos de antiguos sistemas estelares, cuyas semillas crecieron, en último término, de minúsculas variaciones de densidad en el universo primigenio, que a su vez procedían de... ¿qué?

Cuando llegamos al principio nos encontramos con una paradoja. ¿Qué determina las condiciones de contorno últimas, las del origen del universo? Como es evidente, no podemos escogerlas, y no podemos probar distintas condiciones para ver qué tipo de universo producen. Es decir, el principio del universo plantea un problema de condiciones de contorno que no controlamos. En su lugar, y esto es lo de verdad interesante, las condiciones en el momento del big bang parecen haber sido arrastradas hasta las propias leyes que pretendemos entender. Pero el dualismo en la física sostiene que las condiciones de contorno no forman parte de las leyes físicas. Más aún, el teorema de la singularidad de Stephen, que dice que el espaciotiempo y todas las leyes conocidas se desmoronan en el big bang, parecería confirmarlo.

Conviene notar que esta paradoja solo surge en un contexto cosmológico porque únicamente cuando concebimos la evolución del universo como un todo dejamos de disponer de un momento anterior o una caja mayor que nos sirva para especificar condiciones de contorno.

Más que ningún otro físico de su generación, Stephen tenía claro que comprender el principio del universo sobre la base de la ciencia iba a requerir una verdadera ampliación del varias veces centenario marco para la predicción en la física. Le parecía que enfrentar dinámica a condiciones era una manera demasiado estrecha de pensar en el mundo. Ya en su tesis doctoral puso el dedo en la llaga cuando escribió: «Una de las debilidades de la teoría de la relatividad de Einstein es que, si bien nos ofrece ecuaciones de campo dinámicas, no nos da las condiciones de contorno que las acompañan. Así, la teoría de Einstein no nos brinda un modelo único del universo. Es evidente que una teoría que proporcionase condiciones de contorno sería muy atractiva. [...] Eso es justo lo que hace la teoría de Hoyle. Por desgracia, su condición de contorno excluye aquellos universos que parecen corresponder al universo real, es decir, excluye los modelos de expansión».

Desarrolló más este punto en su conferencia inaugural como titular de la Cátedra Lucasiana, casi quince años más tarde. La Cátedra Lucasiana de Matemáticas la había establecido en 1663, con una dotación de 100 libras anuales, Henry Lucas, antiguo estudiante del St. John's College, filántropo y político por la Universidad de Cambridge con escaño en el Parlamento. De 1669 a 1702 la ocupó ni más ni menos que Isaac Newton (aunque Stephen solía bromear con que por aquel entonces no estaba motorizada). Por suerte para Newton, el estatuto que había establecido la cátedra estipulaba que su titular no debía estar ordenado en la Iglesia anglicana. Gracias a ello, Newton quedó exento de dar fe mediante un juramento de su creencia en la Trinidad, algo que le habría resultado imposible.*

A Stephen lo eligieron decimoséptimo profesor lucasiano en 1979, y en su conferencia inaugural, «¿Está a la vista el fin de la física teórica?», que pronunció en lo más alto de su confianza en el poder

---

* Aun siendo miembro del Trinity College, Newton rechazaba la decisión del Concilio de Nicea de que Padre e Hijo eran consustanciales.

de la física teórica, realizó la controvertida predicción de que los físicos encontrarían la teoría del todo a finales de siglo. Pero prosiguió: «Una teoría completa incluye, además de una teoría de la dinámica, un conjunto de condiciones de contorno». Y, ahondando en esta cuestión, añadió: «Muchos afirmarían que el papel de la ciencia se limita a la primera y que la física teórica habrá alcanzado su objetivo cuando hayamos obtenido un conjunto de leyes dinámicas locales. Considerarían que la cuestión de las condiciones de contorno del universo pertenece al dominio de la metafísica o la religión. Pero no dispondremos de una teoría completa hasta que podamos hacer algo más que decir simplemente que las cosas son como son porque eran como eran».

Así que Stephen, siempre optimista y ambicioso, no estaba preparado para caer rehén de su propio teorema de la singularidad. Lo que la singularidad inicial nos dice en realidad, razonaron él y otros, no es que el origen en el big bang esté condenado a permanecer fuera del alcance de la investigación científica, sino que la descripción de Einstein de la gravedad en términos de un espaciotiempo maleable se desbarata en las condiciones extremas que imperan en el nacimiento del universo. Cuando nos sumergimos en el big bang, la aleatoriedad a pequeña escala de la teoría cuántica pasa a ocupar el primer plano. Podría decirse que el espacio y el tiempo quieren escapar con desesperación del marco restringido que impone la teoría determinista de Einstein. Al fin y al cabo, por mucho que se tuerza y curve, el espaciotiempo de la relatividad general no deja de ser una estructura extremadamente restringida formada por una secuencia específica de formas de espacio, encajadas al milímetro como muñecas rusas, una dentro de otra, para crear un espaciotiempo tetradimensional.

Más que ninguna otra cosa, el teorema de la singularidad de Hawking puso de manifiesto la gravedad del conflicto entre relatividad y teoría cuántica. Reforzó la intuición de Lemaître de que la cosmogénesis es un fenómeno profundamente cuántico, y que, si deseamos tener al menos la oportunidad de desentrañar el enigma del diseño sobre la base de la ciencia, tenemos que casar de algún modo estos dos relatos de la naturaleza en apariencia contradictorios. El aspecto crucial de la concepción de Stephen era que este matrimonio debería ser mucho más que un simple refinamiento del actual marco para la predicción en la física, y que nos obligaría a repensar el propio marco. Su idea era empujar la física más allá de su antiguo dualismo de leyes frente a condiciones, de evolución frente a creación.

* * *

La mecánica cuántica, el segundo pilar de la física moderna, ya ha hecho acto de presencia varias veces en estas páginas. La teoría hunde sus raíces en una serie de misteriosos experimentos con átomos y luz de principios del siglo XX que no podían explicarse con la mecánica newtoniana por mucho que se forzase esta. Su formulación durante los turbulentos años de principios del siglo XX sigue siendo uno de los mejores ejemplos de colaboración internacional de la historia de la humanidad. A lo largo del siglo que ha transcurrido desde entonces, la mecánica cuántica ha ido de triunfo en triunfo hasta convertirse en la teoría científica más potente y precisa de todos los tiempos. Se aplica a todos los tipos conocidos de partículas. Desde los detalles finos de cómo interaccionan las partículas elementales hasta la fusión de los átomos en el interior de estrellas lejanas, las predicciones de la mecánica cuántica se ajustan a la perfección a los datos experimentales. Y, del mismo modo que la teoría clásica del electromagnetismo de Maxwell sentó los cimientos de la Segunda Revolución Industrial, los principios de la teoría cuántica están detrás de la tecnología actual. En realidad, quizá no hayamos visto más que la punta del iceberg de lo que puede ofrecernos la tecnología cuántica. Físicos e ingenieros confían en explotar en un futuro cercano la incertidumbre intrínseca del micromundo para almacenar y procesar información de una nueva manera, mediante la manipulación de bits cuánticos o cúbits, desbrozando el camino hacia la era de la computación cuántica.

La revolución cuántica comenzó en 1900 cuando el físico alemán Max Planck sugirió que todo tipo de cuerpo, al calentarse, emite radiación en pequeños paquetes discretos a los que llamó cuantos. Planck llevaba tiempo intentando explicar cuánta luz de cada color irradian los cuerpos calientes. Sabía por la teoría clásica de Maxwell que la luz está hecha de ondas electromagnéticas de distintas frecuencias de oscilación, correspondientes a los diferentes colores. El problema era que la física clásica también predecía que la energía radiada por un cuerpo caliente debía compartirse de manera equitativa entre ondas de todas las frecuencias. Pero la teoría de Maxwell contemplaba ondas electromagnéticas de frecuencias arbitrariamente altas, y eso implicaba que la energía total radiada, sumada para todas las frecuencias, tenía que ser infinita, lo cual, resulta obvio, era imposible. Este era el segundo nubarrón de lord Kelvin encima de la física clásica. Dio en conocerse como la «catástrofe ultravioleta» de la física clásica porque las frecuencias más altas de la luz visible corresponden al violeta, de modo que «ultravioleta» hace referencia a frecuencias muy altas.

En lo que más tarde describiría como «un acto de desesperación», Planck propuso una nueva y audaz regla que declaraba que la luz y todas las otras ondas electromagnéticas solo se pueden emitir en cuantos discretos, y que la energía de cada cuanto aumenta con la frecuencia de las ondas. Esto reducía de forma muy marcada la emisión de ondas de altas frecuencias, lo que permitía eludir la catástrofe ultravioleta. En 1905, Einstein fue un paso más allá al demostrar que los electrones que se mueven por los metales solo pueden absorber luz en cuantos discretos que describió como partículas diminutas o fotones. Así que, curiosamente, estas ideas tempranas sobre los cuantos implicaban que la luz poseía las propiedades ondulatorias, pero también corpusculares, lo que causó no poca confusión.

La revolución continuó cuando, del mismo modo que Planck había hecho con la luz, el físico danés Niels Bohr apeló a la cuantización para explicar la existencia de átomos estables, que es otra de las propiedades obvias del mundo físico. Bohr, en cuyo honor se bautizó un elemento, el borio, se había formado en Manchester con el físico inglés Ernest Rutherford, cuyos experimentos habían revelado que la estructura interna de los átomos consiste sobre todo en espacio vacío con un núcleo minúsculo en el centro. Rutherford concebía los átomos como sistemas planetarios en miniatura en los que unos electrones de carga negativa describían órbitas alrededor de un denso núcleo central de carga positiva. Como las cargas opuestas se atraen, los electrones acaban ocupando órbitas alrededor del núcleo. El problema de este modelo era que, de acuerdo con la teoría clásica del electromagnetismo de Maxwell, los electrones en órbita radian energía, lo que habría de llevarlos a describir espirales hacia el interior hasta chocar con el núcleo. Eso implicaba que todos los átomos del universo tenían que colapsar enseguida, o sea, que no existirían. Para resolver esta obvia contradicción con la realidad, Bohr «cuantizó» las órbitas posibles de los electrones. La separación resultante entre órbitas permitidas hacía imposible que los electrones refrenaran su impulso por describir espirales hacia el centro, lo cual salvaba los átomos de un rápido (y teórico) colapso, un descubrimiento que le valió el Premio Nobel de 1922.

Los pioneros de la física cuántica se reunieron en Bruselas en 1911 invitados por el industrial belga Ernest Solvay para celebrar uno de los primeros congresos internacionales de física. Por aquel entonces, en Bélgica se cultivaba el internacionalismo como una suerte de política nacional. Solvay era un liberal visionario que había hecho fortuna al convertir su invención de un nuevo proceso para sintetizar carbonato de sodio en una extensa red industrial. Tras retirarse de los negocios, se convirtió en un fervoroso alpinista que escaló el Matterhorn en varias ocasiones y consiguió incluso interesar al rey Alberto I en la escalada, aunque al final tuviese consecuencias imprevistas y desastrosas.*

La Primera Conferencia Solvay habría de alcanzar un estatus mítico, pues fue allí, en el lujoso hotel Métropole del centro de Bruselas, donde los científicos lograron por fin comprender las implicaciones de las primeras ideas cuánticas, destinadas a romper el paradigma. El consejo, presidido por el eminente físico holandés Hendrik Lorentz, definió la divisoria entre la física clásica del siglo XIX y la física cuántica que dominaría en el siglo XX. La conferencia inaugural de Lorentz deja sentir la angustia que este maestro de la física clásica sintió con los primeros atisbos del mundo cuántico. «La investigación moderna ha topado con dificultades de creciente gravedad al intentar representar el movimiento de las partículas más pequeñas de la materia. [...] Hoy por hoy seguimos sin estar del todo satisfechos. [...] La impresión es que hemos llegado a un *impasse*; las viejas teorías se han demostrado impotentes para penetrar la oscuridad que nos envuelve».[6] Pero, aunque la Primera Conferencia Solvay puso la cuestión sobre la mesa, no la resolvió. Los participantes salieron confusos

* Falleció en 1934 a causa de las lesiones producidas por una caída mientras escalaba. *(N. de los T.)*

y divididos sobre si todavía se podría remendar la física clásica para acoger en su seno los cuantos. Einstein expresó bien el ánimo cuando dijo: «La enfermedad cuántica parece tener cada vez menos remedio. Nadie sabe en realidad nada. La situación habría deleitado a los padres jesuitas. El congreso parecía una lamentación frente a las ruinas de Jerusalén».

Todo eso cambió a mediados de la década de 1920, cuando una nueva generación de físicos cuánticos reformuló la mecánica de los átomos y las partículas subatómicas de una manera fundamentalmente distinta: la mecánica cuántica.

Uno de los dogmas centrales de la nueva mecánica fue el célebre principio de indeterminación del prodigio alemán Werner Heisenberg: no podemos conocer de manera simultánea la posición exacta y la velocidad de una partícula. En sus propias palabras: «Cuanto mayor sea la precisión con que se determina la posición [de una partícula], menor será la precisión con la que se conozca su momento [o velocidad] en ese mismo instante, y viceversa».[7] Lo máximo a lo que se puede aspirar en la mecánica cuántica es a una visión borrosa, a un conocimiento aproximado de las posiciones y las velocidades de las partículas.

De hecho, todas las cantidades medibles están sujetas a la incertidumbre cuántica en un grado que viene descrito por principios parecidos al de Heisenberg. Esa incertidumbre cuántica no puede reducirse con mediciones más cuidadosas o midiendo las propiedades de las partículas de alguna manera ingeniosa que eluda el principio de Heisenberg. En este sentido difiere de, por ejemplo, los movimientos al azar del mercado de valores, que solo nos parecen impredecibles porque los humanos no disponemos de toda la información necesaria para calcular el comportamiento de los valores. La indeterminación cuántica de Heisenberg tiene carácter fundamental. Establece unos límites rigurosos sobre la cantidad de información que se puede extraer de los sistemas físicos, incluso en principio. Así que, curiosamente, la mecánica cuántica se nos aparece como una teoría acerca de lo que sabemos, pero también acerca de lo que no conocemos. Esta extrañeza resultará ser una propiedad de suma importancia cuando abordemos el multiverso desde una perspectiva cuántica en los capítulos 6 y 7.

El prodigioso logro de los físicos cuánticos de mediados de los años veinte fue integrar esta indeterminación cuántica en una formulación matemática rigurosa. No es de extrañar que la teoría resultante nos mostrase una visión de la mecánica mucho más resbaladiza y fluida de lo que nos sugería el marco clásico. Por ejemplo, la mecánica cuántica renunció al viejo sueño del determinismo científico, la idea de que la ciencia debería poder realizar predicciones definidas y precisas acerca del curso futuro de los acontecimientos. La teoría reemplazó esa noción con la idea de que solo podemos predecir probabilidades de distintos resultados posibles de las mediciones. La mecánica cuántica sostiene que, si se ejecuta una y otra vez el mismo experimento de manera exacta, en general no se obtendrán los mismos resultados.

Tal vez fuese Rutherford el primero en vislumbrar esta capa fundamental de indeterminación urdida en el micromundo. En el año 1899, para estudiar la estructura interna de los átomos, Rutherford bombardeó una finísima lámina de oro con partículas alfa emitidas por una fuente radiactiva como el uranio. Al observar los destellos de luz, Rutherford no tardó en percatarse de que las direcciones y tiempos de llegada de las partículas alfa eran aleatorios. De acuerdo con la mecánica cuántica, esto se debe a que, si bien los núcleos de uranio tienen una probabilidad definida y calculable de desintegrarse durante un intervalo de tiempo determinado, es imposible saber con antelación cuándo se desintegrará un núcleo concreto. La mecánica cuántica predice las probabilidades de los distintos tiempos de llegada y de las diferentes trayectorias de las partículas alfa emitidas durante la desintegración de una muestra radiactiva, pero también nos dice que no hay nada que conozcamos, o podamos esperar conocer, que nos vaya a permitir predecir cuándo y dónde irá una partícula alfa. La fuerza de la teoría, pero también su extrañeza, es que incorpora en sus fundamentos matemáticos básicos este núcleo irreducible de incertidumbre y aleatoriedad que inunda el micromundo. Las leyes de la mecánica cuántica nos proporcionan algo más parecido a cuotas de apuestas que a predicciones definidas de los resultados de las observaciones. Nos obliga a aceptar que tenemos que conformarnos con predecir las probabilidades de distintos resultados.

Esta característica clave de la teoría se presenta quizá con especial claridad en la formulación que debemos al físico austriaco Erwin Schrödinger. En 1925, Schrödinger escribió una fascinante ecuación que describe las partículas no como objetos minúsculos en forma de punto, sino como entidades extensas en forma de ondas. Pero, y esto es lo crucial, las ondas de las que habla la ecuación de Schrödinger no son ondas físicas. Schrödinger no dijo que las partículas se encuentren de algún modo difuminadas por el espacio. Las ondas de la mecánica cuántica son un poco más abstractas, más como «ondas de probabilidades» que describen las distintas posiciones posibles que puede ocupar una partícula puntual. El modo en que el formalismo de Schrödinger explica la incertidumbre cuántica es que, en las posiciones donde los valores de la onda son más altos, es más probable encontrar la partícula y, al contrario, donde los valores de onda son bajos, es improbable que se encuentre la partícula. Podría decirse que las ondas cuánticas son un poco como ondas de crímenes: del mismo modo que la llegada de una onda de criminalidad a nuestra ciudad significa que es más probable encontrar que se ha cometido un crimen, una onda de electrón que alcanza un pico en nuestro aparato significa que es probable detectar un electrón.[8]

Dado el perfil en forma de onda de una partícula en un momento determinado, es decir, su «función de onda», en la jerga de los físicos, la ecuación de Schrödinger predice cómo evolucionará con el paso del tiempo, subiendo en algunos lugares y bajando en los otros. Así pues, la mecánica cuántica obedece el esquema dualista de la predicción que he descrito anteriormente, con los componentes de dinámica en forma de leyes y condiciones de contorno. La ecuación de Schrödinger es una ley de evolución y, como tal, para decirnos cómo evolucionará requiere una condición que toma la forma de la función de onda de la partícula en un momento determinado. La diferencia fundamental con la mecánica clásica de Newton y Einstein es que las leyes de la teoría cuántica solo predicen probabilidades de cómo serán las cosas en un momento futuro, no certidumbres. Pero la naturaleza dual del marco básico de predicción permanece inalterada, como grabada en piedra.

Ahora bien, dado que se trata de ondas de probabilidad, solo podemos estimar las funciones de onda de manera indirecta. Las ondas cuánticas de Schrödinger describen el mundo en una suerte de nivel de preexistencia. Antes de medir la posición de una partícula, no tiene sentido siquiera preguntarse dónde se encuentra. No presenta una posición definida, solo posiciones potenciales descritas por una onda de probabilidad que codifica la probabilidad de que la partícula, si fuera examinada, fuese a encontrarse aquí o allá. Es como si obligáramos a las partículas a asumir una posición en el momento en que las observamos, como si solo hubiera una realidad física en la medida en que interactuamos con el mundo con nuestras observaciones y experimentos. «¡Si no hay pregunta, no hay respuesta!», en la expresión de Wheeler.

El famoso experimento de la doble rendija proporciona una vívida ilustración de la naturaleza nebulosa y ondulante del mundo cuántico. Su diseño, que se muestra en la figura 20, consiste en un cañón que dispara electrones contra una barrera que posee dos rendijas estrechas paralelas y una pantalla situada detrás de la barrera en la que quedan registrados los impactos en forma de minúsculos destellos. Supongamos que ajustamos el cañón para que solo dispare un electrón cada vez, digamos cada pocos segundos. Entonces encontramos que cada uno de los electrones que atraviesa la barrera llega a una posición determinada de la pantalla y crea un destello diminuto. Los electrones individuales no se difuminan. Esta es la naturaleza corpuscular o particulada del electrón, y hasta aquí no hay nada fuera de lo normal. Sin embargo, si dejamos que el experimento se prolongue durante cierto tiempo, registrando las posiciones de impacto de muchos electrones, poco a poco veremos que en la pantalla va apareciendo un patrón de interferencia formado por una serie de bandas claras y oscuras que nos recuerdan la mezcla de fragmentos de ondas (ver la figura 20). Bandas de interferencia parecidas se han observado en experimentos de doble rendija con otras partículas elementales, con partículas de luz, con átomos e incluso con moléculas.

Estos patrones de interferencia indican que, asociado a las partículas individuales, hay algo de naturaleza profundamente ondulatoria que se percata de la presencia de las dos rendijas. Es ese algo lo que queda recogido en la función de onda de una partícula. Al describir los electrones no como partículas que se desplazan, sino como ondas de probabilidad que se propagan, la ecuación de Schrödinger predice que, igual que las olas que interfieren en un lago, los fragmentos de la

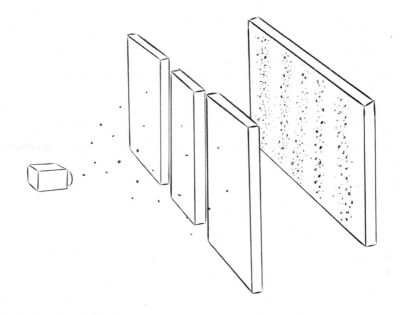

FIGURA 20. El famoso experimento de la doble rendija, llevado a cabo por primera vez con electrones en 1927 en los Laboratorios Bell, demostró que los electrones son partículas con propiedades de ondas. La mecánica cuántica explica el patrón de interferencia de la pantalla de la derecha describiendo cada electrón individual como la propagación de una función de onda que se divide en las rendijas del centro, y luego se expande y mezcla consigo misma en el extremo derecho, creando un patrón de valores altos y bajos que corresponden a probabilidades altas y bajas de dónde impactará en la pantalla.

función de onda de un electrón que salen de las distintas rendijas se mezclarán produciendo un patrón de probabilidades más altas y más bajas de donde aparecerá cada electrón individual en la pantalla. Allí donde los fragmentos de onda que salen de cada una de las rendijas llegan en fase, se reforzarán, mientras que, allí donde llegan desfasadas, se cancelarán. Cuando se dispara una partícula tras otra, sus posiciones acumuladas de impacto se ajustan al perfil probabilístico codificado en la función de onda de cada una de las partículas individuales, conformando de este modo el patrón de interferencia que observamos. Es, por tanto, en el nivel más profundo de su onda de probabilidad donde cada partícula percibe las rendijas.

Las predicciones probabilísticas de la teoría cuántica concuerdan con todos y cada uno de los experimentos con partículas realizados hasta el momento. Pero sus reglas violentan el sentido común. La descripción cuántica de las partículas como superposiciones ondulatorias abstractas de realidades mutuamente contradictorias no casa con nuestra experiencia cotidiana de que los objetos se encuentran en un lugar o en otro. Esto, como es natural, preocupaba (a veces) a los padres fundadores de la teoría cuántica. En palabras de Erwin Schrödinger, el universo cuántico es «ni siquiera concebible», pues, «lo concibamos como lo concibamos, es erróneo, quizá no tan carente de sentido como un círculo triangular, pero mucho más que un león alado».[9]

Dos décadas más tarde, esta naturaleza contraria al sentido común tan propia de la mecánica cuántica también preocupó a Richard Feynman. Estudiante del visionario Wheeler, Feynman llegó a ser uno de los físicos más influyentes del siglo XX tras realizar aportaciones de gran calado tanto a la física de partículas como a la gravedad o la ciencia de la computación. Feynman adquirió fama mundial en la comisión Rogers nombrada por el presidente de Estados Unidos para investigar el desastre del Challenger cuando, durante una vista televisada, demostró el fallo de las juntas tóricas del transbordador. Más tarde advertiría en el informe de la comisión: «Para que la tecnología tenga éxito, la realidad debe primar sobre las relaciones públicas, porque a la naturaleza no se la puede engañar».

Si Wheeler fue un soñador, Feynman fue un ejecutor. Wheeler miró hacia el pasado lejano y hacia el futuro distante, a los cimientos de la realidad física y a la naturaleza fundamental de la investigación científica. Feynman, por su parte, se esforzó por hacer que la física funcionase aquí y ahora, proclamando que solo estaba interesado en hallar un conjunto de reglas que suministraran predicciones que se pudieran verificar experimentalmente, sin ir mucho más allá de eso.[10] Con este ánimo, a finales de la década de 1940 Feynman se dispuso a desarrollar una forma más intuitiva y práctica de pensar sobre las partículas cuánticas y sus funciones de onda. Su idea era imaginar que las partículas son de algún modo objetos localizados, pero que siguen todas las trayectorias posibles cuando se desplazan de un punto a otro (ver la figura 21). La mecánica clásica supone que los objetos siguen

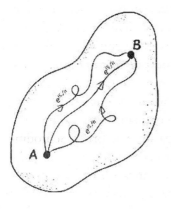

FIGURA 21. La mecánica clásica de Newton dicta que las partículas siguen una única trayectoria entre dos puntos, A y B, en el espaciotiempo. La mecánica cuántica sostiene que una partícula sigue todas las trayectorias posibles. La teoría cuántica predice que hay solo una probabilidad de llegar a B, que es la media ponderada de todas las maneras de llegar allí.

una única trayectoria por el espaciotiempo. En consecuencia, un sistema clásico posee una historia única y bien definida. En la argumentación de Feynman, la mecánica cuántica adopta una visión más amplia de la historia y afirma que todas las trayectorias posibles se producen de manera simultánea, aunque algunas son mucho más probables que otras.

Por ejemplo, la manera en que Feynman concebía el experimento de la doble rendija era que los electrones individuales no seguían una, sino todas las trayectorias posibles del cañón a la pantalla. Una trayectoria lleva al electrón por la rendija izquierda, otra por la rendija de la derecha, y aun otra podría llevarlo a atravesar la izquierda, dar la vuelta por la derecha y volver a atravesar por la izquierda. Feynman decía que toda trayectoria posible, es decir, toda historia del electrón, debe tomarse en consideración, por absurda que sea, y que todas esas trayectorias contribuyen a lo que vemos en la pantalla. La descripción de Feynman del movimiento del electrón recuerda un poco a las sugerencias de rutas alternativas que nos ofrece un navegador GPS, salvo por el fenómeno extremadamente insólito, y profundamente cuántico, de que, a diferencia de la mayoría de los viajes en taxi, los electrones siguen todas las rutas, y así es como la incertidumbre cuántica entra en este esquema. En palabras de Feynman: «El electrón hace todo lo que le gusta. Va en todas direcciones a cualquier velocidad, adelante y atrás en el tiempo, a su antojo, y luego sumamos las amplitudes [de sus trayectorias] y obtenemos la función de onda».[11]

FIGURA 22. Richard Feynman (derecha) conversa con Paul Dirac durante la Conferencia sobre Relatividad celebrada en Varsovia (Polonia) en 1962.

Para predecir la probabilidad de que un electrón llegue a un punto determinado de la pantalla, Feynman marcó cada trayectoria con un número complejo que especificaba su contribución a la probabilidad, pero también cómo interfería con las trayectorias vecinas. Este número básicamente dotaba a cada trayectoria individual de las propiedades matemáticas de un fragmento de onda. Después escribió una bella ecuación, una alternativa a la de Schrödinger, que construye la función de onda de una partícula sumando todos los caminos que finalizan en cada punto. El característico patrón de interferencia de la pantalla es el resultado de la mezcla de las trayectorias de la suma de Feynman que surgen de las dos rendijas. En lo que respecta a las matemáticas, esto se debe a que el número complejo que se asigna a cada trayectoria permite que distintas trayectorias puedan amplificar o disminuir otras, tal como hacen los fragmentos de ondas.

La descripción de Feynman del experimento de las dos rendijas ejemplifica que no hay esperanza de determinar, a partir solo de observaciones de la pantalla, a través de cuál de las dos rendijas llegó en realidad el electrón. Esto ya no debe sorprender. Al hablar no de una, sino de muchas historias, la mecánica cuántica obviamente limita lo que podemos decir sobre el pasado. El pasado cuántico es inherentemente borroso. No es el tipo de historia nítida y definida en que solemos pensar cuando consideramos el pasado.[12]

Lo interesante es que la proposición de Feynman de la suma de caminos proporciona una forma perfectamente viable y precisa de pensar en la teoría cuántica en general, y ha recibido la apropiada denominación de «formulación de muchas historias de la teoría cuántica». Desde la perspectiva de Feynman, el mundo es un poco como un tapiz medieval flamenco, un tejido urdido mediante caminos que se cruzan configurando una imagen coherente de la realidad a partir de los hilos de una infinidad de posibilidades.

Stephen sentía una enorme admiración por Feynman y por su aproximación a la teoría cuántica mediante la suma de caminos. Ambos se vieron muchas veces en la década de 1970 durante las visitas regulares de Stephen a Caltech. «Todo un carácter —me dijo en una ocasión—, pero un físico brillante».

El marco propuesto por Feynman demostró ser un escalón crucial para que los físicos comenzasen a pensar en la mecánica cuántica fuera de su entorno habitual en el mundo subatómico. Su enfoque demostraba que, pese a las apariencias, no tiene por qué existir una contradicción fundamental entre la mecánica clásica y la cuántica. La razón de ello es que la formulación de la suma de historias se aplica de igual modo a objetos grandes o pequeños, pero, para los objetos más grandes, las únicas trayectorias con una probabilidad significativa son aquellas que convergen sobre la única trayectoria predicha por las leyes del movimiento clásicas de Newton. Así que al final no existe ninguna dicotomía fundamental entre el micromundo y el macromundo. Es solo que, para los objetos macroscópicos, la indeterminación microscópica se promedia en algo definido y determinista, y ese algo es la trayectoria del movimiento clásico. Dicho de otro modo, el determinismo clásico surge del comportamiento colectivo de historias cuánticas microscópicas aleatorias. En cambio, a medida que nos sumergimos en el dominio microscópico, los cruces aleatorios van adquiriendo más importancia.

Todas estas ideas, junto con los asombrosos éxitos de la teoría cuántica, hicieron que la visión clásica del mundo se fuese desvaneciendo. Muchos físicos empezaron a creer que la teoría cuántica, que comenzó siendo una teoría de las partículas subatómicas, se aplicaba a todos los objetos y a todas las escalas. En la década de 1960, Wheeler y su grupo comenzaron a concebir incluso el espaciotiempo como una espuma cuántica que bulle con universos recién nacidos y en la que aparecen y se disipan agujeros de gusano, y que de algún modo, a escalas macroscópicas, en promedio da como resultado el tejido bien definido de la teoría clásica de la relatividad general.

También Stephen aprovechó el marco teórico de la suma de historias de Feynman para aventurarse en el dominio de la gravedad. Conoció el marco de Feynman gracias a Jim Hartle, quien lo había aprendido del propio Feynman en sus años de doctorado en Caltech, que por aquel entonces era la flor y nata de las escuelas de doctorado. Jim asistió a las clases de Feynman mientras los ayudaba con las demostraciones de sus conferencias (entre ellas la famosa demostración de la bola de boliche) y con la edición de *Las lecciones de física de Feynman*, el libro de texto de física más famoso de todos los tiempos, brillante en su amplísima exposición, aunque raramente consultado.

En 1976, Jim y Stephen consiguieron describir la radiación de Hawking de los agujeros negros como partículas que escapaban del horizonte utilizando para ello, al estilo de Feynman, la suma de todas las trayectorias posibles que pueden seguir las partículas para escapar del agujero negro.[13] Animados por este resultado, dirigieron la atención a un reto mayor y más confuso: la singularidad del big bang, el análogo cósmico del punto A de la figura 21. Para una partícula, la incertidumbre cuántica significa que su posición y velocidad son de algún modo imprecisas. Aplicada al espaciotiempo, pues, la incertidumbre cuántica debería significar que los propios espacio y tiempo son de alguna manera borrosos, con fluctuaciones cuánticas que difuminan los puntos en el espacio y los momentos en el tiempo. En casi todo el universo observable, esa borrosidad del espaciotiempo estaría muy limitada y sería del todo irrelevante, pero en los primeros momentos del universo, cuando la densidad de la materia y la curvatura del espaciotiempo aumentaban sin límites, la incertidumbre cuántica debía cobrar una enorme importancia. Siguiendo el razonamiento, Stephen imaginó que, en el universo primigenio, los efectos cuánticos debían hacer borrosa la propia distinción entre espacio y tiempo, provocándoles una especie de crisis de identidad, con intervalos de tiempo que en ocasiones se comportaban como intervalos de espacio, y viceversa. Más aún, Jim y Stephen tuvieron la audacia de proponer que se podía hacer la suma de Feynman sobre toda esta frenética borrosidad del espaciotiempo y que la función de onda resultante se podía expresar de una elegante manera geométrica.

Podemos hacernos una idea de su función de onda del universo examinando la figura 23. Esta es la misma representación esquemática de un universo en expansión que ya presenté en la figura 14 del capítulo 2, pero en esta ocasión he hecho correr hacia atrás en el tiempo la película de este universo. La figura 23(a) nos recuerda lo que ocurre si nos fiamos a ciegas de la teoría de la relatividad clásica de Einstein: el espacio se hace más pequeño en el pasado y en cierto punto se disuelve en un estado singular de deformación y curvatura infinitas, arrastrando al tiempo en su desaparición.

Pero Jim y Stephen argumentaron que no es eso lo que en realidad ocurre, sino que los efectos de la mecánica cuántica alteran de manera drástica la evolución cuando vamos tan atrás en el tiempo. De hecho, imaginaron que, al desdibujarse, el espacio y el tiempo producían una rotación de la dirección vertical del tiempo que añadía una nueva dirección horizontal de espacio. Esto abría toda una nueva posibilidad para el origen del universo: estas dos dimensiones del espacio podían combinarse para formar una superficie esférica bidimensional, en cierto modo como la superficie de la Tierra. La figura 23(b) muestra esta evolución cuántica. Vemos que la singularidad en el fondo del universo clásico, ese suceso sin causa que de algún modo situaba el principio fuera del alcance de la ciencia, queda reemplazado por un origen cuántico suavizado y redondeado que obedece las leyes de la física en todo punto.

Esta era una idea de una originalidad absoluta. Lo crucial de la propuesta de Jim y Stephen es que un universo en expansión no

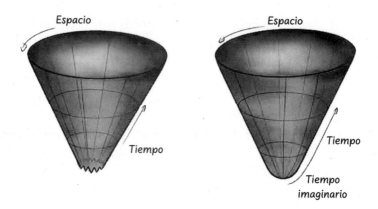

FIGURA 23. Evolución clásica y cuántica de un universo en expansión, que se muestra aquí como un círculo unidimensional. Panel (a): en la teoría clásica de la gravedad de Einstein, el universo tiene su origen en una singularidad, situada en la base, en la que la curvatura es infinita y las leyes de la física se desmoronan. Panel (b): en la teoría cuántica de Hartle y Hawking, el origen singular es reemplazado por una forma suavizada y redondeada en forma de cuenco que obedece a las leyes de la física en todo punto.

tiene una singularidad en el pasado porque la dimensión del tiempo se disuelve en una borrosidad cuántica a medida que nos acercamos al inicio. En la base del cuenco de la figura 23(b), el tiempo se convierte en espacio. Por consiguiente, la pregunta sobre qué podría haber habido antes deja de tener sentido. «Preguntarse qué hubo antes del big bang sería como preguntarse qué hay al sur del Polo Sur», resumía Hawking su teoría, y comenzó a referirse a su cosmogénesis cuántica como propuesta de ausencia de límites.*[14]

La hipótesis de Stephen de la ausencia de límites fusiona dos propiedades en apariencia contradictorias. Por un lado, el pasado sería finito, es decir, el tiempo no se extiende hacia atrás de manera indefinida. Por otro lado, tampoco habría un principio, un primer momento en el que de algún modo el tiempo se pone en marcha. Si

* *No-boundary proposal (hypothesis, theory)* se puede encontrar traducido al castellano de diversas maneras, entre ellas propuesta (hipótesis, teoría) de ausencia de límites, bordes, fronteras o contorno, o, por economía (y abuso) del lenguaje, como propuesta sin límites. *(N. de los T.)*

fuésemos una hormiga que se arrastra por la superficie de la figura 23(b) buscando el origen del universo, no lo encontraríamos. La base esférica del cuenco representa el límite pasado del tiempo, pero no marca un instante de creación. Todo intento por determinar un inicio en la teoría de la ausencia de límites es una futilidad: se perdería en la incertidumbre cuántica.

Desde un punto de vista estético, hay algo atractivo en el modo en que la hipótesis de la ausencia de límites serpentea esquivando el enigma del cero del tiempo. El cuenco en el fondo del espaciotiempo de la teoría da la sensación de ser una versión geométrica del átomo primigenio de Lemaître. Tomándole la palabra a Hamlet cuando dice que «podría estar encerrado en una cáscara de nuez y aún me tendría por rey del espacio infinito», Hawking veía el universo recién nacido como una nuez en sus manos.

Cuando Jim y Stephen enviaron el manuscrito de «La función de onda del universo» para su publicación en *Physical Review* en julio de 1983, las cosas no fueron bien. El primer revisor lo rechazó argumentando que los autores habían utilizado una extrapolación inadmisible de la suma de historias de la teoría cuántica de Feynman al universo entero. Jim y Stephen solicitaron otra opinión. El segundo revisor contestó que estaba de acuerdo con el primero en que la extrapolación que proponían los autores era sin duda excesiva, pero que el manuscrito debía publicarse «porque este será un artículo seminal».[15] Y eso fue justo lo que ocurrió. Cinco décadas después del manifiesto de 1931 en el que Lemaître reclamaba una perspectiva cuántica sobre el origen del tiempo, el descubrimiento trascendental de Jim y Stephen convertía la audaz visión de Lemaître en una hipótesis científica genuina. Su función de onda universal despertó una ola de interés en los fundamentos cuánticos de la teoría cosmológica que con el tiempo se convertiría en una de las claves de los esfuerzos de los físicos por desentrañar el enigma del diseño.

De hecho, la hipótesis de la ausencia de límites surgió de un enfoque nuevo por completo para el estudio de la naturaleza cuántica de la gravedad que Stephen, junto con su primera generación de estudiantes, había ido desarrollando durante toda la década de 1970.

El enfoque de Cambridge sobre la gravedad cuántica hablaba el mismo lenguaje geométrico de Einstein, pero, de manera sorprendente, utilizaba formas curvadas de cuatro dimensiones del espacio, sin una dirección de tiempo, en lugar de los espaciotiempos distorsionados de la relatividad.

En la teoría de la relatividad clásica de Einstein, el espacio es espacio y el tiempo es tiempo. Está claro que espacio y tiempo quedan unificados en el espaciotiempo cuatridimensional, como claramente demuestran los diagramas que he enseñado, desde el espaciotiempo vacío de Minkowski a la geometría del agujero negro de Penrose. Pero en todos estos diagramas es fácil diferenciar entre espacio y tiempo, puesto que la flecha del tiempo apunta hacia todos los puntos del cono de luz futuro, pero no así las direcciones del espacio (ver, por ejemplo, la figura 8). La concepción de Stephen de geometrías curvadas con cuatro dimensiones espaciales capturaba profundas propiedades cuánticas de la gravedad. Por ello, su programa de investigación se conoció como «enfoque euclidiano de la gravedad cuántica», por referencia al matemático griego clásico Euclides, que fue el primero en estudiar de manera sistemática la geometría de las dimensiones espaciales.

Desde un punto de vista geométrico, la transformación del tiempo en espacio equivale a rotar 90 grados la dirección del tiempo. Esto resulta evidente en el panel correspondiente a la concepción cuántica de la figura 23, donde «en el principio», en el fondo del cuenco, el tiempo comienza a «fluir» en el plano horizontal, el mismo de la dimensión circular del espacio. Esta rotación de tiempo en espacio suele describirse diciendo que el tiempo se torna imaginario, porque en términos matemáticos la rotación corresponde a multiplicar el tiempo por un número imaginario, la raíz cuadrada de menos uno. Como es obvio, esta operación invalida toda noción de una evolución normal. De nada serviría poner la alarma a las $7\sqrt{-1}$ para coger el tren de la mañana. Hasta un proceso tan lento como el Brexit se desarrolló en tiempo real. «Todo concepto subjetivo del tiempo relacionado con la consciencia o la habilidad de realizar mediciones se desvanecería», proclamó Stephen. Sin embargo, al torcer las geometrías curvas de Einstein más de lo que nadie había hecho antes, del tiempo real al tiempo imaginario, Stephen había identificado una nueva y emocionante senda hacia el dominio cuántico de la gravedad.

Examinemos el caso de los agujeros negros. El dibujo de Penrose de un agujero negro de la figura 11, en el capítulo 2, muestra la geometría de un agujero negro clásico, uno que existe en el tiempo real. La geometría de un agujero negro en el tiempo imaginario tiene una forma muy distinta. Se parece más a la superficie de un cigarro, como se muestra en la figura 24. En esta geometría de agujero negro, desplazarse «adelante» en el tiempo imaginario corresponde a desplazarse alrededor del círculo. La punta del cigarro representa el horizonte del agujero negro. Más allá de este, a la izquierda de la figura 24, no hay nada, así que a diferencia de un agujero negro en tiempo real, la versión euclidiana no posee ninguna singularidad donde la teoría se desmorone. Del mismo modo que la proposición de ausencia de límites reemplaza el inicio singular de un universo clásico con un origen cuántico redondeado, la descripción euclidiana de un agujero negro tiene una geometría lisa y suave que obedece las leyes (¡cuánticas!) de la física en todos los puntos. Trabajando con formas euclidianas de agujeros negros, Stephen y su grupo de Cambridge lograron entender las razones profundas de que los agujeros negros no sean negros por completo, sino que radien partículas cuánticas del mismo modo que los cuerpos normales a cierta temperatura.[16]

El poder de las geometrías euclidianas para describir las propiedades cuánticas de la gravedad causó en Stephen una profunda impresión. Su método del tiempo imaginario se convirtió en la piedra angular de sus esfuerzos por casar los principios de la gravedad con los de la teoría cuántica para desvelar los secretos del big bang. «Uno podría adoptar la actitud de que la gravedad cuántica y, en realidad, toda la física, se define realmente en tiempo imaginario —declaró en cierta ocasión—. Que interpretemos el universo en tiempo real no es más que una consecuencia de nuestra percepción».[17]

En la mecánica cuántica normal, sin la gravedad, rotar el tiempo en espacio es un truco habitual utilizado por los físicos para calcular las sumas de Feynman sobre las historias de partículas. La razón de ello es que sumar caminos en tiempo imaginario simplifica las complicadas sumas de Feynman. Al final del cálculo, los físicos rotan una de las dimensiones del espacio de vuelta al tiempo real y leen entonces las probabilidades resultantes de que la partícula haga una u otra cosa. Pero Jim y Stephen no querían rotar de vuelta al tiempo real. La audacia de su proposición de ausencia de límites fue que, cuando se

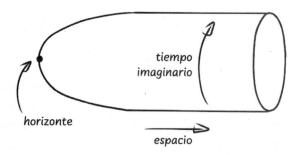

Figura 24. Los agujeros negros adoptan la forma de un cigarro cuando se conciben en tiempo imaginario. El horizonte del agujero negro corresponde a la punta del cigarro, a la izquierda. La suavidad geométrica de la punta es coherente con el tamaño de la dimensión circular del tiempo imaginario, a la derecha. Este último, a su vez, determina la temperatura del agujero negro y, por consiguiente, la intensidad de la radiación de Hawking que escapa en tiempo real.

trata del origen del universo, la transformación del tiempo en espacio no es solo un ingenioso truco de cálculo, sino algo fundamental. La historia del universo es, según la teoría, que, tiempo ha, no había tiempo.

Dicho esto, hay algo einsteniano en la idea de la ausencia de límites. Cuando en 1917 Einstein realizaba sus incursiones pioneras en la cosmología relativista, le desconcertaban tanto las condiciones de contorno de los bordes espaciales del universo que llegó a la conclusión de que todo sería mucho más sencillo si el espacio no tuviera bordes. Eso fue lo que lo llevó a concebir nuestro universo espacial como una gigantesca hiperesfera tridimensional que, de manera parecida a la superficie bidimensional de una esfera normal, carece de borde o límite. Con su hipótesis de la ausencia de límites, Stephen y Jim resolvieron el problema de las condiciones de contorno en el cero del tiempo de una manera también einsteniana, eliminando por completo el límite inicial.

Es notable que Stephen desarrollase su enfoque geométrico de la gravedad cuántica durante el periodo en que estaba perdiendo el uso de las manos para escribir ecuaciones. Esta pérdida bien podría haberlo animado en su intento por reescribir el insondable dominio cuántico de la gravedad en el lenguaje de la geometría y la topología, que podía visualizar en la pizarra y, hasta cierto punto, manipular con la cabeza. La visualización sin duda ocupaba un lugar central en la forma de pensar de Stephen. Trabajar con él significaba trabajar con formas y dibujos que representasen la esencia física de las relaciones matemáticas. Muy al principio de nuestra relación tuve ocasión de presenciar cómo se enfrentaba a los cálculos pese a no poder escribir ecuaciones cuando fui a visitarlo al hospital en el que se recuperaba de una operación a vida o muerte. Hablamos un rato sobre el mal trago por el que había pasado, y entonces Stephen me pidió que fuera a buscarle una pizarra por el hospital. Cuando por fin me hice con una, me pidió que dibujase un círculo. Al acabar la tarde, el círculo representaba el borde del disco que se obtiene cuando se proyecta la evolución de la expansión cuántica de la figura 23(b) sobre un plano. El origen del universo se encuentra en el centro del disco, y el universo actual corresponde al propio círculo. Todo eso, como es natural, en tiempo imaginario.

Stephen desarrolló su enfoque euclidiano de la gravedad cuántica hasta tal punto que le permitió descubrir cosas que habría sido casi imposible descubrir de cualquier otra manera. La hipótesis de la ausencia de límites es tal vez el ejemplo más llamativo de esto. Pero la rotación del tiempo en espacio de la que esta depende también sig-

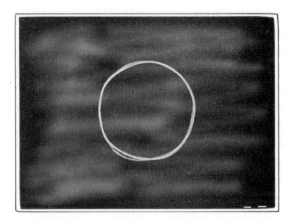

FIGURA 25. Evolución de un universo en expansión en tiempo imaginario.

nificaba que era muy difícil averiguar qué pasaba en realidad en el principio del universo. El cuenco en el fondo del espaciotiempo nos dice que tenemos que renunciar a nuestra estimada idea de que siempre hubo un tiempo que diera significado a un antes y un después. Pero es frustrante lo poco (o nada) que nos dice sobre lo que puede ocurrir en ausencia de tiempo, o sobre qué clase de borrosidad cuántica microscópica genera, al acumularse, esa geometría en forma de cuenco. Es como si la teoría intentase decirnos que no deberíamos plantearnos preguntas tan difíciles.

Así que los físicos se quejaron de que el uso creativo que hacía Stephen de la geometría euclidiana era como magia. Su enfoque entero se desestimaba a veces como una excentricidad de Cambridge. ¿Por qué habría de comportarse el tiempo de tan extraña manera? Parte del problema era que el marco euclidiano no llega a ser del todo una teoría cuántica de la gravedad, sino una amalgama semiclásica de elementos clásicos y cuánticos empalmados sin una articulación matemática clara. Stephen y sus doctorandos inventaban las reglas por el camino. Así lo expresó el teórico de Harvard Sidney Coleman tras intentar argumentar, sobre la base del enfoque euclidiano, que la constante cosmológica debería ser cero: «La formulación euclidiana de la gravedad carece de fundamentos firmes y reglas claras para los procedimientos; de hecho, se parece más a una ciénaga sin veredas. Creo que he conseguido atravesarla, pero es posible que, sin yo saberlo, me encuentre hasta el cuello en arenas movedizas, hundiéndome deprisa».[18] Stephen, sin embargo, se mantenía en sus trece. «Prefiero la corrección al rigor», replicó. Se guiaba por una fuerte intuición de que las geometrías euclidianas proporcionaban una poderosa vía de acceso a los dominios más extremos del universo: los agujeros negros y el big bang. Hoy por hoy, casi cuarenta años después de sus trabajos pioneros sobre cosmología cuántica, la hipótesis de ausencia de límites sigue generando gran interés, profunda confusión y acalorados debates, sin que hasta el momento tengamos a la vista una descripción alternativa viable de nuestros orígenes más profundos.

Parece que, con toda intención, Stephen anunció su propuesta de que el universo no tenía límite ni momento definido de creación durante un congreso en la Pontificia Academia de las Ciencias celebrado en el Vaticano en octubre de 1981. La academia define como su objetivo aconsejar al Vaticano sobre cuestiones científicas y promover el entendimiento mutuo entre ciencia y religión. Con este fin, la Pontificia Academia había invitado a científicos de todo el mundo a la pintoresca Casina de Pío IV, su sede en los jardines botánicos que hay detrás de la basílica de San Pedro, para participar durante una semana en un debate sobre el tema: «Cosmología y física fundamental».[19] Pero el big bang resultó ser un punto delicado. Al comenzar la semana, el papa Juan Pablo II había dicho a los científicos: «Toda hipótesis científica acerca del origen del mundo, como la del átomo primigenio desde el que se desarrolla todo el universo físico, deja abierto el problema del principio del universo. La ciencia no puede por sí sola resolver esa cuestión. Hace falta conocimiento más allá de la física y la astrofísica, lo que conocemos como metafísica. Por encima de todo, requiere conocimiento que proviene de la revelación de Dios».[20] Como si estuviera respondiendo a la alocución del papa, Stephen propuso en una deslumbrante conferencia, «Las condiciones de contorno del universo», la audaz idea de que tal vez no existiese un principio. «Algo muy especial tiene que haber en las condiciones de contorno del universo, y qué es más especial que la condición de que no hay contorno», propuso, dejando a su público boquiabierto.

La función de onda del universo sin límites que surgió de esta proposición fue, y sigue siendo, una ley física de un tipo radicalmente nuevo. No es ni una ley de dinámica ni una condición de contorno, sino una mezcla de ambas que encarna una nueva clase de física. Antes he mencionado que tanto la física clásica como la mecánica cuántica de partículas ordinaria obedecen al marco dualista de predicción que separa las leyes de las condiciones iniciales. No ocurre así en la cosmología sin límites, que renuncia a esta dicotomía a favor de un marco más general que trata de manera equivalente las condiciones iniciales y la dinámica. De acuerdo con la hipótesis de ausencia de límites, el universo no tiene en realidad un punto A para el que haya que especificar unas condiciones externas.

De hecho, ya llevaba tiempo fraguándose algo parecido a esto. En su conferencia de Edimburgo de 1939, Paul Dirac ya había predicho el fin del dualismo en la física. «La separación [entre leyes y condiciones] es filosóficamente tan poco satisfactoria, pues va en contra de todas las ideas sobre la unidad de la naturaleza, que me parece seguro predecir que en el futuro desaparecerá, a pesar de los sorprendentes cambios en nuestras ideas ordinarias a las que habremos de vernos conducidos». Eso es justo lo que, cuatro décadas más tarde, hizo la propuesta de ausencia de límites.

Con su hipótesis, Jim y Stephen lograron lo que tantos grandes pensadores, desde Kant hasta Einstein, habían juzgado imposible. Al tender un puente sobre el antiguo abismo entre evolución y creación, la teoría situó por fin la pregunta del origen del universo de forma firme en el dominio de las ciencias naturales. Ofreció la oportunidad de resolver el enigma del principio del universo de manera concluyente. Eso claramente resulta muy atractivo. Stephen de verdad creía que había dado con una manera de esquivar la singularidad, que había resuelto el gran enigma de la existencia.

A diferencia de Lemaître, no se abstuvo de implicar a la teología en su cosmogonía. «El universo estaría por completo contenido en sí mismo, no afectado por nada exterior a él —escribió en *Historia del tiempo*—. No sería creado ni destruido; tan solo sería. [...] ¿Qué lugar queda entonces para un creador?». Stephen argumentaba que la teoría de la ausencia de límites se desprendía de la necesidad de un *primum movens* que pusiese en marcha el universo, porque demostraba que el universo se podía haber creado a partir de la nada. Como es natural, el Dios de las lagunas [en el conocimiento] que Stephen evoca en este pasaje de *Historia del tiempo* queda muy lejos del *Deus Absconditus*, el Dios Oculto de Lemaître, escondido incluso en el principio de la creación.

Conviene dejar claro que quien aquí habla es el primer Hawking, el que suscribía la posición metafísica de Einstein. Como este, el primer Hawking suponía que las leyes matemáticas de la física gozaban de una suerte de existencia por encima de la realidad física que regían. Einstein detestaba la idea de un big bang, en parte, porque parecía socavar este ideal. Mientras que el teorema de la singularidad de Hawking parecía confirmar las sospechas de Einstein, el cuenco sin límites que reemplaza a la singularidad en la cosmología cuántica parecía permitirnos abordar la cuestión del principio al mis-

FIGURA 26. Stephen Hawking con parte de su progenie académica durante la celebración de sus sesenta años en el King's College (Cambridge).

mo tiempo que salvaguardaba el idealismo de Einstein. La perspectiva que abría era sin duda emocionante.

Sin embargo, del mismo modo que la teoría de la relatividad cogió por sorpresa al propio Einstein, la hipótesis de la ausencia de límites acabaría sorprendiendo al propio Stephen. ¡Su primera versión de la propuesta no había sido lo bastante radical!

Capítulo 4

Humo y cenizas

> Creía en infinitas series de tiempos, en una red cre-
> ciente y vertiginosa de tiempos divergentes, conver-
> gentes y paralelos...; en algunos existe usted y no
> yo; en otros, yo, no usted...; en otro, yo digo estas
> mismas palabras, pero soy un error, un fantasma.
>
> JORGE LUIS BORGES,
> *El jardín de senderos que se bifurcan*

La escuela de la relatividad de Stephen en Cambridge era como una banda de rock: informal, fuera de contacto con la realidad cotidiana y radical en su ambición de cambiar el mundo.

Su centro neurálgico, el Departamento de Matemática Aplicada y Física Teórica (DAMTP, por sus siglas en inglés), lo había fundado en 1959 el matemático aplicado George Batchelor. Al principio, el DAMTP se hallaba en un ala del Laboratorio Cavendish, el famoso laboratorio en el que, en 1897, J.J. Thomson había descubierto el electrón y donde, en 1953, Watson y Crick habían descifrado la estructura helicoidal del ADN.* En 1964, el DAMTP se trasladó al Old Press Site, frente a la panadería Fitzbillies, entre Silver Street y Mill Lane, y allí fue donde conocí a Stephen. El edificio victoriano, modesto en el exterior, tenía la distribución más ilógica posible, con un

---

* Según el folclore de Cambridge, Watson y Crick en realidad descubrieron el ADN en el Eagle, un pub que había enfrente.

laberinto de pasillos mal iluminados que conducían a aulas, vías sin salida y polvorientas oficinas. Aquello nos encantaba.

El corazón del DAMTP era su «área común». Con altos techos sostenidos por pilares, severos retratos de antiguos profesores de la Cátedra Lucasiana contemplándonos desde las paredes, sillones de vinilo y un tablón de anuncios atestado de anuncios de fiestas de estudiantes o conferencias científicas, allí fue donde, a mediados de la década de 1960, Dennis Sciama introdujo el ritual diario y casi obligatorio de la hora del té. A las cuatro de la tarde en punto, las luces se encendían, las tazas se alineaban en el mostrador como un ejército de juguetes y se servía el té. En un instante, la sala bullía de actividad. Después de todo, la física teórica es una actividad profundamente social.

Stephen salía de la puerta verde oliva de su oficina con el clicador en la mano derecha y la izquierda sobre el mando de la silla de ruedas, que desplazaba entre la multitud —pisando de vez en cuando los dedos de alguien—, para unirse a la conversación. Debatíamos en torno a mesas bajas con superficies blancas lavables, ideales para garabatear ecuaciones y discutir sobre nuestras nuevas ideas. El té en sí era bastante malo, pero la ocasión propiciaba una ciencia excelente al reunirnos a todos. Robert Oppenheimer, notorio por la bomba atómica y antiguo director del Instituto de Estudios Avanzados de Princeton, dijo una vez: «El té es donde nos contamos unos a otros lo que no entendemos». Durante años, el té del DAMTP tuvo justo ese propósito y convirtió el área común en el centro internacional de lo último en física teórica.

Mi propio ritual cotidiano de la hora del té con Stephen forjó un lazo que iba más allá de la relación típica entre un profesor y un estudiante. Con frecuencia, nuestras discusiones continuaban mucho después de que la sala común se hubiese vaciado, con frecuencia hasta la noche, ya fuese en el Mill —el pub junto al río Cam en el que la gente de la DAMTP se solía reunir después del trabajo— o mientras cenábamos en su casa de Wordsworth Grove.* Trabajar con Stephen era un todo incluido. No había demasiada separación entre su vida profesional y su vida personal. En muchos aspectos, trataba a su círculo de colaboradores estrechos como una segunda familia.

---

* En aquellos tiempos, solía servir un curri muy picante.

John Wheeler dijo una vez que hay tres formas de hacer buena ciencia: la del topo, la del chucho y la del cartógrafo. El topo empieza en un punto del suelo y avanza por sistema. El chucho olisquea y va de una pista a otra. El cartógrafo, al final, concibe la imagen global, tiene una intuición de cómo encajan las cosas y, de esta forma, encuentra el camino hacia nuevos conocimientos. Hawking, en mi opinión, era un cartógrafo.

Mientras que Sciama había sido muy eficaz en la tarea de reunir a personas alrededor de los principales problemas abiertos en la física teórica, Stephen extrajo de su mapa una nítida agenda propia. Pero confió en nosotros para llenar los espacios vacíos de su mapa. Desde el primer día esperaba que colaborásemos con él para transformar la magnífica idea intuitiva que tenía en la cabeza en proyectos de investigación desarrollados en su totalidad, y que los llevásemos a cabo. El resultado fue que nos mantenía más próximos a él de lo que suelen hacerlo la mayoría de los mentores.

Como es obvio, la comunicación a través de su sintetizador de voz era necesariamente limitada —no solo en vocabulario, sino sobre todo cuando había que manipular ecuaciones—, de modo que Stephen no podía guiarnos demasiado en los detalles de los cálculos. Lo que sí hacía era ofrecer pautas generales y ajustarlas sobre la marcha. Desplazarse por el mapa de Stephen armados solo con sus breves y en apariencia codificadas instrucciones podía ser un desafío frustrante, pero también un estímulo, pues nos obligaba a nosotros, sus estudiantes, a pensar de manera creativa e independiente.

Además, él confiaba en nosotros. Stephen radiaba una incontenible confianza en que íbamos a ser capaces de resolver aquellos complejos enigmas cósmicos. La misma firme determinación que le permitía perseverar, a pesar de su penosa enfermedad, se manifestaba en forma de una cierta testarudez en su trabajo científico. Siempre que me hallaba en los abismos de la desesperación, cuando una línea de investigación se desmoronaba y yo sentía que casi había demostrado que lo que tratábamos de hacer era imposible, Stephen se acercaba y desplegaba su mapa mental para ofrecer una nueva perspectiva, sacándonos del pozo de negrura y abriendo un nuevo camino. Ese era el *modus operandi* de Hawking: localizar los problemas más complejos, atacarlos sin descanso desde distintos ángulos y hallar el modo de avanzar.

Stephen florecía en su papel de mentor *deus ex machina*. Es más, su confianza, su rápido ingenio y su calidez infundían en nuestro grupo de investigación no solo una corriente continua de excelentes ideas científicas, sino también una cierta intimidad. La escuela de Stephen en Cambridge se dedicaba a los agujeros negros y al universo, sí, pero creo que de él aprendimos aún más acerca del espíritu. Nos enseñó tanto sobre el valor, la humildad y la forma de vivir como sobre cosmología cuántica.

Desde luego, al tiempo que se desarrollaba nuestra colaboración, Stephen andaba ocupado con su fama, pero la dejaba fuera de las paredes del DAMTP. Leyendo el periódico de la mañana, podía encontrarme con una fotografía suya a toda página paseando por Ramallah o flotando en el aire en un vuelo de gravedad cero, pero cuando estaba en el DAMTP no era más que uno de nosotros que trataba de comprender el universo y sus leyes al nivel más profundo y disfrutaba muchísimo con ello.

Stephen era un milagro. En su persona encarnaba la extraordinaria combinación de quien trata de entender algunas de las preguntas más complejas de la ciencia, pero con cierta despreocupación, con un irresistible ánimo juguetón que podía surgir en cualquier momento, estuviera donde estuviese. Un día cometió la imprudencia de marcharse del hospital de Papworth para ir a ver una obra teatral cómica. En lo que se refiere a la ciencia, las clases de Stephen tenían que contener chistes.* Siempre. Y, a pesar de su discurso críptico, como de oráculo, también le gustaba simplemente charlar (cosa que, por cierto, también podía llevar horas).

La mezcla única de sabiduría y diversión que era Stephen significaba que, allá donde fuese, la magia lo rodeaba. Y, desde luego, ayudaba que le fuera imposible entrar en una habitación de forma pausada y discreta.

---

* Para contar chistes en un círculo reducido, con las personas mirando por encima de su hombro y siguiendo las palabras en la pantalla, Stephen desarrolló un método muy ingenioso para formular los chistes, de manera que no quedase claro hasta la última palabra si lo que estaba transmitiendo era una idea profunda o una simple broma.

Cuando me acerqué a su puerta en junio de 1998, el programa de cosmología cuántica de Stephen ya estaba en pleno apogeo. El frenesí que siguió a la publicación de su *Historia del tiempo* ya se había disipado, la segunda revolución de la teoría de cuerdas estaba produciendo unos resultados teóricos fantásticos y el equipo de Stephen bullía de actividad. Mientras, los avances en la tecnología de los telescopios estaban transformando la cosmología de un campo repleto de especulación a una ciencia cuantitativa basada en detalladas observaciones que abarcaban miles de millones de años de evolución cósmica. Era la década dorada de los descubrimientos en cosmología, cuando parecía que el libro de la naturaleza se abría ante nosotros para que lo devorásemos.

El Explorador del Fondo Cósmico (COBE, por sus siglas en inglés), el satélite lanzado por la NASA en 1989, había desempeñado un papel esencial en nuestra lectura de las primeras páginas de la historia cósmica. Uno de los experimentos a bordo del COBE había establecido que la antigua radiación de fondo de microondas (CMB) tenía un espectro térmico cuasiperfecto, con una temperatura de 2,725 kelvin. Pero COBE había llevado a cabo un segundo experimento, el radiómetro diferencial de microondas, diseñado para explorar diminutas diferencias en la temperatura de la radiación CMB en distintas partes del cielo. Se trataba de un experimento épico, pues los cosmólogos ya sabían que, en el principio, el universo no podía haber sido exactamente uniforme, solo porque el universo posterior no lo es. Hoy encontramos la materia agregada en forma de galaxias y grupos de galaxias. Si el universo hubiese empezado siendo un gas perfectamente uniforme, esa red de galaxias nunca se habría formado y, puesto que las galaxias son las cunas cósmicas de la vida, nosotros no existiríamos. En cambio, hasta las más diminutas variaciones de densidad en el plasma primordial se habrían visto amplificadas a lo largo del tiempo bajo la influencia de la gravedad, causando que, desde el principio, en las regiones más densas la materia se arracimase y formase estructuras cósmicas. Los cálculos de los efectos contrapuestos de la expansión y de la acumulación gravitatoria muestran que, para formar galaxias en un periodo de unos 10.000 millones de años, el universo joven debía de tener contrastes de densidad en esas semillas de al menos una parte en cien mil. Desde el descubrimiento fortuito de la CMB, a mediados de la década de 1960, los cosmólogos habían buscado en ella rastros de esas fluctuaciones. El satélite COBE era su última esperanza. Pensado para alcanzar ese nivel crucial de sensibilidad en la búsqueda de nuestras raíces cósmicas, COBE iba a poner a prueba la consistencia básica de la teoría del big bang caliente.

Para alivio de los cosmólogos, COBE halló justo lo que estaba buscando. Sus datos revelaron que el universo joven tenía, en efecto, regiones ligeramente más calientes y otras algo más frías. Mientras que la temperatura de la CMB es de 2,7250 K en promedio, tiende a ser de 2,7249 K en una dirección del firmamento y de 2,7251 K en otra. «Es como ver a Dios», declaró, eufórico, el investigador jefe del proyecto COBE en la conferencia de prensa.

Los tenues fotones de microondas están entre los más antiguos que podemos esperar observar.[1] No es posible escudriñar épocas anteriores con telescopios de fotones, pero podemos preguntarnos qué es lo que dio origen a aquellos débiles destellos en el calor primordial. Al fin y al cabo, las minúsculas variaciones de la radiación CMB deben ser resultado de procesos que tuvieron lugar en momentos aún anteriores. Por desgracia, COBE sufría una visión un poco borrosa y fue incapaz de detectar diferencias en la radiación de fondo de microondas a escalas de menos de unos 10 grados, lo que dejaba a los cosmólogos a oscuras acerca del origen de las manchas ligeramente más calientes y más frías que veía. Lo que sí consiguió COBE fue que los cosmólogos se dieran cuenta del tesoro de información codificada en las cenizas y el humo de la bola de fuego primordial, siempre y cuando lograsen leer la letra pequeña de la radiación de fondo. Desde COBE, la débil radiación de fondo de microondas ha sido el lienzo en el que la cosmología moderna ha proyectado sus dudas más profundas.

Y fue así como, a finales del siglo XX, «preciosas» observaciones astronómicas empezaron por fin a decodificar el certificado de nacimiento del universo, haciendo realidad una visión que Lemaître había formulado setenta años antes:[2]

La evolución del mundo se puede comparar con un castillo de fuegos artificiales
[que acaba de terminar.
Unos cuantos destellos rojos, cenizas y humo.

En pie junto a unos rescoldos medio fríos,
vemos cómo los soles languidecen poco a poco
y tratamos de reconstituir el brillo desvanecido de la formación de los mundos.

Siempre comprometido con la conexión entre la teoría cosmológica y la observación, también Stephen albergaba grandes esperanzas de que los cosmólogos consiguieran reconstruir los orígenes del universo mediante un examen minucioso de las cenizas.

Llegada la década de 1990, Stephen le había tomado cariño a su hipótesis de ausencia de límites. La forma en que esta esquivaba las milenarias paradojas asociadas con un principio de todo tenía un encanto irresistible. Para Hawking, además, sonaba a verdadera. Hay muchos indicios de que la consideraba el mayor de sus descubrimientos.[3] Pero por elegante o bella que sea una teoría cosmológica, lo que de verdad la pone a prueba son sus predicciones, algo que Hawking era el primero en destacar. Supongamos que el universo hubiese nacido, en efecto, «de la nada», a partir de una pepita esférica de puro espacio. ¿Qué aspecto tendría, exactamente, el moteado mapa de la CMB? Una pregunta fascinante que ocupaba ahora el primer lugar de la agenda de Stephen. Pero para responder a esto debemos antes volver a la inflación cósmica, la idea de que el universo sufrió una breve explosión de expansión superrápida al principio de su existencia.

La teoría de la inflación cósmica la plantearon por vez primera a principios de la década de 1980 los físicos teóricos Alan Guth, Andrei Linde, Paul Steinhardt y Andreas Albrecht. Se la considera el refinamiento más importante del modelo del big bang caliente desde su concepción. Al principio, se pensó en la inflación como una fase efímera que tuvo lugar muy al principio de la historia del universo, cuando la gravedad habría tenido una gran fuerza repulsiva y habría producido un intenso estallido de expansión extrema. Los pioneros de la inflación pensaban que, en menos de una fracción de segundo, el universo observable se había hinchado en un asombroso factor de 10^{30}. Esto corresponde aproximadamente a la diferencia de escala entre un átomo y la Vía Láctea.

Esta explosión expansiva resultaba atractiva para los teóricos, porque podía explicar de forma limpia el enigma que he comentado en el capítulo 3: ¿por qué es el universo tan homogéneo y uniforme a gran escala? Un breve instante de expansión superrápida significa que incluso las regiones más distantes del actual universo observable habrían estado muy próximas en su origen, al principio de la inflación, dentro de sus horizontes mutuos. Si observamos la figura 19, lo que sucede es que incluso la más breve explosión de inflación superrápida empujaría la singularidad del big bang mucho más abajo, creando así un único entorno interconectado que abarcaría todo nuestro cono de luz pasado. Todo el universo observable habría tenido, pues, un origen causal común, del cual habría emergido casi del mismo modo en todas partes.

Sin embargo, las sobrecogedoras cifras que implica la inflación parecen una locura. Para ponerlas en perspectiva, la inmensa expansión del espacio durante ese breve instante de inflación superaría de lejos el factor total de expansión del universo ¡durante los siguientes 13.800 millones de años! ¿Qué extraña forma de materia podría provocar que el espacio se estirase de una manera tan espectacular? Los pioneros de la inflación propusieron que los campos escalares podrían haber sido los responsables. Estos campos son formas exóticas de materia que pueden comportarse como sustancias invisibles que llenan el espacio de forma similar a como lo hacen los campos eléctricos y magnéticos, pero más simple, pues en cada punto del espacio solo poseen un valor, no una dirección. Uno de los campos escalares más conocidos es el campo de Higgs, el punto culminante del modelo estándar de la física de partículas, que fue descubierto en el CERN* en 2012. Las extensiones teóricas del modelo estándar suelen contener un gran número de campos escalares, algunos de los cuales pueden formar parte de la materia oscura del universo. El responsable de la inflación recibe el apropiado —aunque quizá confuso— nombre de campo inflatón. El campo inflatón es hipotético, y hasta el momento no se ha encontrado, ni en el CERN ni en ningún otro lugar del planeta; según predice la teoría inflacionaria, habría impulsado brevemente la expansión del universo joven a escalas sobrecogedoras.

Pero ¿por qué son los campos escalares fuentes tan potentes de antigravedad repulsiva? Los campos escalares aparecen en el lado

* Centro Europeo para la Investigación Nuclear.

156

derecho de la ecuación de Einstein (ver página 75), junto con las demás formas de materia. Sin embargo, a diferencia de la materia normal, los campos escalares comparten importantes propiedades con la constante cosmológica, el término λ de Einstein. Como la constante cosmológica, los campos escalares se difunden de manera uniforme y llenan el espacio no solo con energía positiva, que genera gravedad atractiva, sino también con presión negativa, que causa la antigravedad. Y resulta que la antigravedad de los campos escalares supera su gravedad, y por eso aceleran la expansión, a diferencia de las demás formas de materia. Es más, la inflación se alimenta del espacio en expansión. Mientras que la materia que nos es familiar pierde energía en un espacio en expansión, la presión negativa que el campo inflatón imprime en el universo hace que, igual que la constante cosmológica, no se diluya, sino que gane energía a causa de la expansión.[4]

Cuando, en 1917, Einstein agregó la constante cosmológica a su teoría, ajustó el valor de forma que su repulsión equilibrase perfectamente la atracción gravitatoria de la materia, de manera que el universo quedase en reposo. Sesenta años más tarde, los pioneros de la inflación fueron mucho más allá: imaginaron que la antigravedad del campo inflatón, durante un breve instante en el universo más temprano, habría superado en mucho todas las fuentes de gravedad atractiva, convirtiendo el big bang en un verdadero estallido: una breve explosión de enorme expansión cósmica.

La figura 27 muestra la teoría inflacionaria en acción. La curva representa la densidad de energía contenida en un (hipotético) campo inflatón para distintos valores del campo. La altura de la curva indica la fuerza de la antigravedad del inflatón. La cosmología inflacionaria imagina que, en las etapas tempranas del universo, había una pequeña región del espacio en la que el campo inflatón, de algún modo, llegó hasta la meseta de su curva de energía. Eso habría provocado que aquel fragmento de espacio se inflacionase, mientras que el campo inflatón dentro de él habría descendido con suavidad hacia el valle de su paisaje de energía. Cuando el inflatón hubiese llegado a su estado de mínima energía, a la inflación se le habría agotado el combustible. El borbotón de crecimiento cósmico habría concluido y el universo habría hecho su transición hacia un ritmo de

Densidad de energía

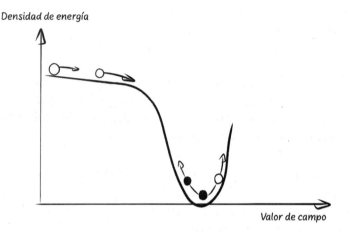

Valor de campo

FIGURA 27. La densidad de energía contenida en el campo inflatón en el eje vertical para distintos valores del campo en el eje horizontal. Durante la inflación del universo, el campo tiende a rodar hacia abajo, hacia un valle en su paisaje de energía.

expansión mucho más modesto. De ahí que, aunque ambos conlleven una gravedad repulsiva, el campo inflatón difiere de la constante cosmológica en un aspecto importante: una constante cosmológica es, obviamente, constante, mientras que el valor de un campo inflatón puede cambiar a lo largo del tiempo. Esta cualidad del inflatón hace posible activar y desactivar ráfagas de expansión rápida, una propiedad clave que explotan los teóricos de la inflación.

Al final de la explosión inflacionaria, la inmensa cantidad de energía almacenada en el campo inflatón habría tenido que ir a alguna parte, y esa parte es calor. Al concluir la inflación, el descenso del inflatón habría llenado el universo de radiación caliente. Parte de esa energía calorífica se habría convertido después en materia, porque la fórmula de Einstein, $E = mc^2$, nos dice que, mientras haya suficiente energía (E) para pagar la masa (m) de una partícula, el camino está abierto para que las partículas de radiación altamente energéticas (los fotones) se transformen en partículas masivas de materia. Al final de la explosión de inflación, la intensa energía liberada podría haber calentado el universo hasta mil billones de billones de grados, más que suficiente para crear las 10^{50} toneladas de materia que contiene el universo observable.

Así pues, la inflación produce un universo increíblemente grande y uniforme en menos de un abrir y cerrar de ojos. Pero ¿qué hay de los vitales destellos en la CMB que el COBE detectó? ¿Produce la inflación un universo que es casi uniforme, pero no del todo?

El caso es que sí. Como todos los campos físicos, el inflatón es un campo cuántico y el principio de incertidumbre de Heisenberg nos dice que también está sujeto a una irreductible imprecisión cuántica. Como pasa con las partículas, esto significa que, cuanto más precisemos el valor de un campo en una ubicación específica, menos podremos concretar su ritmo de cambio en esa ubicación. Pero, si el ritmo de cambio de un campo es un tanto incierto, no podemos saber cuál será su valor exacto un momento más tarde. Es decir, los campos cuánticos asumen una mezcla extraña y fluctuante de distintos ritmos de cambio y valores, de forma muy similar a las muchas trayectorias que constituyen la función de onda de una partícula.

Por lo general, estas fluctuaciones cuánticas son muy pequeñas y están confinadas a escalas microscópicas. Pero una oleada de inflación cósmica es cualquier cosa salvo normal. Para su asombro, los teóricos que estudiaban la inflación pronto se dieron cuenta de que la enorme ráfaga de expansión que concebían amplificaría las fluctuaciones cuánticas microscópicas y las extendería hasta variaciones macroscópicas similares a ondas. Aunque el inflatón empezase con el mínimo nivel de fluctuaciones que permite el principio de incertidumbre, una explosión de expansión inflacionaria las transformaría en temblores macroscópicos, superponiendo sobre la homogeneidad general del universo en expansión un patrón ondulante de variaciones en el campo, como ondas en la superficie de un lago tranquilo.

Lo crucial de todo ello es que, cuando la inflación se termina y el inflatón libera su energía en una explosión de calor, el gas caliente que llena el universo recién nacido hereda esas variaciones. La consecuencia es que cualquier universo que surja de la inflación viene dotado de pequeñas irregularidades en la temperatura de la radiación y en la densidad de la materia. En la expansión cosmológica cada vez más lenta que sucede a continuación, un número cada vez mayor de estas ondas primordiales entrarían en nuestro horizonte cosmológico y se harían visibles, algo así como las olas cuando alcanzan la orilla. Podríamos admirar entonces las fluctuaciones en la temperatura de la radiación, que aparecerían como manchas calientes y frías en la CMB cuando comparásemos su temperatura en distintas direcciones del cielo. Pero las variaciones de densidad en la materia cobrarían importancia porque serían las semillas de las que crecerían las galaxias. Las regiones donde en un principio hubiese menos densidad se expandirían más rápido y quedarían vacías. Aquellas con más materia empezarían a atraer cada vez más material de su entorno, acentuando el contraste de densidades y, de esta forma, esculpiendo la red de galaxias a gran escala que vemos en la actualidad.

En el verano de 1982, Stephen y Gary Gibbons reunieron a los principales teóricos de la inflación en Cambridge para lo que, años más tarde, él recordaba con cariño como un «verdadero» simposio. El taller The Very Early Universe lo financió la Fundación Nuffield, una organización sin ánimo de lucro establecida en la década de 1940 por el magnate de la automoción William Morris, lord Nuffield.* Durante días y días, Stephen y sus colegas debatieron cuáles eran las propiedades características esenciales de las variaciones primordiales generadas por la inflación. Al finalizar las jornadas consiguieron ponerse de acuerdo en que una explosión de inflación estamparía una firma difícil de observar, pero peculiar y claramente reconocible, en las oscilantes fluctuaciones de la CMB.[5] Esto es, los teóricos del simposio Nuffield habían identificado una prueba irrefutable de la inflación que deberíamos poder descubrir si explorásemos con detenimiento el firmamento de microondas. Sus hallazgos se consideran una de las predicciones más espectaculares de la cosmología teórica, y quizá de toda la ciencia. Las reliquias ondulantes de la inflación, congeladas y conservadas en la CMB con una precisión matemática

---

* De hecho, este fue el segundo simposio Nuffield que Stephen organizó en Cambridge. El primero, sobre supergravedad, «celebrado con la intención de ser una forma instructiva de pasar cuatro semanas», como la resumía, bromeando, Stephen, fue igualmente destacable, y la pizarra que ilustró creativamente el acto decoró la oficina de Stephen hasta el final de sus días (ver inserto, lámina 10).

asombrosa, se cuentan sin duda entre los fósiles más antiguos que somos capaces de identificar.

El simposio Nuffield se convirtió en legendario por buenas razones: supuso para la cosmología lo que la Conferencia Solvay de 1911 había supuesto para la física atómica. Sus resultados certificaban la mayoría de edad del estudio del universo más temprano. Las predicciones de la teoría inflacionaria demostraban con claridad que la mecánica cuántica tenía implicaciones de gran alcance, no solo para el mundo microscópico, sino también para nuestras observaciones del universo a las mayores escalas. Del mismo modo que la Conferencia Solvay de 1911 había marcado el momento en que se comprendió que la mecánica cuántica era esencial para el mundo atómico, el simposio Nuffield de 1982 demostró que la mecánica cuántica era esencial para la cosmología. La teoría inflacionaria decía que las manchas frías y calientes de la CMB eran la imprecisión cuántica primordial magnificada y escrita con grandes caracteres en el cielo cósmico. Es más, predecía que una versión avanzada del COBE que fuese capaz de captar una imagen nítida de las manchas de la CMB tendría que poder verificar todo esto. Tal imagen establecería un magnífico arco que vincularía nuestras observaciones cosmológicas actuales con las fluctuaciones cuánticas microscópicas no más de 10^{-32} segundos después del big bang.

Stephen no ocultó su entusiasmo por los resultados de las jornadas y escribió: «La hipótesis inflacionaria tiene la gran ventaja de hacer predicciones acerca de la actual densidad del universo y acerca del espectro de desviaciones en la uniformidad espacial. Debería ser posible comprobar estas predicciones en un futuro relativamente próximo y refutar la hipótesis o reforzarla».[6]

Las manchas y motas en la CMB generadas por la inflación son el equivalente cosmológico de la radiación de Hawking de los agujeros negros, otra fascinante conexión entre estos y el big bang. Ya he mencionado que la radiación de Hawking tiene su origen en las fluctuaciones cuánticas de los campos de materia en la proximidad de los agujeros negros. Estas fluctuaciones hacen surgir pares de partículas que aparecen, persisten durante un corto periodo y vuelven a desaparecer, como una pareja de delfines que surgen de pronto por encima de la superficie del océano antes de volver a sumergirse. Los físicos las llaman partículas virtuales porque, a diferencia de las reales, su vida no es lo bastante prolongada como para que las capte un detector de partículas. Cerca del horizonte de un agujero negro, sin embargo, las partículas virtuales pueden convertirse en reales debido a que un miembro de una pareja virtual podría caer en el agujero negro dejando a la otra partícula libre para escapar hacia el universo distante, donde se muestra como una tenue radiación que emite el agujero negro.[7] La historia del universo inflacionario es como la de un agujero negro vuelto del revés: la expansión inflacionaria rápida amplifica las fluctuaciones cuánticas asociadas con el horizonte cosmológico que nos rodea, lo que hace que el universo parpadee muy ligeramente en la banda de frecuencia de las microondas. La inflación predice que estamos sumergidos en un baño cósmico de radiación de Hawking.

Pese a las adversidades, Stephen vivió para ver cómo se llevaban a cabo observaciones detalladas de la radiación CMB y comprobó con satisfacción que el patrón observado de variaciones coincidía, en efecto, con el ritmo de inflación.

En el verano de 2009 la Agencia Espacial Europea lanzó el satélite Planck, que logró recoger fotones de microondas antiguos durante casi quince meses. Para esta labor, los satélites son preferibles a los telescopios terrestres porque no tienen que escudriñar a través de nuestra atmósfera y pueden explorar todo el cielo. El satélite Planck registró la temperatura y polarización de los fotones CMB que llegaban hasta nosotros desde millones de direcciones distintas del espacio. El ejército de astrónomos del proyecto Planck recopiló después un mapa profusamente detallado del cielo de microondas que transformó la borrosa visión del COBE en una imagen de una nitidez sin precedentes. La lámina 9 (ver inserto) muestra esta imagen y anima a imaginar el firmamento del CMB como la gigantesca y distante esfera que es: el horizonte cósmico que nos rodea, con la Tierra en el centro de la bola. El mapa CMB mostrado antes en la figura 2 es una proyección de esta esfera sobre una lámina plana, del mismo modo que construimos los mapas del mundo.

A primera vista, las manchas y motas de la esfera CMB parecen aleatorias, pero un examen más detallado ha revelado que, codificadas

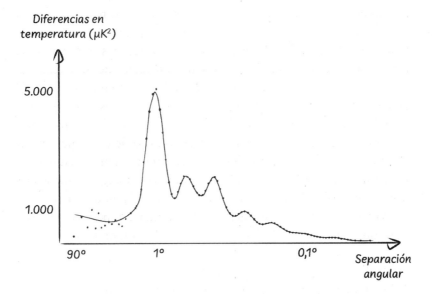

FIGURA 28. El nivel esperado de diferencias de temperatura de la CMB en el eje vertical se muestra contra la separación angular entre dos puntos del cielo en el eje horizontal. Los ángulos mayores están a la izquierda, los menores a la derecha. La línea continua indica la predicción de la teoría inflacionaria. Los puntos son los datos del satélite Planck. Estos datos se alinean de forma casi perfecta con el patrón oscilante predicho por la teoría.

entre estos millones de píxeles, están las variaciones características, y largamente buscadas, de una explosión de inflación primordial.

La figura 28 representa este patrón inflacionario de fluctuaciones; muestra la intensidad esperada de diferencias de temperatura contra la escala angular del cielo sobre la que se miden. Vemos que el nivel de variaciones oscila y decae cerca de los ángulos pequeños, como el tañido de una campana. La concordancia entre los datos observacionales del satélite Planck —los puntos— y las predicciones teóricas —la curva— es asombrosa. Este patrón oscilante de variaciones se ha convertido en una de las imágenes emblemáticas de la cosmología moderna. Se considera la primera prueba sólida de que nuestros orígenes más profundos yacen en fluctuaciones cuánticas amplificadas y extendidas en una breve explosión de inflación primordial. Planck (el satélite) estuvo en realidad a la altura de su genio homónimo.

Es más, las oscilaciones en el nivel de las variaciones de la CMB también nos dicen algo acerca de la composición actual del universo, incluso respecto a su futuro, debido a que los detalles más sutiles del espectro de fluctuaciones no dependen tan solo de su origen inflacionario, sino también de la geometría del universo a lo largo de su evolución. Utilizando la teoría de Einstein para relacionar la forma geométrica del espaciotiempo con su contenido, los datos precisos de Planck han permitido a los físicos obtener gran cantidad de información sobre la composición del universo.

Tomemos la ubicación del primer pico de la figura 28, que tiene lugar a un ángulo de separación en el cielo de alrededor de 1 grado (en comparación, la luna llena subtiende alrededor de medio grado). La ubicación de este pico muestra que la forma espacial del universo observable es apenas curva. Así, si las tres dimensiones del espacio forman una hiperesfera, debe de ser extraordinariamente grande, ya que parece plana incluso a la escala de nuestro horizonte cosmológico, del mismo modo que la Tierra nos parece plana a nuestro alrededor.

La altura del segundo pico demuestra que la materia visible ordinaria, como los protones y los neutrones, es responsable de solo alrededor del 5 % del contenido total del universo actual. El tercer pico sale al rescate y muestra que el universo contiene también alrededor del 25 % de materia oscura, misteriosos tipos de partículas que apenas interactúan con la materia ordinaria o la luz, si es que lo hacen.[8] Aun así, la materia oscura ha desempeñado un papel crucial en la historia del universo al proporcionar el tirón gravitatorio adicional necesario para que las diminutas semillas del gas primordial crecieran y se convirtieran en una red de galaxias. Se puede pensar en la materia oscura como en la columna vertebral cósmica que ha guiado la organización de la materia visible hacia las estructuras a gran escala que hacen que nuestro universo sea habitable.

Así, a partir de las alturas y posiciones de los primeros tres picos de la curva oscilante del satélite Planck, llegamos a la conclusión, algo inquietante, de que alrededor del 70 % del contenido del universo actual no es siquiera materia (ver figura 29). Por el contrario, la parte del león del pastel cósmico es energía oscura invisible, antigravitante,

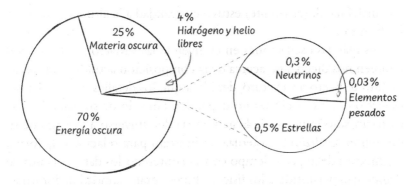

FIGURA 29. Gráfico de tarta en el que se muestra el reparto de materia y energía del universo actual. El grueso de este consiste en energía oscura que ha estado impulsando la aceleración de la expansión del universo en los últimos miles de millones de años. El resto está sobre todo en forma de materia oscura no atómica, compuesta de partículas desconocidas. Solo una pequeña fracción, alrededor del 5 %, corresponde a la materia y la radiación ordinarias con las que estamos familiarizados.

responsable del repunte en la expansión del universo en épocas recientes. Esta lectura de la CMB corrobora el espectacular descubrimiento por parte de dos equipos de astrónomos que, en 1998, a partir de observaciones de la luz emitida por la explosión de estrellas distantes, hallaron que la expansión del espacio se había estado acelerando en los últimos pocos miles de millones de años.[9]

Ahora bien, si la energía oscura no fuese, en realidad, nada más que el término λ de Einstein —una energía asociada con el espacio vacío—, tendría un efecto espectacular en el futuro lejano del universo. En el momento en que una constante cosmológica toma el control, ya no lo suelta nunca, porque, a diferencia del campo inflatón, una constante no se puede apagar. Así que, si de verdad hay una constante cosmológica que sea constante, la aceleración del espacio podría continuar para siempre. En este universo futuro, la formación de nuevas estrellas y galaxias se detendría, las galaxias existentes o bien colisionarían, o bien desaparecerían gradualmente más allá de sus horizontes mutuos, y poco a poco el cielo nocturno se oscurecería[10] privando de un gran placer a los futuros astrónomos.

En nuestros días, una amplia gama de observaciones astronómicas ha concordado con el modelo cosmológico resumido en las figuras 28 y 29, del que se ha efectuado un gran número de verificaciones y contraverificaciones. Los físicos están ahora bastante seguros de conocer la composición del universo observable y la historia de su expansión con un alto nivel de exactitud. La imagen concordante que ha surgido como consecuencia de la década dorada de la cosmología es muy similar a la que Lemaître esbozó hace casi noventa años, con una breve explosión inflacionaria seguida de una prolongada cuasipausa en la expansión y, al final, una transición a una fase mucho más moderada de aceleración (ver inserto, lámina 3). Según James Peebles, que recibió el Premio Nobel de Física de 2019 por su papel crucial en la elaboración de un modelo coherente que tiene en cuenta nuestra historia cosmológica, «hasta ahora, no hay nubes en el horizonte».[11]

Sin embargo, una de las principales predicciones de la inflación sigue siendo escurridiza: se trata de las ondas gravitatorias primordiales. Dado que una explosión inflacionaria de la expansión amplifica todas las perturbaciones cuánticas, incluidas las del propio espacio, genera también cierto nivel de ondas gravitatorias. Estas ondulaciones del espacio se denominan ondas gravitatorias primordiales para distinguirlas de las ondas gravitatorias producidas mucho más tarde por las colisiones de agujeros negros, estrellas de neutrones o galaxias.

Las ondas gravitatorias primordiales, las originadas en la inflación, se habrían expandido en sincronía con el universo desde su nacimiento y, a estas alturas, sus longitudes de onda serían tan increíblemente largas que no cabrían en el emblemático diagrama en forma de L de los observatorios de la superficie de la Tierra. Pero la mera existencia de ondulaciones gravitatorias de la inflación que recorren el espacio afectaría a la polarización de los fotones de la radiación de fondo de microondas, ya que estos habrían estado recorriendo una geometría algo ondulada durante 13.800 millones de años, antes de llegar a los discos de nuestros telescopios. Y, a pesar de que el nivel esperado de ondas gravitatorias primordiales es relativamente bajo, incluso para los estándares de las ondas gravitatorias, los teóricos de la inflación creen que su efecto polarizador de la radiación CMB debería poder detectarse.

Por desgracia, el satélite Planck no estaba equipado con polarí-metros de gran calidad. Un experimento posterior, que se diseñó para medir la polarización de la CMB y que operaba desde la estación polar Amundsen-Scott, en la Antártida, halló el tipo de polarización esperado de la inflación. Sin embargo, un escrutinio más detallado de sus datos reveló que esta polarización podía deberse a las interferencias del polvo galáctico. Pero los cosmólogos no se dan por vencidos. Se prevén nuevas misiones de satélites para buscar la impronta de las ondas gravitatorias primordiales en el cielo de la radiación de fondo de microondas. Aunque quizá las ondas gravitatorias de la inflación no contengan gran cantidad de información, su observación, incluso de forma indirecta, sería un descubrimiento sensacional. No solo consolidaría la teoría de la inflación, sino que sería la primera evidencia tangible de que el campo del espaciotiempo tiene en realidad raíces cuánticas, como todos los campos de materia conocidos.

Stephen también tenía puestas sus esperanzas en la detección de las ondas gravitatorias de la inflación. En el momento de su muerte, estaba trabajando en un artículo en el que esperaba pulir las predicciones de la teoría inflacionaria para el nivel exacto de las ondas gravitatorias primordiales. Había mucho en juego en este proyecto, porque el alargamiento inflacionario de las fluctuaciones cuánticas hasta la escala macroscópica es el equivalente cosmológico de la radiación de Hawking de los agujeros negros. La mayoría de los físicos convendrían en que, si se encontrase la huella de las ondas gravitatorias primordiales, ello constituiría una prueba convincente —aun siendo indirecta— de la radiación de Hawking.

La teoría de la inflación ofrece una descripción muy satisfactoria de un instante breve, pero crucial, de la génesis del universo. Aunque la naturaleza exacta del inflatón sigue siendo enigmática y las ondulaciones gravitatorias primordiales elusivas, las observaciones detalladas de su resonante patrón característico de variaciones de temperatura han conseguido que la mayor parte de los cosmólogos estén convencidos de la inflación. La inflación da toda la impresión de ser correcta. Pero esto también significa que la cuestión de cómo podría haberse iniciado se convierte en algo de importancia capital. Y es que, cuando tratamos de explicar un universo muy joven, debemos tener cuidado de no cambiar un enigma por otro. Por muy atractiva que sea la inflación desde el punto de vista teórico, si una explosión significativa no fuese posible nos quedaríamos con las manos vacías, y la inflación pasaría a considerarse irrelevante como modelo físico del universo joven. Así funciona la ciencia.

Entonces ¿qué se necesita para iniciar la inflación? ¿Cómo pudo, en un principio, llegar el campo inflatón a la cumbre de su pico de energía? Aquí es donde entra en juego la propuesta de ausencia de límites. Un aspecto notable de esta es que predice que el universo se originó en una explosión de inflación. En el campo matemático, la causa es que, en el proceso de creación sin límites, la forma redondeada del fondo del espaciotiempo requiere el mismo tipo de materia escalar exótica, ejerciendo presión negativa, que la inflación. En el contexto de la cosmología clásica de tiempo real, la materia con presión negativa puede causar una expansión rápida y desbocada: la inflación. En el contexto de la cosmología cuántica de tiempo imaginario, la misma presión negativa permite cerrar el fondo del espaciotiempo con suavidad, como una esfera. Así, la creación sin límites y la expansión inflacionaria son procesos gemelos que van de la mano. Se refuerzan el uno al otro, y el primero es la conclusión cuántica del segundo (ver figura 30). En lo que respecta a la física, esto significa que, si el universo se creó de la nada —de acuerdo con las reglas de la teoría de ausencia de límites—, entonces la probabilidad de que siguiese la mayor parte de las posibles historias de expansión sería absolutamente despreciable. Pero habría una familia de trayectorias en particular que sería mucho más probable que otras. Se trata de las trayectorias de expansión en las que el universo surge con una breve explosión de expansión inflacionaria y, a continuación, se ralentiza.

Mencioné en el capítulo 1 que, en cualquier nivel de evolución, el determinismo concreta solo las tendencias estructurales más generales. Solo las propiedades más toscas pueden predecirse. De acuerdo con la hipótesis de ausencia de límites, alguna forma de inflación sería una de esas propiedades estructurales de la evolución cosmológica.

El descubrimiento de esta fascinante resonancia entre la hipótesis de ausencia de límites y la inflación fue una experiencia apasionante para más de una generación de estudiantes de Hawking. Las implica-

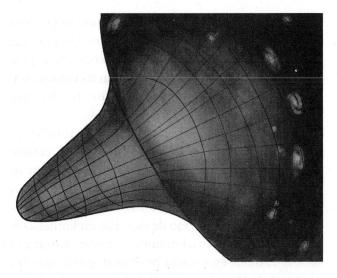

FIGURA 30. La hipótesis de ausencia de límites para el origen del universo de Jim y Stephen predice que el universo nació a partir de una explosión inflacionaria de expansión superrápida.

ciones son trascendentales. Sus pioneros imaginaban la inflación cósmica como una fase intermedia y transitoria en un universo preexistente. Sin embargo, su compleción cuántica sugiere que la inflación es el principio. En la propuesta de ausencia de límites, la inflación se convierte en parte integral del proceso cuántico que da origen a un tejido clásico de espaciotiempo. Lleva la inflación a un nivel superior al vincularla a la propia existencia del espaciotiempo. El origen de la inflación no sería una misteriosa casualidad ni el resultado de que el «dedo de Dios» hubiese colocado el inflatón en lo alto de la pendiente, sino un imperativo cósmico para que el universo pueda existir.

Pero hay un problema: la propuesta de ausencia de límites predice la mínima explosión inflacionaria posible. La fuerza del brote inicial de expansión la determina el valor inicial del campo inflatón. Los universos en los que el inflatón empieza en un lugar alto de la pendiente energética de la figura 27 experimentan una enorme explosión de inflación. Acaban siendo más grandes y conteniendo materia suficiente para formar miles de millones de galaxias. Se parecen mucho al universo que observamos. En cambio, los universos en los que el inflatón empieza cerca del borde inferior de su gráfica energética emergen con una inflación insignificante. Tales universos acaban estando casi vacíos, desprovistos de galaxias, y pueden incluso volver a colapsar en un *big crunch*. No se parecen en absoluto a nuestro universo. Por desgracia, la teoría de ausencia de límites, tomada al pie de la letra, selecciona en concreto estos últimos universos. La teoría parece decir que deberíamos hallarnos en un universo en el que no podemos existir. No es de extrañar, pues, que a la mayoría de los físicos les haya costado comprometerse seriamente con la creación sin límites. Y este ha sido el elefante en la sala desde que Jim y Stephen propusieron su modelo de cosmogénesis.

Vamos a examinar mejor este elefante. El misterio de cómo se inició la inflación está muy ligado al de la flecha del tiempo, otra propiedad obvia del mundo. La experiencia cotidiana nos deja claro que hay una dirección definida en la que las cosas suceden. Los huevos se rompen, pero no se recomponen. Las personas envejecen, no rejuvenecen. Las estrellas colapsan en agujeros negros, y no vuelven a salir de ellos. Y, sobre todo, recordamos el pasado, pero no el futuro. Esta direccionalidad, esta flecha del tiempo, es uno de los principios organizativos más potentes y universales que se hallan tras el funcionamiento del mundo físico. Simplemente, nunca vemos huevos que se recompongan ni agujeros negros que expulsen estrellas. Pero ¿cómo llegó el tiempo a adquirir una flecha tan sólida?

En la antigüedad, las personas tenían una visión teleológica de la flecha del tiempo. La obvia direccionalidad en mucho de lo que sucede coincidía a la perfección con la idea de Aristóteles de que el funcionamiento de la naturaleza estaba dirigido por una «causa final».

En la actualidad, en cambio, entendemos que la flecha del tiempo surge, en realidad, de la tendencia al aumento del desorden. Pensemos en nuestra oficina o en nuestro dormitorio, que tienden a desordenarse a menos que nos esforcemos de verdad en mantener el orden. Esto se debe a que hay muchas más formas de que una oficina esté desordenada que formas de que esté ordenada. O consideremos las piezas de un rompecabezas. Si agitásemos la caja que las contiene, nos llevaríamos una buena sorpresa cuando, al abrirla, encontrásemos las piezas perfectamente organizadas reproduciendo la imagen de la tapa. Esto sucede, de nuevo, porque hay muchísimas más configuraciones que corresponden a un rompecabezas desordenado que a uno ordenado. Esos ejemplos ilustran una propiedad universal de los sistemas físicos: hay muchas más formas de ser desordenado que de ser ordenado, y esta es la razón de que los sistemas físicos constituidos por muchos componentes tiendan a evolucionar hacia un desorden mayor.

Los científicos miden la cantidad de desorden de un sistema físico por su «entropía», un concepto que se remonta al físico austriaco del siglo XIX Ludwig Boltzmann. Una entropía alta significa que un sistema se encuentra en un estado muy desordenado, mientras que una entropía baja corresponde a un sistema altamente ordenado. La tendencia de los sistemas físicos complejos a evolucionar hacia estados de mayor entropía implica una flecha cuasiuniversal que se denomina segunda ley de la termodinámica. Esta flecha de entropía es el origen subyacente a la flecha del tiempo que experimentamos.

Pero hete aquí el misterio. Es obvio que, si la entropía empieza siendo baja, solo puede crecer. Pero ¿por qué la entropía era más baja ayer que hoy? ¿Cómo es que tenemos huevos no rotos, de baja entropía, disponibles para hacer una tortilla? Los huevos vienen de las gallinas, que son sistemas de baja entropía de unas granjas que a su vez forman parte de una biosfera de baja entropía. Para mantenerse, la biosfera de la Tierra se alimenta de la energía del Sol. Pero ¿de dónde vino el Sol, también de baja entropía? Surgió de una nube de gas de muy baja entropía que colapsó hace casi cinco mil millones de años, que a su vez era el residuo de generaciones anteriores de estrellas. Y entonces ¿qué hay de la nube de gas de entropía extremadamente baja responsable de la primera generación de estrellas? Esa nube se puede rastrear, en última instancia, hasta las minúsculas variaciones en la densidad del gas caliente que llenaba el universo primigenio, cuyas semillas podrían haberse plantado durante la inflación.

Al final de la inflación, la entropía del universo tenía que ser extraordinariamente baja.

Esta historia de qué fue primero, la gallina o el huevo, nos informa, en realidad, de algo profundo. Lo que nos dice es que la fuente última del orden, la razón por la que en la actualidad tenemos huevos no rotos de baja entropía, tiene que ver con nuestros orígenes en el big bang. Hace casi catorce mil millones de años, el universo empezó en un estado increíblemente ordenado y desde entonces hemos estado inmersos en su evolución natural hacia un desorden mayor. La flecha del tiempo que distingue el pasado del futuro, que, como se puede deducir, es el elemento más básico de nuestra experiencia, tiene su origen en el estado extremadamente ordenado, de baja entropía, del universo primordial. Esta es, quizá, la más enigmática de todas las propiedades biofílicas. ¿Cómo nació el universo en tan prístino estado de baja entropía? ¿Es que de algún modo la explosión de inflación redujo la entropía en los primeros tiempos del universo, quebrantando la segunda ley de la termodinámica? En absoluto. La entropía se incrementó durante la inflación (aunque más despacio de lo que podría haber sido) y siguió haciéndolo a medida que el cosmos evolucionaba.

El más contundente defensor de este argumento crítico ha sido Penrose, que por esta razón califica la inflación de «fantasía». Con el fin de que la inflación se iniciase, el campo inflatón debió de haber tenido un estado de entropía extraordinariamente baja y hallarse en una posición alta de su curva de energía, lo que Penrose considera una condición inicial irracionalmente bien ajustada. Pero la incorporación de la teoría inflacionaria en la cosmología cuántica tiene el potencial de solucionar las dudas de Penrose. Como teoría que unifica la dinámica con las condiciones iniciales, la hipótesis de ausencia de límites incorpora una cierta asimetría temporal, con un nacimiento inflacionario homogéneo en un extremo de la historia cosmológica y un estado abierto, desordenado, en el otro extremo. La flecha del tiempo que implica la propuesta de ausencia de límites, sin embargo, no parece lo bastante fuerte como para insuflar vida en el universo. La teoría sitúa el inflatón solo un poco cuesta arriba, en un estado de entropía intermedia. El esquema de Jim y Stephen parecía crear el universo no con una explosión, sino con un susurro. La hipótesis de ausencia de límites puede ser elegante, profunda y bella, pero no funciona. La segunda ley de la termodinámica sale vencedora.

Solo quedaba un destello de esperanza, una esperanza hundida en las raíces cuánticas de la hipótesis de ausencia de límites. Resulta que, como teoría de la función de onda del universo, esta hipótesis no selecciona de manera única la cantidad mínima absoluta de inflación, sino que describe un origen del universo algo difuso. Igual que la función de onda de un electrón individual abarca una amalgama de trayectorias electrónicas, cada una de ellas con una cierta amplitud, la función de onda sin límites se difunde ligeramente sobre un conjunto de universos inflacionarios, cada uno de ellos con un valor inicial del inflatón distinto. Esto es, un universo cuántico no es un único espacio en expansión, sino diferentes historias de expansión posibles que se hallan en superposición, de una forma muy parecida a lo que explica Doc Brown a Marty en la pizarra de *Regreso al futuro*.

Para hacerse una idea de este abstracto cosmos cuántico, consideremos de nuevo el universo circular en expansión. En la figura 30 se representaba la creación sin límites de un universo unidimensional en forma de círculo. Pero esta no era más que una historia de expansión específica, que solo representaba una brizna de la onda sin límites. El círculo de la figura 30 navega sobre la cresta de una onda particular de una realidad cuántica mucho mayor. Para hacerse una idea de la onda sin límites en su totalidad, habría que imaginarse un conjunto de círculos, cada uno de ellos expandiéndose de una forma propia y característica. Trato de evocar este demencial cosmos cuántico en la figura 31. La colección de historias de expansión que se muestra aquí coexiste, de algún modo, en la onda sin límites, una espectacular manifestación de la naturaleza difusa del espaciotiempo en un mundo cuántico.

Esta coexistencia de universos es, a un tiempo, fascinante y desconcertante. En la teoría de la relatividad clásica, un espaciotiempo no tiene nada que ver con otro. Por ejemplo, todas las curvas del representativo diagrama de Lemaître de la lámina 1 del inserto describe un universo independiente, y en la teoría de Einstein no hay nada que dé más peso a uno que a otro. No es así en la cosmología cuántica, donde la función de onda de Stephen opera en el extenso ámbito de todas las historias cósmicas posibles. Del mismo modo que la mecánica cuántica de un electrón une las diferentes trayectorias posibles en una sola entidad —la función de onda del electrón—, la función de onda sin límites une los distintos universos en expansión posibles bajo un único paraguas. Justo ahí es donde reside su capacidad para generar nuevas ideas teóricas sobre la cuestión de «¿qué curva debería ser la nuestra?», que es esencial en el enigma del diseño.

Resulta curioso que esta vinculación signifique también que la función de onda como un todo no varía con el tiempo. En efecto, en la figura 31 no he indicado una noción global de tiempo, un reloj universal con relación al cual evoluciona toda la colección de universos en expansión. En cosmología cuántica, el tiempo pierde su sentido como principio organizativo.[12] En su lugar, una noción razonable del tiempo surge solo como cualidad intrínseca dentro de cada espacio en expansión individual. La razón es que una medida del tiempo implica siempre un cambio en una propiedad física con relación a otra. Por ejemplo, dentro de nuestro propio universo podríamos utilizar como reloj el enfriamiento monotónico con la expansión de la radiación de fondo de microondas (aunque no sería una unidad de tiempo práctica para planificar reuniones). Pero la evolución de la temperatura de la CMB en un espaciotiempo es, obviamente, inútil como reloj en un espaciotiempo distinto.

Por desgracia, la difusión intrínseca de la onda sin límites no es en absoluto lo bastante amplia para cubrir ninguno de los universos habitables con una fuerte explosión de inflación. Vista como onda de probabilidad sobre la intensidad de la explosión inflacionaria, la onda sin límites tiene un pico muy puntiagudo en el universo de mínima inflación y solo una cola exponencialmente pequeña que se extiende hacia universos con una explosión de inflación más significativa. Así pues, aunque en la propuesta de ausencia de límites manifiesta una profunda relación con la inflación, pues depende del mismo tipo de presión negativa para crear el espaciotiempo, también implica que es muchísimo más probable la cantidad más pequeña de inflación, apenas suficiente para que el universo exista, que las historias de expansión más interesantes, con mayor inflación.

Esta situación es desconcertante. ¿Deberíamos esperar vivir en el universo más probable? O, lo que es aún más importante, ¿deberíamos descartar una teoría de la función de onda universal porque el universo que observamos se halla en el extremo de la cola de la onda de probabilidad? Recordemos que es necesario que haya materia en forma de átomos para que existan observadores que se pregunten en qué universo se encuentran. Si el universo más probable de una teoría cosmológica está vacío y desprovisto de vida, no debería sorprendernos que no se trate del universo en el que nos encontramos. Es más,

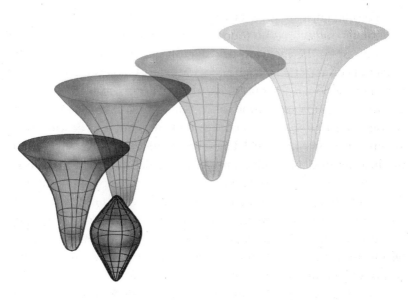

FIGURA 31. La función de onda de una partícula en mecánica cuántica implica una amalgama de todas las posibles trayectorias de la partícula (ver figura 21). Del mismo modo, la función de onda del universo en cosmología cuántica describe el conjunto de todas las posibles historias de expansión. La forma de la función de onda sin límites de Hawking parece estar dominada por universos que sufren una explosión menor de inflación y colapsan rápido de nuevo. Los universos con una explosión intensa de inflación que forman galaxias y se convierten en habitables no están por completo descartados por la teoría, pero se hallan en el extremo de la cola de la función de onda. Apenas son visibles en la teoría.

aunque ciertas propiedades del universo —como, por ejemplo, las galaxias— son indispensables para que haya vida, no deberíamos rechazar sin más una función de onda universal que predice que el universo más probable no tiene galaxias. Lo que importa no es qué es lo más probable en la teoría, sino qué es lo más probable que sea observado. Las historias cosmológicas que no producen observadores no cuentan cuando comparamos nuestras teorías con nuestras observaciones.

Razonando en este sentido, en 1997 Stephen y Neil Turok trataron de rescatar la teoría de ausencia de límites ampliándola con la condición antrópica de que «nosotros» debemos existir en el universo.[13] Sin embargo, hallaron que ese requisito apenas suponía diferencia alguna; la teoría complementada con el principio antrópico acababa por predecir un universo con una sola galaxia —la nuestra— y nada que se pareciese en absoluto a un universo repleto de galaxias como el que observamos. Este decepcionante resultado pareció causar, en aquel momento, una fuerte impresión en Turok, que abandonó la propuesta y pasó a idear nuevas formas de evitar por completo un principio. Stephen, sin embargo, se mantuvo firme en la propuesta de ausencia de límites; visto en retrospectiva, no había hecho más que empezar.

Entretanto, había surgido una visión rival del origen de la inflación a partir del trabajo de Andrei Linde y Alexander Vilenkin, un cosmólogo norteamericano nacido en Ucrania, profundo pensador y de pocas palabras, que trabajaba en la Universidad Tufts. Su propuesta era tan radical y sus implicaciones tan alucinantes que desde entonces no ha cesado de fascinar a la comunidad de la cosmología: el multiverso.

Linde y Vilenkin le dieron la vuelta al problema del inicio de la inflación al afirmar que esta ha sido siempre el estado predeterminado del universo y que es, de hecho, difícil detenerla. La expansión inflacionaria, sugerían, es eterna por naturaleza.[14] Su razonamiento implicaba el mismo tipo de fluctuaciones cuánticas que crecen hasta convertirse en semillas de galaxias durante la inflación, pero concebidas ahora a escalas mucho mayores, mucho más que nuestro horizonte cosmológico. Si la inflación creaba olas de tan extraordinaria longitud de onda, entonces la intensidad del campo inflatón fluctuaría a lo largo de estas vastas distancias. En algunas regiones, las fluctuaciones ayudarían al inflatón a rodar hacia abajo y llevar la inflación a una conclusión, dando origen a un big bang caliente seguido de una lenta expansión. Sin embargo, en regiones muy lejanas donde el inflatón experimentase saltos irregulares que lo fortaleciesen, la inflación, de hecho, se recuperaría. Linde y Vilenkin argüían que, aunque puede que esas regiones sean infrecuentes, su ritmo más alto de inflación significa que generan tanto volumen que siempre habrá algunas regiones en las que los saltos fortalecedores ganen y el inflatón se mantenga en lo más alto de su meseta energética. Desde una perspectiva global, pues, la inflación sería como una pandemia virulenta, un proceso autosostenido en el que las regiones con inflación generan nuevas regiones con inflación que, a su vez, producen big bangs locales o aún más inflación, y así *ad infinitum*.

Como es obvio, la idea de que la inflación sea eterna genera una visión diferente por completo de nuestro pasado distante. El origen de la inflación sería que no hay origen. En lugar de un breve estallido de expansión primordial vinculada a la forma en que el propio espaciotiempo llega a existir, la inflación sería un mecanismo perpetuo e inagotable de generación de universos. «El universo en su conjunto es un sistema que se autorreproduce —escribió Linde—, que existe sin final, y posiblemente sin principio».[15] Todo el universo observable no sería más que un universo isla en un espacio mucho mayor. Globalmente, el cosmos sería una complicada superestructura: un multiverso. Dentro de una única región isla, las fluctuaciones cuánticas amplificadas a escalas cósmicas sembrarían las semillas de las que crecerían las galaxias. Si de algún modo pudiésemos mirar el cosmos desde el exterior, veríamos un elaborado tapiz cósmico de islas que se expanden despacio, fragmentos en los que el final de la inflación ha estimulado un ciclo de evolución, integrados en un gigantesco, posiblemente infinito, espacio en inflación. Algunas islas contendrían una red de galaxias que se extendería tan lejos como pueda ver el ojo del telescopio James Webb. Otras, en las que la inflación habría terminado de manera abrupta, apenas tendrían materia disponible para formar estructuras galácticas. Sería del todo imposible viajar de un universo isla a otro, incluso en principio, porque la rápida expansión del océano en inflación imposibilitaría físicamente, incluso para la luz, cruzar el golfo cada vez mayor que separa las diferentes islas. A efectos prácticos, pues, cada isla se comportaría como un universo independiente.

Esta imagen de la realidad física es de verdad desconcertante. Nos trae a la memoria el universo infinito de Thomas Wright, un relojero, arquitecto y astrónomo autodidacta del siglo XVIII de Durham, en el norte de Inglaterra, que se avanzó a su tiempo al imaginar la galaxia de la Vía Láctea como una entre un número infinito de galaxias, cada una de ellas con un gran número de estrellas. Sus dibujos de un espacio en apariencia infinito lleno de galaxias esféricas, como burbujas, guarda una impresionante similitud con algunas de las visualizaciones de un multiverso inflacionario (ver inserto, lámina 7). El universo interminable de Wright fascinó a Immanuel Kant, que hablaba de las galaxias como «universos isla». Las especulaciones de Wright y de Kant representaron un importante paso en la aceptación de la idea de un universo mayor, pero no tuvieron buena acogida hasta 1925, cuando Hubble descubrió que las nebulosas espirales que vemos en el cielo son, en efecto, galaxias independientes. Sin embargo, el agrandamiento que debemos a Hubble palidece en comparación con el que implica el multiverso infinito contemplado por estos teóricos de la inflación.

Y la complicada cosmografía fractal del multiverso nos aterra. En un multiverso en eterna inflación, acabaríamos encontrando un universo isla que contiene una galaxia que parece una copia exacta de la Vía Láctea, con un sistema solar igual que el nuestro y una casa idéntica en una calle idéntica donde nuestro doble idéntico está leyendo estas palabras. Es más, no habría solo una de estas copias, sino infinidad de ellas. El otro día traté de explicarle esta idea a Salomé, nuestra hija más joven. Se opuso con rotundidad a ella.

Durante una agradable cena en Cambridge para celebrar el sexagésimo cumpleaños de Hawking —a quien celebrar fiestas se le daba muy bien—, Andrei Linde recordó su primer encuentro con Stephen como solo un físico ruso podría. Había ocurrido en 1981, en Moscú, donde Stephen tenía programada una conferencia sobre inflación para un público de distinguidos físicos rusos en el Instituto Astronómico Sternberg. Por aquel entonces Stephen todavía podía hablar, pero, como su voz era difícil de entender, en las conferencias recurría con frecuencia a un estudiante, que repetía sus palabras. Para su charla en el Instituto Sternberg, se estableció un proceso en dos pasos que requería que Linde, un joven estudiante que hablaba inglés y ruso con fluidez, interpretase al ruso lo que el estudiante de Stephen indicaba que este había dicho. Como había codescubierto la inflación, Linde conocía bien la materia y, siendo ruso, no podía evitar explayarse en las palabras de Stephen. Durante un rato, todo fue bien: Stephen decía algo, el estudiante de Stephen repetía y Linde precisaba. Entonces Stephen empezó a criticar el modelo de inflación de Linde. Durante el resto de la charla de Stephen, Linde se halló en la incómoda posición de tener que explicar a la élite de la física rusa por qué el principal cosmólogo del mundo pensaba que su teoría de la inflación era simplemente errónea. Fue el principio de una amistad que duró toda la vida, recordaba Linde. Pero también el nacimiento de la mayor controversia en el campo de la cosmología teórica a partir de aquel momento.

Linde contra Hawking sobre el origen de la inflación fue, en cierto modo, una repetición de la situación de Hoyle contra Lemaître, esta vez en cosmología semiclásica, la amalgama de física clásica y cuántica que tanto Linde como Hawking empleaban. En la década de 1950, Hoyle había tratado de aferrarse a la idea del universo estacionario recurriendo a la creación continua de materia para llenar los vacíos que dejaban las galaxias que se alejaban entre sí. Lemaître, en cambio, había adoptado por completo la idea de un universo en evolución espectacularmente diferente en el pasado remoto. Vamos de Hoyle a Linde, de la cosmología clásica a la semiclásica, sustituyendo galaxias por universos. Porque, en una tónica similar, la creación continua de universos isla en el multiverso, generados por la inflación eterna, da lugar a una especie de estado estacionario, globalmente, a una escala mucho mayor que la del multiverso. El enigma de la causa última de la inflación —y, por supuesto, de si alguna vez hubo un principio— parece evaporarse en un multiverso en eterna inflación.[16] En cambio, no hay rastro de estado estacionario alguno en la cosmología sin límites de Hawking. Muy al contrario, Hawking toma la idea de la evolución cósmica de Lemaître hasta el extremo, doblando el tiempo en espacio en el mismo «inicio» de la inflación. Mientras que la cosmología del multiverso presupone el telón de fondo estable de un espacio en eterna inflación en el que todo sucede, la propuesta de ausencia de límites sostiene que la mecánica cuántica se hace tan fundamentalmente importante en el universo muy temprano que barre incluso ese telón de fondo, el tejido mismo del espaciotiempo.

Stephen tenía la sensación de que la idea de un multiverso en eterna inflación era una extensión excesiva de la realidad física que no estaba justificada ni era relevante para nada que podamos esperar observar nunca. Andrei se movilizó contra la hipótesis de ausencia de límites sobre la base de que predecía que no había ningún observador en absoluto. Un origen sin límites seleccionaba la brizna más débil posible de inflación, dando origen a un cosmos vacío y sin vida. La inflación eterna de Linde equivalía a la explosión de inflación más fuerte que pueda imaginarse, generando no uno, sino una infinidad de universos y observadores. Mientras que la propuesta de ausencia de límites decía que no deberíamos existir, la inflación eterna nos lastraba con una crisis de identidad. Y así fue como la cosmología emergió de su década dorada con un grave desafío a sus teorías y sus principales teóricos en profundo desacuerdo.

Pero el multiverso cautivó la imaginación de los científicos y del público en general. Es más, se hizo tremendamente influyente cuando, a finales del siglo XX, los teóricos de cuerdas se interesaron por la idea. Los sortilegios matemáticos de estos teóricos impregnaron el burbujeante multiverso de Linde con una nueva capa de variación, llenándolo no solo de universos isla vacíos e islas llenas de galaxias, sino de islas que diferían entre sí en todos los demás aspectos concebibles. Esto nos lleva a la siguiente etapa de nuestro viaje: ¿ofrece en realidad el multiverso una perspectiva alternativa sobre el ajuste cósmico fino? ¿Puede resolver el enigma del diseño?

FIGURA 32. Stephen Hawking y Andrei Linde (de pie junto a Hawking) en Moscú en 1987, con Andrei Sajarov (sentado) y Vahe Gurzadyan.

Capítulo 5

Perdidos en el multiverso

*Er hat den archimedischen Punkt gefunden, hat ihn aber
gegen sich ausgenutzt, offenbar hat er ihn nur unter die-
ser Bedingung finden dürfen.*

El hombre encontró el punto arquimediano, pero
lo usó contra sí mismo. Parece que solo se le permitió encontrarlo con esta condición.

FRANZ KAFKA, *Paralipómenos*

«Espero que fabriquéis agujeros negros», dijo Stephen con una amplia sonrisa. Salimos del montacargas que nos había llevado bajo
tierra hasta la caverna de cinco pisos de altura que contiene el experimento Atlas,* en el laboratorio del CERN, el legendario Centro
Europeo para la Investigación Nuclear, cerca de Ginebra. El director
general del CERN, Rolf Heuer, meneó los pies inquieto. Era el año
2009 y alguien había presentado una demanda en Estados Unidos,
preocupado porque el recién construido Gran Colisionador de Hadrones (LHC, por sus siglas en inglés) del CERN produjera agujeros
negros o alguna otra forma de materia exótica que pudiera destruir
la Tierra.

---

* «Atlas» significa 'A Toroidal LHC Apparatus', es decir, 'un aparato toroidal
del LHC'.

El LHC es un acelerador de partículas anular construido, sobre todo, para crear bosones de Higgs, el eslabón perdido —en aquel momento— del modelo estándar de la física de partículas. Alojado en un túnel bajo la frontera francosuiza, su circunferencia total es de veintisiete kilómetros, y acelera protones y antiprotones[1] que giran en haces, en direcciones contrarias, dentro de tubos de vacío circulares, al 99,9999991 % de la velocidad de la luz. En tres ubicaciones del anillo, los haces de partículas aceleradas pueden orientarse para dar lugar a colisiones altamente energéticas, recreando condiciones comparables a las reinantes en el universo una diminuta fracción de segundo después del big bang caliente, cuando la temperatura era de más de mil billones de grados. Los rastros de la dispersión de partículas creadas en estas violentas colisiones frontales los detectan millones de sensores apilados como minibloques de Lego para constituir detectores gigantescos, entre ellos el detector Atlas y el Solenoide Compacto de Muones (CMS, por sus siglas en inglés).

La demanda pronto se desestimó sobre la base de que «el temor hipotético a un daño futuro no constituye un perjuicio de hecho suficiente para conferir derecho de audiencia». En noviembre de aquel año, el LHC se activó con éxito —tras una explosión en un intento anterior— y los detectores Atlas y CMS pronto hallaron trazas de bosones de Higgs en los residuos de las colisiones de partículas. Hasta el momento, sin embargo, el LHC no ha fabricado ningún agujero negro.

¿Por qué no era del todo irracional, sin embargo, para Stephen —y creo que también para Heuer— creer que fuese posible producir agujeros negros en el LHC? Por lo general, imaginamos los agujeros negros como residuos colapsados de estrellas masivas. No obstante, esta visión es demasiado limitada, porque cualquier cosa puede convertirse en un agujero negro si se contrae a un volumen lo bastante pequeño. Incluso una única pareja protón-antiprotón, acelerada a casi la velocidad de la luz, que colisionase entre sí en un potente acelerador de partículas formaría un agujero negro si la colisión concentrase suficiente energía en un volumen lo bastante pequeño. Sería un agujero negro diminuto, desde luego, y con una existencia efímera, porque se evaporaría al instante mediante la emisión de radiación de Hawking.

Al mismo tiempo, si la esperanza de Stephen y Heuer de producir agujeros negros se hubiese hecho realidad, habría puesto fin a décadas de empeño de los físicos de partículas en explorar la naturaleza a distancias cada vez más cortas mediante la colisión de partículas con energías cada vez mayores. Los colisionadores de partículas son como los microscopios, pero la gravedad parece establecer un límite fundamental en su resolución, porque desencadena la formación de un agujero negro siempre que aumentamos demasiado la energía tratando de escudriñar un volumen cada vez menor. En ese punto, sumar más energía produciría un agujero negro mayor en lugar de incrementar el poder de amplificación del colisionador. Curiosamente, por tanto, la gravedad y los agujeros negros invierten por completo la opinión general dentro de la física de que mayores energías permiten sondear distancias menores. El punto final de la construcción de aceleradores cada vez mayores no parece ser un bloque constitutivo fundamental más pequeño —el sueño último de todo reduccionista—, sino la emergencia de un espaciotiempo curvado macroscópico. Haciendo un bucle de las distancias cortas a las largas, la gravedad se burla de la idea tan arraigada de que la arquitectura de la realidad física es un cuidadoso sistema de escalas anidadas que podemos pelar una a una para llegar al menor componente fundamental. La gravedad —y, por tanto, el propio espaciotiempo— parece poseer un elemento antirreduccionista, una idea difícil de captar, pero importante, a la que volveremos en el capítulo 7.

Entonces ¿a qué escala microscópica se transmuta la física de partículas sin gravedad en la física de partículas con gravedad? (O, por decirlo de otro modo, ¿cuánto costaría satisfacer el sueño de Stephen de producir agujeros negros?). Esta cuestión tiene que ver con la unificación de todas las fuerzas, el tema de este capítulo. La búsqueda de un marco unificado que abarque todas las leyes básicas de la naturaleza era ya el sueño de Einstein e influye de forma directa en la cuestión de si la cosmología de multiversos tiene en realidad el potencial de ofrecer una perspectiva alternativa acerca del diseño favorable a la vida de nuestro universo. Porque solo la comprensión de cómo todas las partículas y fuerzas encajan unas con otras armoniosamente puede rendir más conocimientos sobre la unicidad —o falta de ella— de las leyes físicas fundamentales. Y, por tanto, a qué nivel podemos esperar que estas varíen a través del multiverso.

La mayor parte de la materia visible está hecha de átomos, que constan de electrones y un diminuto núcleo, que a su vez es un conglomerado de protones y neutrones. Los núcleos atómicos se mantienen unidos por la fuerza nuclear fuerte que actúa sobre los quarks, las partículas que constituyen los protones y neutrones. La fuerza fuerte es de verdad fuerte, pero tiene un alcance extremadamente corto y cae a cero de repente más allá de distancias de alrededor de una diezbillonésima de centímetro. La segunda fuerza nuclear, la fuerza débil, actúa tanto en quarks como en una segunda clase de partículas de materia, que incluye los electrones y los neutrinos, denominados colectivamente leptones. La fuerza débil es responsable de la transmutación de algunas partículas nucleares en otras. Por ejemplo, un neutrón aislado es inestable y se desintegrará al cabo de unos minutos en un protón y dos leptones en un proceso mediado por la fuerza nuclear débil. La tercera y última fuerza entre partículas, la fuerza electromagnética, es más conocida. A diferencia de las fuerzas nucleares fuerte y débil, el electromagnetismo, como la gravedad, tiene un alcance muy amplio. No solo opera a las escalas atómica y molecular, ligando a los electrones a los núcleos atómicos y a los átomos dentro de las moléculas, sino que actúa también a distancias macroscópicas. Así, no es sorprendente que, junto con la gravedad, el electromagnetismo sea responsable de la mayor parte de los fenómenos y las aplicaciones cotidianos, desde los dispositivos de comunicación y los escáneres de resonancia magnética a los arcoíris y las auroras boreales.

Toda la materia visible y las tres fuerzas entre partículas que gobiernan sus interacciones están combinadas en una firme estructura teórica: el modelo estándar de la física de partículas. Desarrollado en la década de 1960 y principios de la de 1970, el modelo estándar es una teoría cuántica que describe las partículas de materia, así como las fuerzas en términos de campos, las sustancias ondulantes que se extienden por el espacio y que ya hemos visto antes. De acuerdo con el modelo estándar, las partículas de materia, como los electrones y los quarks, no son más que excitaciones locales de campos extendidos. Las excitaciones corpusculares de los campos de fuerza que actúan entre partículas de materia se denominan partículas de intercambio o bosones. Los fotones, por ejemplo, que son las partículas de intercambio que actúan como mediadoras en la fuerza electromag-

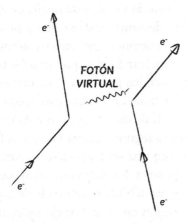

FIGURA 33. Diagrama de Feynman en el que se representa la dispersión cuántica de dos electrones mediante el intercambio de un fotón. La formulación de la mecánica cuántica como suma de historias descrita por Feynman estipula que se deben considerar todos los posibles intercambios, incluyendo aquellos que implican más de un único fotón, para calcular el ángulo de dispersión neto de los electrones.

nética, son los cuantos corpusculares individuales del campo de fuerza electromagnético.

Los puntales teóricos del modelo estándar en términos de campos cuánticos moldean profundamente el modo en que este concibe el funcionamiento microscópico del mundo de las partículas. Consideremos la interacción entre dos electrones. Cuando estos se aproximan entre sí, se desvían y dispersan porque las cargas eléctricas iguales se repelen. El modelo estándar describe este proceso de una forma tangible como el intercambio de un fotón entre los dos electrones. Según este modelo, cuando dos electrones entran en sus esferas de influencia mutuas, un electrón emite un fotón y el otro lo absorbe. Como parte de este intercambio, ambos electrones experimentan un pequeño empujón, que los sitúa en trayectorias divergentes (ver figura 33). Pero eso no es todo. La formulación de Feynman de la mecánica cuántica mediante sumas de historias estipula que para calcular el ángulo de dispersión neto entre los dos electrones se deben sumar todas las formas posibles en que estos pueden intercambiar uno o más fotones. Esta multiplicidad de historias de intercambio se traduce en que no es posible precisar con exactitud dónde y cuándo se produjo en realidad la interacción, una manifestación del principio de incertidumbre de Heisenberg.

Ahora bien, aunque los fotones no tienen masa, ni tampoco los gravitones que transmiten la gravedad, los bosones responsables de las fuerzas nucleares débil y fuerte son muy pesados. Este es el motivo por el cual las fuerzas nucleares son de corto alcance y operan solo en las escalas microscópicas de los núcleos atómicos. En general, cuanto mayor sea la masa de la partícula de intercambio, menor es el alcance de la fuerza que transmite. Es la falta de masa de sus cuantos microscópicos lo que hace que el electromagnetismo y la gravedad alcancen todo el universo.

Entonces ¿acaba aquí el modelo estándar? ¡En absoluto! Hay una última partícula, el notoriamente elusivo bosón de Higgs, que toma su nombre del físico teórico británico Peter Higgs, quien postuló su existencia en 1964. El bosón de Higgs es el cuanto corpuscular del campo de Higgs, un campo escalar invisible que, de forma parecida al campo inflatón del universo primordial, se cree que impregna todo el espacio, un poco como una versión moderna del éter. El campo de Higgs es la pieza crucial del modelo estándar que confiere masa al resto de las partículas elementales. Los electrones y los quarks, e incluso las partículas de intercambio, no tienen masa intrínseca en la teoría del modelo estándar, sino que la adquieren a partir de la resistencia que experimentan al moverse a través del ubicuo campo de Higgs. Es como si las partículas estuviesen vadeando de forma constante el barro cuando se mueven, y la resistencia al movimiento resultante es lo que llamamos masa. La cantidad de masa que las partículas acaban teniendo depende de la intensidad con la que sienten el campo de Higgs. Los quarks interaccionan muy intensamente con este campo y son pesados, mientras que los electrones, más ligeros, lo hacen más débilmente, y los fotones, que no interaccionan con él en absoluto, permanecen sin masa.

La idea de un campo escalar que confiera masa a otras partículas la propuso por primera vez el tímido Higgs y, de forma independiente, un dúo mucho más extravagante, el estadounidense Robert Brout y el belga François Englert. La excitación del campo asimilable a una partícula pasó a denominarse bosón de Brout-Englert-Higgs en Bélgica y bosón de Higgs en el resto del mundo. Se trata de la piedra angular del modelo estándar y al final se halló con el LHC casi cincuenta años más tarde, en 2012, en un descubrimiento que se considera un verdadero triunfo de una larga y profunda simbiosis de la ciencia impulsada por la curiosidad, la ingeniería avanzada y la cooperación internacional. De forma muy parecida al descubrimiento de la energía oscura en cosmología, el descubrimiento experimental del bosón de Brout-Englert-Higgs muestra de nuevo que el espacio vacío no está vacío, sino lleno de campos invisibles, uno de los cuales es el responsable de la masa de la materia que constituye casi todo aquello con lo que nos tropezamos en la vida cotidiana. También demuestra que la naturaleza hace en realidad uso de campos escalares como uno de los ingredientes clave que tiene a su disposición para dar forma al mundo físico. En este sentido, el descubrimiento del bosón de Brout-Englert-Higgs da credibilidad a la existencia de un campo similar que podría haber impulsado la inflación en el universo primordial.

Se necesita algo como el LHC para crear bosones de Higgs, porque el campo de Higgs interacciona fuertemente no solo con otras partículas, sino también consigo mismo, confiriendo a su propio cuanto corpuscular una gran masa, m. Por la ecuación de Einstein, $E = mc^2$, esto significa que se requiere una gran cantidad de energía, E, para excitar el ubicuo campo de Higgs con una intensidad suficiente para extraer de él, y de la manera más efímera, un único y chisporroteante cuanto. De hecho, el LHC solo es capaz de crear bosones de Higgs en alrededor de una de cada 10.000 millones de colisiones de partículas. Y estos bosones de Higgs disfrutan del más breve atisbo de existencia, desintegrándose casi al instante en una lluvia de partículas más ligeras. Sin embargo, explorando con cuidado estos productos de desintegración, los físicos de partículas han podido deducir algunas de las propiedades del bosón de Higgs, entre ellas el hecho de que pesa tanto como unos 130 protones juntos. Esto puede sonar pesado, pero a la mayoría de los físicos de partículas les parece increíblemente ligero. De hecho, la masa del bosón de Higgs es una cien mil billonésima del valor que muchos físicos esperaban que tuviera.[2] El valor medido se hizo aún más desconcertante en 2016, cuando, a pesar de una importante actualización, el LHC no hizo aparecer ninguna de las nuevas partículas elementales que los teóricos habían propuesto como hipótesis para hacer que la diminuta masa del bosón de Higgs fuese más fácil de digerir. Sin embargo, es importante que el Higgs sea ligero, porque, si fuera mucho más pesado, los protones y los neutrones también serían más pesados, demasiado como para formar átomos. La insoportable levedad del Higgs es otra de las propiedades que hacen que nuestro universo sea propicio a la vida.

Pero el modelo estándar no predice los valores de las masas de las especies de partículas, incluida la del Higgs. Esto se debe a que la teoría por sí misma no fija la fuerza con la que cada tipo de partícula interacciona con el campo de Higgs. En total, el modelo contiene unos veinte parámetros, cifras clave como masas de partículas e intensidades de fuerzas, cuyos valores con frecuencia sorprendentes no están predeterminados por la teoría, sino que se deben medir experimentalmente e insertar a mano en las fórmulas. Los físicos suelen referirse a esos parámetros como «constantes de la naturaleza», porque parecen no cambiar en la mayor parte del universo observable. Con estas constantes en su lugar, la teoría ofrece una descripción muy satisfactoria de todo lo que sabemos acerca del comportamiento de la materia visible. De hecho, a estas alturas, el modelo estándar es, con diferencia, la teoría física mejor corroborada de la historia. ¡Algunas de sus predicciones se han verificado hasta con una precisión de no menos de catorce cifras decimales!

Sin embargo, uno puede preguntarse si no habrá algún principio más profundo, aún no descubierto, que determine los valores de los parámetros en los que se basa el inmenso éxito del modelo estándar. La masa del Higgs puede parecernos anormalmente pequeña según lo que sabemos, pero ¿podría su valor estar implícito en verdades matemáticas más elevadas? O tal vez las constantes no son en realidad las mismas cifras constantes en todo el universo. Puede que evolucionen muy despacio, como parte de la evolución cosmológica. O a lo mejor cambian de una región cósmica a otra dando lugar a universos isla con modelos no estándares para la física de partículas.

El mecanismo por el cual el campo de Higgs imprime masa a las partículas ofrece el principio de una respuesta a estas complejas cuestiones.

La forma en que el Higgs genera la masa muestra que la fuerza de este campo no es un dato divino, sino el resultado de un proceso dinámico que se desarrolló cuando el universo empezó a expandirse y enfriarse después del big bang caliente. Es más, este proceso implica la ruptura aleatoria de una simetría matemática abstracta.

Las simetrías de los sistemas físicos se rompen cuando estos se enfrían; es un fenómeno harto conocido. Pensemos en la transición de agua líquida a hielo cuando la temperatura baja por debajo de cero grados Celsius. El agua líquida es igual en todas direcciones: posee simetría rotacional. Los cristales de hielo, en cambio, tienen estructuras geométricas regulares que rompen la simetría rotacional del agua líquida, más caliente. Los imanes son otro ejemplo clásico. Las propiedades magnéticas de, por ejemplo, una barra de hierro cambian drásticamente alrededor de la temperatura crítica de Curie de 770 grados Celsius. A temperaturas por encima del punto de Curie, la agitación de los campos magnéticos de los átomos de hierro individuales impide que se alineen. En estas circunstancias, el campo magnético fuera de la barra es cero en promedio y refleja la simetría rotacional de la fuerza electromagnética subyacente. Sin embargo, si se enfría despacio una barra de hierro por debajo de la temperatura de Curie, se forman de manera espontánea dominios dotados de un campo magnético neto, lo que produce un estado cualitativamente distinto que se caracteriza por la ruptura de la simetría rotacional, con un polo norte magnético en una dirección particular (aleatoria).

Se trata de un fenómeno general. Las simetrías de los sistemas físicos tienden a romperse cuando la temperatura baja, lo que conduce a estructuras más ricas y a un mayor espacio para la complejidad. El campo de Higgs no es una excepción. Este campo reacciona a la temperatura de una forma muy parecida a como lo hace la materia ordinaria. En los instantes justo posteriores a la inflación, cuando la temperatura del universo era más de cien millones de veces la temperatura del centro del Sol, el campo de Higgs habría dado violentas sacudidas y habría tenido un valor neto de cero en promedio, como la magnetización de una barra de hierro por encima del punto de Curie. En este campo de Higgs de valor neto cero que permeaba el universo recién nacido, todas las partículas habrían tenido masa cero, una situación altamente simétrica. Pero, a medida que el universo se expandió y fue cayendo la temperatura, el campo de Higgs sufrió una transición, que se desencadenó a los 10^{-11} segundos del inicio de la era del big bang caliente, cuando la temperatura bajó por debajo de unos gélidos 10^{15} grados. En este punto, la agitación térmica del Higgs perdió buena parte de su fuerza y el comportamiento del campo pasó a estar dominado por autointeracciones. Estas están gobernadas por la curva de energía del campo, la cantidad de energía que contiene para distintos valores del campo. Pero, de forma parecida al campo inflatón de la figura 27, la curva de energía del campo de Higgs tiene un pico cuando el campo es cero y es menor en cualquier valor distinto de cero del campo. Así, el campo de Higgs altamente simétrico se halló de pronto en un estado inestable, parecido al de un lápiz equilibrado sobre su punta. La figura 34 nos recuerda que un lápiz intercambiará de inmediato simetría por estabilidad cayéndose, eligiendo de forma aleatoria una dirección en particular. De igual modo, el campo de Higgs de valor cero se condensó rápido y su fuerza saltó en todo lugar a un estado energéticamente favorable, con un valor distinto de cero. Fue esta transición del campo de Higgs con ruptura de simetría hacia un valor distinto de cero lo que dotó a las partículas de masa, un paso vital en el largo camino hacia la complejidad.

Es más, la reducción de la simetría del campo de Higgs al condensarse fue también lo que desencadenó la diferenciación de las fuerzas débil y electromagnética. Cuando el campo de Higgs era cero, no solo las partículas de materia no tenían masa, sino que las partículas de intercambio que transmitían la fuerza nuclear débil tampoco disponían de ella. Sheldon Glashow, Steven Weinberg y Abdus Salam, los fundadores del modelo estándar, descubrieron que, en esta situación de alta temperatura y ausencia de masa, los procesos físicos no se habrían visto afectados en absoluto por intercambios específicos de fotones con partículas mensajeras mediadoras de la fuerza nuclear débil. Esto es, la fuerza débil habría sido de largo alcance, indistinguible de la fuerza electromagnética. Una simetría matemática interconectaba ambas fuerzas combinándolas en una única y unificada «fuerza electrodébil». Pero, cuando la temperatura del universo primordial cayó más allá de la transición de Higgs, rompiendo la simetría, la fuerza electrodébil unificada se fragmentó en la fuerza nuclear débil de corto alcance y la fuerza electromagnética de largo alcance.

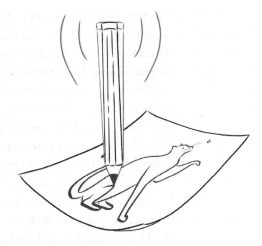

FIGURA 34. Un lápiz afilado en equilibrio sobre su punta respeta la simetría del campo gravitatorio de la Tierra, que tira de él hacia abajo. Sin embargo, este estado simétrico es inestable, por lo que el lápiz caerá enseguida. El estado horizontal final del lápiz es estable, pero rompe la simetría del campo gravitatorio subyacente. Las teorías de unificación de la física de partículas predicen que, de forma similar, las leyes biofílicas de la física de partículas reflejan un estado de simetría rota que, de forma gradual y aleatoria, fue cuajando a medida que el universo se expandía y enfriaba en los instantes posteriores al big bang caliente.

Así, la imagen que sugiere el modelo estándar de la física de partículas, aplicada al crisol del big bang caliente, es que el universo no nació con los valores de masas de partículas e intensidades de fuerzas que tenemos en la actualidad, sino que estas propiedades corresponden a un estado de ruptura de simetría que solo se estableció después de que el universo se expandiera y enfriara. Esta es una idea profunda: nos dice que, en las etapas muy tempranas de la expansión cósmica, parte de la estructura básica de las leyes físicas coevolucionó con el universo que estas gobernaban. Los físicos afirman que las leyes de la física de partículas que conocemos son «leyes efectivas»: normas que solo son ciertas en el entorno de energía relativamente baja y baja temperatura que surgió poco después de iniciarse la expansión.

Es significativo que en la física de partículas podamos descubrir y utilizar leyes efectivas sin preocuparnos o siquiera saber qué es lo que sucede a distancias menores y energías más altas. En este sentido, la estructura jerárquica y anidada de la naturaleza se comporta de forma impecable. Se puede, por ejemplo, describir el comportamiento macroscópico del agua con una ecuación hidrodinámica que la modela como un fluido suave, pasando por alto la complicada dinámica de sus moléculas de H_2O. De manera parecida, se puede describir el comportamiento de un conjunto de protones y neutrones a energías inferiores a 1 gigaelectronvoltio con una teoría de partículas simplificada que pasa por alto el hecho de que están compuestos de tríos de quarks. Buena parte del éxito de la física en el pasado se ha basado en esta separación nítida de escalas. Es toda una advertencia sobre el lío en que nos metemos cuando tratamos de incluir la gravedad en un marco unificado y nos enfrentemos a las limitaciones de esta pulcra estructura anidada.

Como es obvio, la forma exacta de las leyes efectivas producidas en este antiguo nivel de evolución, ocultas en lo más hondo del big bang caliente, tiene implicaciones fundamentales. Imaginemos que, al condensarse, el campo de Higgs hubiese acabado por tener una fuerza ligeramente diferente. Las masas de las partículas también habrían sido distintas. Pero incluso los cambios más modestos en estas masas habrían tenido consecuencias trascendentales, impidiendo la existencia de átomos y poniendo así en peligro la química, y, de nuevo, la habitabilidad del universo.

Dentro de los límites del modelo estándar podemos estar tranquilos: el resultado neto de la transición de Higgs, que rompe la simetría, es universal. Sí, el campo puede deslizarse por su curva de energía de formas diferentes, de un modo parecido al lápiz de la figura 34, que puede caerse en distintas direcciones. Sin embargo, su fuerza global y, por tanto, las masas resultantes de las partículas siempre acaban siendo las mismas. Pero el modelo estándar es solo parte de la historia de la física de partículas. En primer lugar, solo combina las fuerzas fuerte y electrodébil de forma provisional. Es más, el modelo estándar no explica la materia oscura que constituye el 25 % de la masa y energía totales del universo actual y que podría perfectamente implicar muchas más especies de partículas y fuerzas. Por último, el modelo estándar deja fuera la energía oscura y la gravedad, la deformación del espaciotiempo.

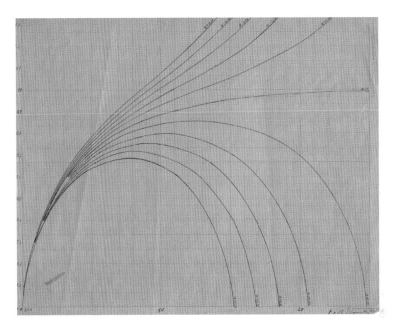

LÁMINA 1. Georges Lemaître creó este emblemático diagrama que muestra la evolución del universo alrededor de 1930. En la esquina inferior izquierda escribe «$t=0$», el primer instante del tiempo que más tarde se denominó big bang.

LÁMINA 2. «¿Quién hincha el globo? ¿Qué es lo que causa la expansión del universo?». Este dibujo representa al astrónomo holandés Willem de Sitter en la forma de la letra griega lambda, por la constante cosmológica de Einstein, λ, hinchando el universo como un globo.

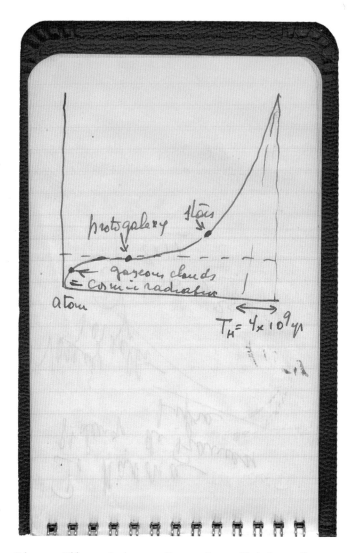

LÁMINA 3. El bosquejo de un vacilante universo dibujado por Georges Lemaître en su cuaderno violeta. Nacido a partir del átomo primordial, su tambaleante curva de expansión crea las condiciones físicas que posibilitan la vida.

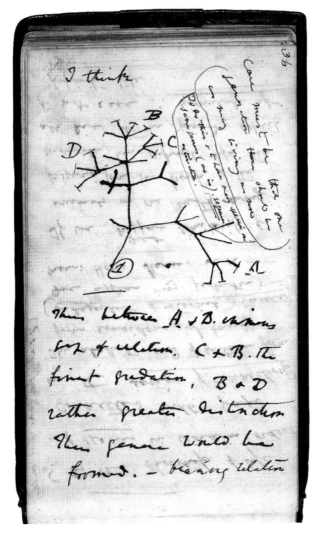

LÁMINA 4. Esbozo inicial del árbol de la vida de Charles Darwin en su Cuaderno Rojo B, en el que se muestra que un género de especies relacionadas podría tener su origen en un antepasado común.

THE NEW YORK TIMES MAGAZINE, FEBRUARY 19, 1933. 3

LEMAITRE FOLLOWS TWO PATHS TO TRUTH

The Famous Physicist, Who Is Also a Priest, Tells Why He Finds No Conflict Between Science and Religion

By DUNCAN AIKMAN

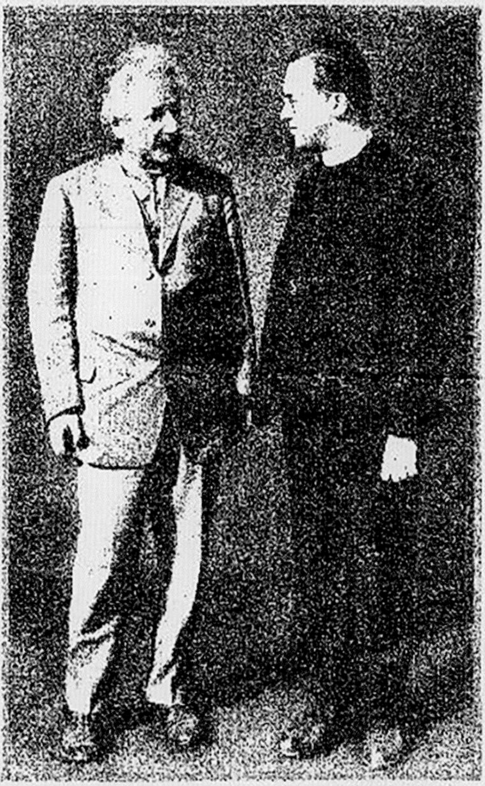

Einstein and Lemaitre—"They Have a Profound Respect and Admiration for Each Other."

LÁMINA 5. Einstein y Lemaître.

Lámina 6. *El comienzo del mundo*, como huevo abstracto e intemporal, por el escultor nacido en Rumanía Constantin Brâncuși (1920).

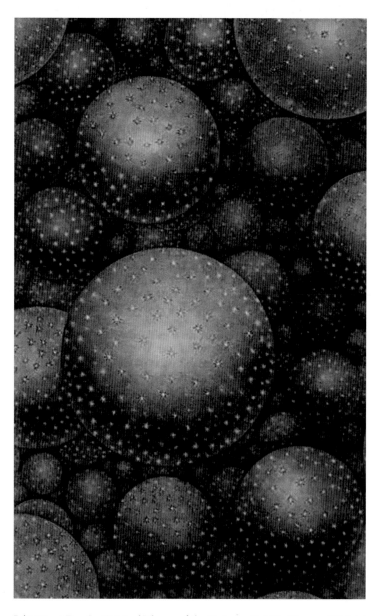

LÁMINA 7. En *An Original Theory of the Universe* (1750), Thomas Wright imaginó un universo sin final, lleno de galaxias «que creaban una interminable inmensidad [...] no muy distintas de la Vía Láctea». Sustituyendo las galaxias por universos isla, la imagen de Wright se parece a la actual teoría del multiverso, en la que se crean continuamente nuevos universos isla. ¿Qué clase de universo isla debería ser el nuestro?

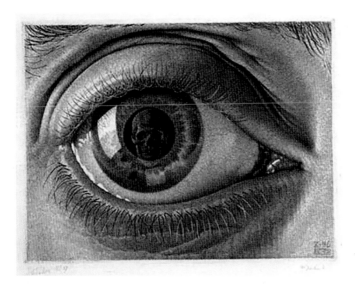

LÁMINA 8. *Ojo*, de Maurits Cornelis Escher, nos recuerda la finitud del ser humano. Estamos dentro del universo, mirando arriba y afuera, no flotando, de algún modo, en el exterior.

$-300 \qquad \delta T \ [\mu K] \qquad 300$

LÁMINA 9. La temperatura de la reliquia cósmica, que es la radiación de fondo de microondas (CMB) cuando llega a la Tierra, en el centro de la bola, desde diferentes direcciones del espacio. La radiación residual forma una esfera alrededor de nosotros que ofrece una instantánea del universo unos meros 380.000 años después del big bang. Esta esfera de CMB marca también nuestro horizonte cosmológico: no podemos mirar más allá.

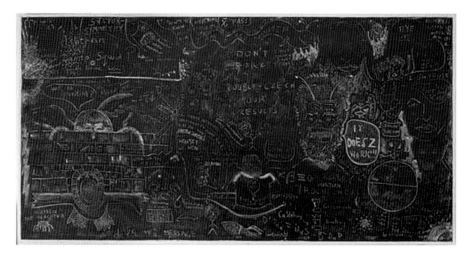

LÁMINA 10. Esta pizarra estaba colgada en la oficina de Stephen Hawking en la Universidad de Cambridge. Era un recuerdo de una conferencia sobre supergravedad que él organizó en 1980. El Stephen de los primeros tiempos creía que la supergravedad era la potencial teoría del todo.

LÁMINA 11. Stephen en su oficina de Cambridge, en 2012, alrededor de su setenta cumpleaños. En el fondo, la «segunda pizarra» muestra los primeros cálculos del autor que nos conducirían a ver el universo como un holograma. El Stephen de los últimos tiempos sostenía que, en un sentido más profundo, la teoría del universo y el proceso cuántico de observación están vinculados. Nosotros creamos el universo tanto como él nos crea a nosotros.

Todo esto sugiere que hay un amplio margen para una mayor simplicidad y simetría unificadoras cuando rastreamos la historia del universo hasta tiempos aún más tempranos. Aunque ahora entramos en un reino más especulativo, es verosímil que el mecanismo de ruptura de la simetría que fragmentó la fuerza electrodébil en el modelo estándar opere de un modo más general, y que una parte aún mayor de la familiar estructura de las leyes físicas efectivas se evapore a medida que avanzamos hacia temperaturas más altas y tiempos anteriores.

Consideremos la mera existencia de las partículas de materia. El universo observado contiene alrededor de 10^{50} toneladas de materia, pero apenas antimateria. Esta es otra de las propiedades que lo hacen favorable a la vida, porque, si el universo en expansión hubiese emergido con cantidades iguales de ambas, todas las partículas se habrían aniquilado rápido con sus antipartículas, dejando tras ellas un estallido de radiación gamma de alta energía y ninguna materia en absoluto. Sin embargo, cuando el LHC produce materia en colisiones de alta energía, crea justo la misma cantidad de antimateria. Entonces ¿cómo surgió de aquel ardiente nacimiento un universo con un exceso de 10^{50} toneladas de materia? Algo debió de romper la simetría entre materia y antimateria en el ultracaliente big bang, favoreciendo un poco la creación de partículas por encima de antipartículas.

Tales mecanismos hipotéticos de ruptura de la simetría, y sus campos asociados similares al de Higgs, forman parte de las extensiones del modelo estándar que se conocen como teorías de gran unificación (GUT, por sus siglas en inglés), porque combinan las fuerzas electrodébil y nuclear fuerte en un gran esquema unificado. De hecho, las GUT quedan casi definidas por sus simetrías. Esta estrategia se remonta a Einstein, que en 1905 utilizó un principio de simetría que relacionaba el espacio y el tiempo como base para su teoría especial de la relatividad del espaciotiempo. Lorentz se quejó de que Einstein se limitaba a suponer lo que él y otros habían estado tratando de deducir, pero la historia estuvo del lado de Einstein. Desde Einstein, las simetrías matemáticas abstractas se aceptan de manera general como fundamentos válidos de las teorías físicas.

En un escenario cosmológico, las GUT predicen que, si retrocedemos hasta temperaturas extremadamente altas, de muchos miles de millones de veces la temperatura en el centro del Sol, las fuerzas electrodébil y nuclear fuerte habrían sido en esencia una y la misma, y habría habido una simetría perfecta entre materia y antimateria. Pero las GUT típicas permiten un pequeñísimo grado de entremezcla de las fuerzas constituyentes dentro su marco unificador. Una de las consecuencias de esta mezcla sería que un positrón, la antipartícula de un electrón, podía convertirse en un protón, que es una partícula. Aunque transmutaciones como estas serían extremadamente infrecuentes, la posibilidad de la entremezcla permitiría crear un ligero exceso de cantidad de materia sobre antimateria en una transición que habría roto la simetría GUT primigenia cuando el universo se enfrió. Bajo este supuesto, toda la antimateria se habría aniquilado con la materia en el denso gas primordial, inundando el universo de fotones de alta energía, pero habría quedado un pequeño residuo de materia, no más de una parte por cada mil millones, que, casi como quien no quiere la cosa, constituiría las alrededor de 10^{50} toneladas de materia de las cuales usted, yo y todo lo demás en la Tierra estamos formados. Los fotones, a su vez, constituirían lo que hoy percibimos como radiación de fondo de microondas, el frío y tenue vestigio del mayor evento de aniquilación de la historia cósmica.

Como resulta obvio, las teorías de gran unificación no están, ni de lejos, tan desarrolladas como el modelo estándar. Las sobrecogedoras escalas energéticas a las que se pondrían de manifiesto las simetrías subyacentes se hallan mucho más allá de lo que incluso el LHC puede alcanzar. Tampoco podemos determinar cuál de las muchas GUT posibles describe el big bang ultracaliente a partir de nuestras exiguas observaciones cosmológicas de aquella remota era. Sin embargo, si los amplios principios de simetría en los que se basan demuestran ser correctos, cabe esperar que algunas de las propiedades más fundamentales del mundo físico, como la existencia de masa y materia, no sean verdades matemáticas *a priori*, sino el resultado de una serie de transiciones de ruptura de simetría que transformaron la simetría primordial en una base para la complejidad.

Pero aún hay más. Incluso la distinción básica entre partículas y fuerzas podría desvanecerse en el calor abrasador del big bang. En

1974, los físicos Julius Wess y Bruno Zumino conjeturaron la existencia de una simetría muy general, a la que denominaron supersimetría, que vincula no ya distintos campos de fuerza, sino también campos de fuerza con campos de materia. Si su idea se sostiene, entonces incluso la propia distinción entre partículas de fuerza y partículas de materia podría haber tenido su origen en una serie de transiciones similares a la de Higgs. Estas habrían roto la supersimetría inicial, generando a su paso partículas de materia oscura gobernadas por fuerzas adicionales más allá de las cuatro ya conocidas.

La tendencia general aquí es clara: las mejores teorías cuánticas de unificación de la física de partículas dicen que, a medida que el universo se enfriaba después del big bang ultracaliente, durante esa primera fracción de segundo, se habrían roto diversas simetrías matemáticas dando lugar a una serie de transiciones que poco a poco habrían forjado un conjunto estructurado de leyes efectivas a baja temperatura. Descubrimos así un sorprendente y más profundo nivel de evolución, una «metaevolución», en la que las propias leyes físicas de evolución cambian y se transmutan. En la figura 35 se esboza esta cascada de transiciones —algunas comprobadas, muchas hipotéticas— que habrían transformado los inicios inmaculadamente uniformes y simétricos del universo en el entorno físico diferenciado que, en última instancia, evolucionaría hasta llegar a ser idóneo para la vida.

Estos notables planteamientos recuerdan una antigua idea propuesta por Paul Dirac, que ya en la década de 1930 especulaba que las leyes físicas no son verdades fijas e inmutables grabadas al nacer el universo como una marca de agua. «Vale la pena mencionar una cuestión más en relación con la nueva cosmología —dijo Dirac—. Al principio del tiempo, probablemente las leyes de la naturaleza fuesen muy distintas de lo que son ahora. Así pues, deberíamos considerar que las leyes de la naturaleza cambian continuamente con la época».[3] Ochenta años después, las teorías de unificación de partículas, que operan en un escenario cosmológico, representan una concreción de la idea de Dirac de las leyes que evolucionan. Es más, el elemento aleatorio de sus transiciones de ruptura de simetría se encuentra en el centro mismo de nuestros esfuerzos por comprender mejor por qué las leyes observadas son como son.

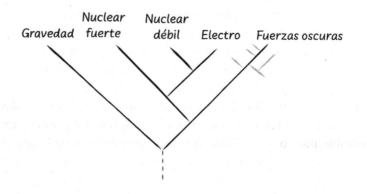

FIGURA 35. El árbol de las leyes físicas creció a partir de una serie de transiciones de ruptura de simetría en el big bang caliente. Las teorías de unificación de partículas predicen que este nivel más antiguo de la evolución podría haber sido muy distinto.

Y es que hay otra cuestión esencial. Las teorías de gran unificación más ambiciosas que dominarían en las energías más altas no determinan de manera unívoca el resultado de esta evolución primordial. Antes al contrario, las GUT más ambiciosas predicen que hay muchas formas distintas de romper las simetrías, que conducirían a distintas leyes de baja temperatura una vez que la edad del universo superase la fracción de segundo. Esto sugiere que las propiedades del modelo estándar y de la materia oscura, que han tenido un impacto decisivo sobre la evolución del universo, no quedan determinadas de manera unívoca por las matemáticas que hay tras las GUT, sino que reflejan, al menos en parte, el resultado particular de la historia embrionaria de nuestro universo.

Esta situación se parece mucho a la evolución biológica. En el capítulo 1 recordamos que la vida construyó su asombrosa complejidad sobre un número inconcebiblemente grande de accidentes congelados a lo largo de la historia. Desde las funcionalidades de organismos individuales, pasando por las características de las especies hasta la taxonomía del árbol de la vida, los patrones que se asemejan a leyes de la biología codifican los resultados de innumerables acontecimientos aleatorios que, en un entorno coevolutivo y a lo largo de miles de millones de años, han permitido la aparición de un nivel tras otro de complejidad. Algunas leyes del mundo vivo pueden incluso atribuirse a acontecimientos aleatorios de ruptura de la simetría que no son distintos de las transiciones cósmicas que hemos comentado antes. Un ejemplo que se cita con frecuencia es la orientación de la estructura helicoidal del ADN. Todas las formas de vida conocidas de la Tierra tienen moléculas de ADN dextrógiras. Esta universalidad es notable, puesto que las leyes del electromagnetismo de las que depende la química molecular tratan justo igual el ADN dextrógiro y el levógiro: de manera simétrica. Por consiguiente, la vida habría prosperado igual si se hubiese basado en ADN levógiro. Aunque existen varias hipótesis de lo más extravagante, es verosímil que hace unos 3.700 millones de años, cuando aparecían los primeros vestigios de vida, un accidente aleatorio llevase a escoger el ADN dextrógiro y que, una vez ocurrido este acontecimiento de ruptura de la simetría, esa particular configuración molecular pasase a formar parte de su arquitectura básica: una ley de la vida en la Tierra.

De manera similar, las GUT nos dicen que muchas de las propiedades de las leyes efectivas de la física tienen sus raíces en vericuetos accidentales durante la evolución más temprana del universo que, en consecuencia, quedaron congelados en él como parte de su configuración física. El componente aleatorio se debe, en última instancia, a que las leyes de la física de partículas se basan en la mecánica cuántica, que no es determinista. Las fluctuaciones cuánticas aleatorias de los campos justo en los momentos posteriores al big bang influyen en cómo se despliega exactamente la secuencia de rupturas de la simetría. Igual que el lápiz cae en una dirección aleatoria, la forma exacta en la que las diversas transiciones cósmicas hicieron que los campos se condensasen en una amalgama de fuerzas diferentes implica un inevitable elemento de azar.

Por otro lado, no todo es posible. La razón es que los campos del universo temprano están entrelazados. Los cambios en un campo afectan a otros campos, y así sucesivamente. Esa interconectividad, que se puede rastrear hasta los orígenes comunes de los campos, restringe el espacio de trayectorias posibles. Así pues, en las primeras fases de la evolución del universo se habría producido una interacción entre variación aleatoria y selección, una suerte de proceso darwiniano del azar contra la necesidad, pero en el nivel más bajo de las leyes de la física.

El resultado es, por supuesto, que las reglas del juego cósmico, las leyes mismas que gobiernan en la actualidad el universo físico, podrían haber sido muy diferentes. Podría haber seis especies de neutrino en lugar de tres, o cuatro clases de fotones, o una intensa interacción entre la materia visible y la materia oscura. Variaciones como estas producen universos inimaginablemente distintos del nuestro. La gran unificación y sus aún mayores superextensiones apuntan a la impactante conclusión de que las intensidades relativas de las fuerzas entre partículas, las masas y especies de partículas, y quizá incluso la propia existencia de la materia y las fuerzas, no son verdades matemáticas grabadas en piedra, sino residuos fósiles de una época antigua, y en su mayor parte oculta, de evolución subsiguiente a la cosmogénesis.

Aun así, uno podría alegar que esta ramificación darwiniana de la física hubo de producirse en (menos de) un abrir y cerrar de ojos, y en un entorno extremadamente primitivo, mientras que la vida en la Tierra evolucionó a lo largo de un periodo de miles de millones de años y en la compleja biosfera de este planeta, que a su vez no dejaba de evolucionar.

Así es. Una milmillonésima de segundo después del inicio de la expansión postinflacionaria, cuando el universo se había enfriado hasta una agradable temperatura de mil millones de grados, básicamente ya habría quedado fijada la forma de las leyes efectivas de la física. Se podría pensar que eso no deja mucho espacio para que se desarrolle ningún tipo de proceso darwiniano. Pero lo que importa, en lo que atañe a forjar leyes efectivas, no es el intervalo de tiempo, sino el intervalo de temperaturas que recorre el sistema. Este último es obviamente inmenso en el universo primordial, lo que lleva a numerosas transiciones y a un amplio margen para que sus resultados aleatorios acumulados den forma a la física y a la cosmología a temperaturas más bajas.

Pero, entonces, ¿qué margen de acción queda? ¿Cuál es el balance de la variación y la selección en lo que se refiere a las leyes fundamentales de la física? Sabemos que, en la biología, el ámbito de variación es ingente. El número de genes que se pueden concebir matemáticamente, por no hablar de sus posibles secuencias en el ADN, es muchísimo mayor que cualquier otro número con el que nunca nos vayamos a topar. Solo una diminuta fracción de estas combinaciones moleculares hace acto de presencia en la vida en la Tierra. Este enorme espacio de configuración en la biología significa que el azar gana —de manera abrumadora— y que la evolución biológica es un fenómeno fuertemente divergente. Y, de hecho, la cantidad de información contenida en el árbol de la vida que surge de accidentes congelados a lo largo de la evolución supera con creces lo que sugieren sin más la química y la física. Esto es lo que llevó a Gould y otros a declarar que, si pudiéramos rebobinar el reloj y volver a ejecutar la evolución biológica, acabaríamos con un árbol de la vida muy diferente.

Pero ¿era el campo de juego igual de amplio en el instante que siguió al big bang caliente? La estructura del árbol ramificado de las leyes físicas que se representa en la figura 35 ¿la dictan sobre todo las profundas simetrías matemáticas de sus raíces o, al contrario, viene determinada sobre todo por accidentes históricos? Es obvio que este es un punto esencial y crucial para las aspiraciones de los cosmólogos del multiverso.

Para hacernos una idea del abanico de posibilidades, debemos dar un paso más en nuestro viaje hacia un marco unificador e incluir la gravedad.

Como ya he mencionado, la extensión de la gran unificación para incluir la gravedad supone desafíos de una magnitud muy superior. Para empezar, la relatividad general de Einstein describe la gravedad en términos de un rígido campo clásico —el tejido del espaciotiempo—, mientras que el modelo estándar y las GUT hablan de campos cuánticos fluctuantes. Por tanto, una teoría de unificación parecería exigir una descripción cuántica de la gravedad y el espaciotiempo. El enfoque euclidiano de Stephen sobre la gravedad cuántica ofrece justo eso, al menos de manera aproximada, pero las geometrías de tiempo imaginario en las que se basa solo reflejan ciertas propiedades generales del dominio cuántico de la gravedad. Apenas dilucidan la naturaleza de los cuantos microscópicos que hay tras el espaciotiempo. Y, lo que es más, trabajar con campos cuánticos ha demostrado ser inadecuado para obtener una descripción cuántica integral de la gravedad. Esto se debe a que las fluctuaciones cuánticas del campo del espaciotiempo crecen sin límite a escalas cada vez más pequeñas. Las fluctuaciones microscópicas del espaciotiempo crean un ciclo que se autorrefuerza de fluctuaciones cada vez más frenéticas que destruyen su propia estructura básica. Y, a diferencia de otros campos, que ondulan sobre un fondo fijo de espacio y de tiempo, la gravedad es espaciotiempo. Esta es la dificultad crucial cuando tratamos de conciliar la gravedad y la teoría cuántica.

Ahí entra la teoría de cuerdas. A mediados de la década de 1980, los teóricos descubrieron un nuevo y emocionante camino hacia la gravedad cuántica reemplazando las partículas puntuales por cuerdas como constituyentes básicos de la realidad física. El principio central de la teoría de cuerdas es que, si diseccionásemos la materia a escalas cada vez más diminutas, mucho más que las más pequeñas alcanzables con los mayores aceleradores de partículas, hallaríamos, ocultas en lo más profundo de todas las partículas, vibrantes y diminutas hebras de energía que los físicos han denominado «cuerdas».

Las cuerdas son para la teoría de cuerdas lo que los átomos eran para los antiguos griegos: indivisibles e invisibles. A diferencia de la idea griega de los átomos, sin embargo, todas las cuerdas de la teoría de cuerdas son iguales: el mismo tipo exacto de cuerda se oculta en el fondo de todas las especies de partículas. Este igualitarismo se ajusta con gran belleza a una filosofía de unificación, pero cabe preguntarse entonces cómo puede el mismo tipo de cuerdas dotar a cada especie de partícula de identidades distintas, desde su masa y espín específicos a su carga eléctrica o su color. Según la teoría de cuerdas, la respuesta es que cada cuerda puede vibrar de distintas formas. La teoría de cuerdas afirma que los electrones y los quarks, e incluso las partículas de las fuerzas como los fotones, surgen de patrones vibracionales distintos de un único tipo de cuerda. Así, igual que las diferentes vibraciones de la cuerda de un violonchelo producen notas diversas, la teoría de cuerdas predice que una entidad universal similar a una hebra, vibrando de muchas formas distintas, produce una multiplicidad de especies de partículas.

Lo crucial es que los pioneros de la teoría de cuerdas descubrieron que, en uno de esos modos vibracionales, una cuerda tiene justo las propiedades adecuadas para actuar como cuanto de gravedad: un «gravitón». Es más, al convertir los puntos en filamentos que vibran,

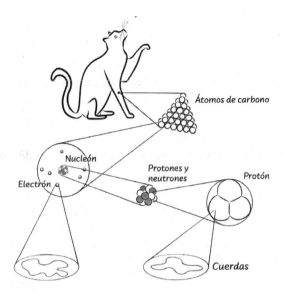

FIGURA 36. La teoría de cuerdas concibe que los elementos básicos de la materia no son partículas, sino minúsculas hebras de energía vibrante: cuerdas.

la teoría de cuerdas controla las problemáticas fluctuaciones cuánticas del espaciotiempo a escalas superpequeñas. En efecto, en la teoría de cuerdas, para empezar, no hay en realidad escalas superpequeñas, como ilustra el diagrama de Feynman de la figura 37, que muestra la dispersión de dos cuantos gravitacionales según la teoría de cuerdas. Vemos que es imposible señalar con exactitud la ubicación donde interactúan dos gravitones en vibración. Es como si estas piezas básicas indivisibles similares a cuerdas dotasen el micromundo de una escala de longitudes mínima por debajo de la cual el espacio es intrínsecamente difuso. Este nivel adicional de incertidumbre desempeña un papel esencial en la forma en que la teoría de cuerdas impide que las fluctuaciones microscópicas del espaciotiempo escapen de control.

Una propiedad notable es que esta cualidad difusa adicional se extiende incluso a la forma del espaciotiempo. El espaciotiempo relativista puede deformarse y curvarse, desde luego, pero la teoría de cuerdas va más allá y dice que la geometría del espaciotiempo no está

FIGURA 37. La teoría de cuerdas describe los gravitones, los cuantos individuales de la gravedad, como diminutos bucles vibrantes. Este diagrama de Feynman representa la interacción de dos de estos gravitones a modo de cuerdas. Vemos que el proceso de dispersión es borroso en el espacio y el tiempo. Esta difuminación ayuda a controlar las fluctuaciones cuánticas de corto alcance del espacio-tiempo.

fijada de forma única, hasta el punto de que incluso pueden aparecer o desaparecer dimensiones enteras del espacio. «¿Cuál es la geometría del espaciotiempo?», nos preguntamos en relatividad. La respuesta, según la teoría de cuerdas, es que depende de la perspectiva. En la teoría de cuerdas puede haber diferentes formas del espaciotiempo que, sin embargo, describan físicamente situaciones equivalentes. Se dice que tales formas son duales y las operaciones matemáticas que vinculan geometrías diferentes se conocen como dualidades. La más famosa y alucinante de todas estas dualidades se denomina dualidad holográfica, y será el tema central del capítulo 7.

Para finales de la década de 1980, los teóricos de cuerdas estaban convencidos de que la interacción entre cuerdas unidimensionales ofrecía una descripción microscópica matemáticamente sólida de la gravedad, y esto se convirtió en la principal marca de identidad de la teoría. Antes de la teoría de cuerdas, la gravedad y la teoría cuántica parecían estar fundamentalmente enfrentadas, como si el libro de la naturaleza se hubiese escrito en dos volúmenes que contaban historias contradictorias. Con el descubrimiento de la teoría de cuerdas, los físicos teóricos vislumbraron la forma de que los dos pilares centrales de la física del siglo XX funcionasen en armonía. Lo que es más importante, ambos pilares «emergen», en cierto sentido, del marco unificador de la teoría de cuerdas. Aplicada a objetos grandes y masivos, las reglas de la teoría de cuerdas se reducen básicamente a la ecuación de la relatividad general de Einstein. Cuando se aplican a un pequeño número de cuerdas con una vibración no demasiado enérgica, las mismas reglas de la teoría de cuerdas generan la habitual teoría cuántica de campos.

Aún en la actualidad, sin embargo, la estructura fundamental de la teoría sigue siendo un tanto elusiva. De hecho, si les preguntamos a varios teóricos qué es la teoría de cuerdas, lo más probable es que obtengamos unas cuantas respuestas diferentes. En ausencia de acceso experimental directo a las energías ultraaltas a las que se pone de manifiesto la naturaleza similar a cuerdas de la materia y de la gravedad, los teóricos de cuerdas han tenido que suplantar los datos experimentales con la máxima de Dirac de «buscar matemáticas interesantes y bellas» a fin de desarrollar su teoría. Debe decirse que, por lo general, a los teóricos de cuerdas eso no les ha preocupado demasiado. A lo largo de los años, la comunidad de la teoría de cuerdas ha desarrollado su propio e intrincado sistema de controles para juzgar sus progresos, basado sobre todo en criterios relacionados con la coherencia matemática de la estructura y la extraordinaria profundidad de la comprensión teórica que ofrece. Y esto ha generado una ciencia notablemente innovadora. A estas alturas, el campo de la teoría de cuerdas ha evolucionado mucho más allá de los objetivos originales de combinar gravedad y mecánica cuántica. Ha creado una red de relaciones que entretejen un amplio espectro de ramas de la física y las matemáticas, desde la física de la superconductividad y la teoría de la información cuántica hasta, como veremos en el capítulo 7, la cosmología cuántica.

Sin embargo, a diferencia de la ecuación de la relatividad general de Einstein o de las ecuaciones de la teoría cuántica de Schrödinger y Dirac, aún no se ha hallado una única ecuación maestra en la que todos estén de acuerdo y que encapsule el núcleo de la teoría de cuerdas. Es más, el poder unificador de la teoría de cuerdas ha tenido un coste, y no trivial: para que la matemática que subyace a la teoría de cuerdas funcione, las cuerdas se deben mover en nueve dimensiones del espacio (*modulo ambiguitatis*).* Es decir, las reglas de la teoría

---

* Ambigüedad en los parámetros. *(N. de los T.)*

de cuerdas requieren seis dimensiones espaciales adicionales, además de las habituales longitud, anchura y altura, a fin de que la teoría se sostenga matemáticamente.[4]

Cabe preguntarse por qué estas dimensiones adicionales no descartan de inmediato la teoría como descripción viable de nuestro mundo. Seguro que si hubiese más dimensiones en el espacio lo habríamos notado, ¿no? Sin embargo, esto no es necesariamente cierto, porque las seis dimensiones adicionales podrían ser muy pequeñas y estar retorcidas y apretadas en cada punto, en lugar de extenderse a lo largo de escalas cósmicas, como las tres dimensiones con las que estamos familiarizados. En tal caso, podría ser muy difícil establecer su existencia. Sería como mirar una pajita de beber desde una gran distancia. La pajita parece entonces unidimensional, a pesar de que tiene una segunda dimensión circular alrededor que sería visible si uno estuviera bebiendo con ella y sosteniéndola con la mano. Del mismo modo, si las seis dimensiones adicionales son mucho más pequeñas que las escalas de longitud que en la actualidad puede discernir el LHC o cualquier otro experimento de alta energía, su existencia nos habrá pasado desapercibida hasta ahora. La masa amorfa hexadimensional espacial que puede estar acechando en todos los puntos del espacio habrá tenido hasta ahora el aspecto de, en fin, un punto (ver la figura 38).

Pero las cuerdas son tan diminutas que merodean por el interior de ese oculto mundo hexadimensional. E igual que la forma de un violonchelo determina la combinación de patrones vibratorios que crea su particular color tonal, la geometría de la pepita hexadimensional de la teoría de cuerdas determina qué especie de partículas y qué fuerzas producen esas merodeantes cuerdas.

La teoría de cuerdas pinta nuestro mundo tridimensional visible como una especie de reflejo borroso de una realidad visible mucho más compleja, de más dimensiones, que solo podemos discernir de manera indirecta.

Así, la imagen que surge de todo esto es que la naturaleza de la materia y la forma de las leyes físicas efectivas en las tres dimensiones grandes de nuestra experiencia —incluida la intensidad de las fuerzas de las partículas, el número y tipos de las partículas, tanto visibles como oscuras, sus masas y cargas eléctricas, y todo lo demás, e inclu-

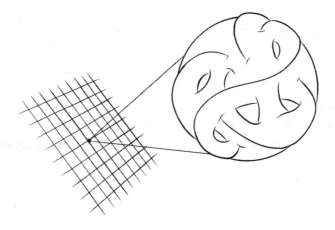

Figura 38. La teoría de cuerdas predice que, si pudiésemos ampliar enormemente el tejido del espacio, hallaríamos que cada punto de las familiares tres dimensiones grandes contiene minúsculas dimensiones adicionales. Es más, la forma de esta pepita hexadimensional en todos los puntos afecta a la amalgama de fuerzas y partículas que existen en las tres dimensiones grandes.

so la cantidad de energía oscura— dependen de la forma en que se retuercen las seis dimensiones que se arremolinan en cada punto.

Pero ¿qué principio selecciona la forma del diminuto nudo espacial que corresponde al macromundo biofílico que observamos? Este es el enigma del diseño en el atractivo paisaje matemático que abre la teoría de cuerdas.

Los padres fundadores de la teoría de cuerdas albergaban grandes esperanzas en que un potente principio matemático en el núcleo de la teoría señalaría la forma única de las dimensiones adicionales. Pensaban que con la teoría de cuerdas estábamos en el buen camino para explicar los números clave que hay tras el modelo estándar y la composición de materia y energía (ordinarias y oscuras) del universo basándonos en puros razonamientos matemáticos. Pronto se reivindicaría a Platón, decía el mantra, y la sorprendente idoneidad del universo para la vida resultaría no ser más que una consecuencia fortuita de sus rígidos puntales matemáticos subyacentes.

Pero todas aquellas esperanzas se estrellaron enseguida contra el descubrimiento de que, al igual que en los instrumentos musicales, en la teoría de cuerdas las dimensiones adicionales vienen en un inmenso número de formas. Durante la década de 1990, los teóricos vieron con horror cómo se descubría un increíble número de formas nuevas de envolver seis dimensiones adicionales en una minúscula pepita. Estas geometrías ocultas pueden ser muy complejas, con un laberinto multidimensional de asas, puentes y agujeros geométricos envueltos y perforados por flujos de líneas de campo, todos ellos apretadamente plegados como en origami. En la figura 38 he intentado evocar esta elaborada forma, aunque la proyección sobre una página bidimensional no hace en absoluto justicia a la complejidad de las otras dimensiones en la teoría de cuerdas.

Combinando los diversos ingredientes de la teoría, los teóricos de cuerdas hallaron muchas más formas posibles de dimensiones ocultas que átomos en el universo observable. Cada forma del espacio compone su propia sinfonía de cuerdas, que describe un universo con su propio conjunto específico de leyes efectivas. De este modo, explorando el paisaje matemático de las dimensiones adicionales, los teóricos revelaron también una alucinante cornucopia de leyes físicas efectivas en las tres dimensiones grandes que podemos ver. Ciertas disposiciones especiales de dimensiones ocultas corresponden a universos cuyas leyes son casi idénticas a las que observamos, de las que solo difieren, pongamos por caso, en los valores precisos de las masas de algunas partículas. Tales universos podrían ser del mismo modo favorables a la vida, o aún más. La inmensa mayoría de envolturas extradimensionales generan universos distintos por completo del nuestro, con una amalgama de partículas y fuerzas que nos sería del todo ajena. A finales de siglo, la teoría de cuerdas se había convertido en un supermercado de leyes físicas; se podía soñar un universo cualquiera, gobernado por ciertas leyes físicas efectivas, y hallar entonces alguna configuración de dimensiones adicionales que coincidiera con él. Hay innumerables universos en los que el efecto repulsivo de la energía oscura impide la formación de galaxias y de vida, algún universo en el que el LHC habría producido agujeros negros —y Stephen habría conseguido su Premio Nobel— e incluso universos en los que se expanden y crecen un número diferente de dimensiones espaciales.

En un contexto cosmológico, el moldeado de las dimensiones adicionales forma parte de la cadena de transiciones de ruptura de simetría que hacen brotar el árbol de leyes efectivas. También el estallido de inflación, la transición por la cual tres dimensiones espaciales se separan y se expanden, puede verse como parte del moldeado de esa realidad de altas dimensiones tras el nacimiento del universo. De hecho, incluso el propio nacimiento, en el que el espacio podría haberse «partido» en espaciotiempo, tiene el regusto de una transición de ruptura de simetría, en cierto sentido la definitiva. Es más, los saltos cuánticos agregan un elemento de aleatoriedad a todo este proceso. Y, aunque la mayoría de estos saltos no dejan rastro alguno, aquellos que provocan transiciones de ruptura de simetría se ven amplificados y congelados como parte de las leyes efectivas que acaban de emerger. Esta es, una vez más, la interacción darwiniana entre la variación y la selección tal como se manifiesta en el entorno primitivo del universo más temprano: el nivel más antiguo y profundo de evolución que podamos imaginar.

El enorme rango de nudos hexadimensionales hace que la respuesta de la teoría de cuerdas a la pregunta que planteamos antes es que la variación y el azar se imponen a la necesidad, y con mucha diferencia. ¿Es la teoría del todo tan potente que no determina nada?

Por un lado, el hecho de que las cuerdas cuánticas vibrantes generen la gravedad significa que la teoría de cuerdas tiene todo lo necesario para hacer realidad el sueño de Einstein de una teoría unificada completa de todas las fuerzas y partículas. Es más, a diferencia del modelo estándar, la teoría de cuerdas no tiene parámetros libres que deban medirse antes de poder utilizarla. Desde un punto de vista teórico, en física no se puede ser más puro. Por otro lado, esta pureza permite que la teoría albergue una sobrecogedora miríada de leyes efectivas. En su maravilloso libro *La realidad oculta*, Brian Greene describe este alucinante paisaje matemático en gran detalle y desarrolla no menos de cinco formas muy diferentes en las que las intrincadas estructuras de la teoría de cuerdas se agitan para dar lugar a una multitud de leyes efectivas.

Desde un punto de vista práctico, este supermercado de leyes supone que la teoría de cuerdas no es una ley, sino una metaley. En retrospectiva, esto no debería resultar sorprendente, porque la ausencia de parámetros y estructuras predeterminadas en la matemática unificadora que subyace a la teoría de cuerdas implica que debe haber un elemento emergente para cualquier ley efectiva que codifique, y la emergencia en un mundo cuántico está sujeta a variaciones aleatorias.

Curiosamente, por tanto, la historia de la gran unificación se puede leer de dos maneras, y cada una de ellas muestra un lado distinto de la historia.

Si leemos de bajas a altas energías, en sentido descendente en la figura 35, recuperamos la historia de éxito del programa de unificación de la física de partículas. Al incrementar la energía, nos encontramos con simetrías que abarcan cada vez más y codifican patrones matemáticos que son progresivamente más profundos, interconectando las fuerzas y partículas observadas, y quizá hasta la materia oscura, en un marco unificador que va siendo más inclusivo. Esta es la lectura ortodoxa de la unificación, la de la física de partículas, y es así como estas ideas se contrastan en el laboratorio. Los físicos de partículas demandan aceleradores más grandes para hacer chocar partículas entre sí con energías más altas a fin de explorar las simetrías unificadoras de niveles más profundos (suponiendo al mismo tiempo que el umbral para crear agujeros negros se encuentra aún más elevado). Esta lectura también pone de relieve las interdependencias entre los componentes básicos de la naturaleza y el núcleo dominado por la necesidad que la unificación busca poner al descubierto.

Si leemos de altas a bajas energías, en sentido ascendente en la figura 35, vemos una serie de transiciones que crean una estructura arborescente de fuerzas físicas y especies de partículas que recuerda en gran medida al árbol de la vida (ver figura 5). Esta es la lectura natural en un contexto cosmológico, donde la expansión causa el enfriamiento y este causa la ramificación. Vista de esta forma, la gran unificación es, en primer lugar, una gran fuente de variación que hace posible un proceso por el cual las leyes físicas mutan y se diversifican, de forma muy parecida a lo que miles de millones de años más tarde harían las especies biológicas.

Estas lecturas no se contradicen entre sí; no son más que dos caras de la misma moneda: variación y selección.

El trascendental descubrimiento del abrumador espectro de rutas ramificadas de la teoría de cuerdas resultó ser un punto de inflexión para la teoría del multiverso. Muy al principio, los multiversistas como Linde y Vilenkin ya se habían dado cuenta de que cabe esperar que los universos isla, las regiones donde la inflación termina y hace la transición hacia un big bang caliente, difiriesen en su estructura y composición. Algunos tendrían material suficiente para producir miles de millones de galaxias; otros estarían casi vacíos. Con la teoría de cuerdas, el ámbito de variación entre islas se disparó hasta alturas inimaginables. La teoría de cuerdas predecía que, si en realidad se da un escenario de inflación eterna, debe alojar una sobrecogedora diversidad de universos isla. Cada uno de ellos llevaría la marca de su nacimiento, con su propia cascada de transiciones en el momento de expandirse y enfriarse. El multiverso en su conjunto sería un tapiz cósmico realmente abrumador y abigarrado, tejido de algún modo por la mano invisible de las metaleyes de la teoría de cuerdas.

Los habitantes de un universo isla determinado que mirasen a su alrededor podrían tener la impresión de que las leyes físicas son universales, e incluso preguntarse, como hacemos nosotros, si esas leyes estaban elaboradas al milímetro para que la vida apareciese. Pero en el variado multiverso de la teoría de cuerdas esto no sería más que una ilusión. Lo que llamamos «leyes de la física» serían solo patrones locales, reliquias congeladas que reflejarían la forma particular en que nuestro sector de espacio se enfrió a partir de su big bang caliente. Igual que los picos puntiagudos de los pinzones de Darwin o el hecho de que el ADN sea dextrógiro, las propiedades de las partículas y de las fuerzas no formarían parte de un gran diseño, sino que serían meras características de nuestro entorno cósmico. Es solo que el proceso de estilo darwiniano que dio lugar a las leyes físicas efectivas sucedió en el pasado más remoto, ocultando su carácter evolutivo.

Recuerdo con claridad la conferencia de Leonard Susskind «El paisaje antrópico de la teoría de cuerdas»,[5] publicada en *Universe or Multiverse?*, que fue una de las primeras conferencias científicas que unió a teóricos de cuerdas y cosmólogos. La reunión se celebró en la Universidad de Stanford en marzo de 2003, convocada por Linde y Paul Davies. Los teóricos que se reunieron lo hicieron con un estado de ánimo exultante. El progreso hacia una teoría definitiva que se alinease de forma única con el mundo observado llevaba años paralizado. En un impactante giro de los acontecimientos, Susskind sostuvo en la reunión que esta búsqueda había tomado un camino erróneo. La teoría de cuerdas se apoya sobre sólidos y profundos principios matemáticos, explicó, pero la teoría no es una ley física en el sentido habitual. Deberíamos más bien pensar en ella como en una metaley que gobierna un multiverso con innumerables universos isla, cada uno de ellos con sus propias leyes locales de la física.

Más tarde, en ese mismo año, en Santa Bárbara, el Instituto Kavli para la Física Teórica puso en marcha su primer programa de Cosmología de Supercuerdas. En un auditorio repleto, un Linde extático explicó a un público de teóricos de cuerdas, atentos a cada una de sus palabras, cómo su mecanismo de inflación eterna para la generación de universos podía crear una proliferación interminable de universos isla que ocupasen hasta los rincones más remotos del paisaje de la teoría de cuerdas. La inflación eterna, según proponía, convierte el enorme ámbito de variación de la teoría en un verdadero tapiz cósmico: el multiverso.

Lo preocupante es que no había nada en las metaleyes de la teoría de cuerdas que dijese dónde se supone que debemos encontrarnos en aquel demencial tapiz cósmico, y por tanto qué tipo de universo debemos esperar observar a nuestro alrededor. El multiverso por sí mismo es impersonal e incompleto. Esa es la situación paradójica que describimos en el capítulo 1: como teoría física, el multiverso señala el final de la mayor parte de la predictibilidad adquirida por la física.

Pero Susskind propuso un nuevo gran pacto, argumentando que la combinación del multiverso y el principio antrópico permitía darle la vuelta a aquel desconcierto explicativo, porque el principio antrópico «selecciona» un fragmento del multiverso favorable a la vida. Por sí solo, el principio antrópico no es ciencia, pero en combinación con el multiverso, proponía Susskind, tiene un poder predictivo real. Así que propuso la «cosmología del multiverso antrópico» como nuevo paradigma para la física fundamental y la cosmología, en sustitución del marco ortodoxo basado solo en leyes objetivas e intemporales.

En retrospectiva, lo que de verdad desencadenó la «revolución» antrópica en cosmología fue una destacada interacción entre estas nuevas ideas teóricas en el marco de la teoría de cuerdas y nuevas observaciones que señalaban que una energía oscura invisible permeaba el espacio. Ya mencioné antes que, hacia principios del siglo XXI y para sorpresa de casi todos, las observaciones astronómicas de supernovas indicaron que la expansión del universo se ha ido acelerando durante los últimos 5.000 millones de años. Los teóricos, pugnando por una explicación, resucitaron el notorio término λ de Einstein, cuyas energía oscura y presión negativa hacen que la gravedad sea repelente a muy grandes escalas. Sin embargo, la cantidad de energía oscura —el valor de la constante cosmológica λ— que se necesita para justificar la aceleración observada es extraordinariamente pequeño: un increíble 10^{-123} de lo que muchos considerarían un valor natural. Esta bochornosa discrepancia entre lo que esperamos y lo que observamos tiene que ver con la mecánica cuántica, que predice que el espacio vacío debería estar abarrotado de partículas virtuales, fluctuaciones del vacío cuántico. La energía asociada a toda esta frenética actividad en el vacío genera, de hecho, una constante cosmológica. Pero, cuando los físicos de partículas suman las contribuciones de todas las partículas virtuales, hallan una cifra absurdamente grande para λ, una constante cosmológica de tal magnitud que destruiría por completo el universo antes de que las galaxias pudiesen siquiera empezar a formarse. Hasta finales de la década de 1990, la mayor parte de los teóricos suponían que en el núcleo de la teoría de cuerdas había un principio de simetría aún no descubierto que fijaba el valor de la energía oscura en cero. Pero el descubrimiento, a principios de la década de los 2000, de que la teoría alberga un multiverso en expansión, aunado a la sorprendente observación de que, a fin de cuentas, la constante cosmológica no vale cero, provocó un espectacular cambio de perspectiva sobre «qué es natural» en lo que se refiere a λ. La búsqueda de una explicación fundamental del cero fue rápidamente sustituida por la creencia de que la cantidad de energía oscura cambiaba de forma aleatoria de un universo isla a otro en un multiverso vasto y variado, y que el principio antrópico seleccionaba el valor pequeñísimo, pero distinto de cero, que observamos.

Curiosamente, las primeras consideraciones antrópicas en este contexto son anteriores a todos estos desarrollos teóricos y observacionales de finales de la década de 1990. Ya en 1987, en un tiempo en que las especulaciones sobre multiversos eran por lo general descartadas como mala metafísica, Steven Weinberg llevó a cabo un muy notable experimento mental en el que reflexionaba sobre el valor de la constante cosmológica desde un punto de vista antrópico. Weinberg imaginó un multiverso hipotético y estudió qué universos isla desarrollarían una red de galaxias. Observó que esta condición exigía un límite superior extremadamente restrictivo para el valor local de la constante cosmológica. De hecho, los universos isla en los que λ es solo algo mayor que el valor que observamos empezarían a acelerar millones, en lugar de miles de millones, de años después de su big bang, sin dar tiempo a la agregación de la materia.[6] Sin galaxias, el universo sería un lugar carente de vida. De ahí que el hecho de que existamos, concluía Weinberg, nos lleva de manera natural a fijarnos en los universos isla con solo un mínimo rastro de energía oscura, que se encuentran en una ventana de biofilia extraordinariamente estrecha.

Por otro lado, no deberíamos esperar que la densidad de energía oscura fuese demasiado inferior a la necesaria para nuestra existencia. Este era el ajuste antrópico de su argumento. Weinberg suponía que somos observadores seleccionados de forma aleatoria que viven en un multiverso de universos isla que representan una muestra de casi todos los valores posibles de λ, incluso dentro de la estrecha banda de valores compatibles con la vida. La inmensa mayoría de universos isla habitables tendrían densidades de energía oscura cercanas al límite superior establecido por la vida, solo porque se requiere un ajuste excesivamente fino para seleccionar un valor de λ aún inferior. Razonando en esta línea, llegó a la conclusión de que la cantidad de energía oscura observada no debería ser cero, como se solía creer en aquel momento, sino, de hecho, lo más grande posible siempre y cuando no perturbase la formación de galaxias. Esta conclusión llevó a Weinberg a predecir, ya en el año 1987, que las observaciones astronómicas podrían algún día revelar que la constante cosmológica no desaparece, sino que toma un valor muy pequeño, pero distinto de cero. No pasaría una década antes de que las observaciones de supernovas demostrasen que tenía razón.

Es más, la teoría de cuerdas parecía proporcionar el multiverso enormemente abigarrado que Weinberg, en su experimento mental, había supuesto que existía. Y sucedió que, en una notable serie de acontecimientos, el triángulo formado por observaciones, teoría y el razonamiento antrópico sobre λ —cada uno de ellos revolucionario por sí mismo— acabó por confluir a principios de la década de los 2000. Fue esta conjunción de ideas lo que condujo a la cosmología del multiverso antrópico, el nuevo paradigma que dio alas al radical cambio de perspectiva sobre el ajuste fino cósmico que Susskind y otros adoptaron.

Si existe un multiverso, entonces, solo por azar, habrá aquí y allá universos isla singulares que poseerán leyes locales adecuadas para la vida. Como es obvio, la vida solo aparecerá en esos universos isla. Otros, en los que las condiciones no sean favorables para la vida, permanecerán sin ser observados, solo porque no somos capaces de observar lugares donde no podemos existir. El principio antrópico sirve para seleccionar las islas habitables dentro del multiverso, aunque estas sean excepcionalmente infrecuentes. Así, considerada en su conjunto, la cosmología del multiverso antrópico parecía resolver el ancestral enigma de diseño: habitamos un lugar singular apropiado para la vida que es seleccionado por el principio antrópico dentro de un mosaico cósmico en su mayor parte desprovisto de vida.

A primera vista, esta línea de pensamiento no parece muy diferente de la forma en que explicamos los efectos de la selección ordinaria dentro de nuestro universo observable. No podemos existir en regiones del universo en las que la densidad de materia sea demasiado baja para que se formen estrellas, ni tampoco en una era antes de que haya un buen suministro de elementos como el carbono. Al contrario, vivimos en un planeta rocoso, rodeado por una atmósfera, en la zona habitable de un sistema estelar especialmente estable y tranquilo, muchos miles de millones de años después del big bang, porque este entorno es muy favorable a la vida y en él la vida inteligente ha tenido oportunidad de desarrollarse. Del mismo modo, según la cosmología del multiverso antrópica, tenemos leyes de la física intrínsecamente biofílicas solo porque no podríamos haber evolucionado en un universo en el que las condiciones físicas imposibilitaran nuestra existencia. En cierto sentido, el principio antrópico afirma que hallamos que la física del universo observable es como es precisamente porque estamos aquí.

Stephen no se dejó impresionar. Estaba muy de acuerdo con Susskind, Linde y sus seguidores en que el diseño conspicuamente biofílico del universo exigía una explicación, y profundamente en desacuerdo con la pretensión de que la cosmología del multiverso antrópico lo hiciese. De vuelta a Pasadena, tras la reunión de Santa Bárbara, nos detuvimos en un club de baile cubano en Beverly Hills en el que Stephen aprovechó el tiempo de baile para expresar su insatisfacción con la nueva cosmología de cuerdas. «Los defensores de la inflación eterna y del multiverso se han hecho un lío sobre lo que vería un observador típico —escribió al ritmo de la salsa cubana—. Desde su punto de vista, todos somos chinos y el desastre está a la vuelta de la esquina».

* * *

Ya en el cambio de siglo, a Stephen cada vez le preocupaba más que el razonamiento antrópico en cosmología minase el método racional, el corazón mismo de la ciencia. Puede que esto sea una cuestión sutil, pero vale la pena prestarle atención, porque hemos llegado al núcleo de la polémica entre Linde y Hawking.

El problema básico es que el principio antrópico depende de la hipótesis —que con demasiada frecuencia se suele olvidar— de que, de una u otra forma, somos habitantes típicos del multiverso. Esto es, a fin de razonar de manera antrópica, debemos primero especificar qué es típico y qué no lo es. Para ello tenemos que señalar algunas de las propiedades biofílicas del mundo físico que se consideran importantes para la vida. Estas propiedades transcriben palabras como «nosotros» o «el observador» al lenguaje de la física. Su prevalencia, junto con las propiedades estadísticas del multiverso, se utiliza entonces para deducir en qué tipo de universo isla deberíamos estar nosotros —habitantes típicos del multiverso—, y por tanto qué clase de física podemos esperar descubrir con nuestros telescopios.

Pero ¿qué selecciona las propiedades «antrópicas» que especifican el conjunto de observadores de los que en teoría somos miembros típicos, seleccionados de forma aleatoria? ¿Debemos considerar ciertas propiedades de las leyes efectivas o contar el número de galaxias espirales, o incluso la proporción de bariones que terminan en galaxias o el número de civilizaciones avanzadas? Todos somos típicos en algunos aspectos y atípicos en otros. ¿Soy yo típico en el sentido de que vivo en el país más poblado de mi planeta? Los lectores de la India responderán que sí, otros que no. ¿Soy típico en el sentido de que vivo en un país que tiene cuatro estaciones? La mayor parte de los lectores responderán que sí, y algunos que no. Es más, hay un inmenso número de conjuntos para los cuales es imposible decidir. ¿Vivimos en el universo que tiene el mayor número de civilizaciones? Puede que sí. Pero también puede que vivamos en un universo atípico a este respecto, es decir, un universo que contiene varias civilizaciones, aunque muchas menos que otros universos. Ni los datos presentes ni los futuros nos lo indicarán. Es solo que no lo sabemos. Y este es un problema de la cosmología del multiverso antrópico. Porque, en ausencia de un criterio claro que especifique cuál es la clase de referencia correcta de habitantes del multiverso, todas las predicciones teóricas de la cosmología del multiverso antrópico se hacen ambiguas. La teoría cae presa de las preferencias personales y de la subjetividad. Desde el punto de vista de usted, el lector, deberíamos hallarnos en un tipo de universo isla, mientras que mi perspectiva selecciona otro, sin posibilidad de alcanzar una resolución racional a partir de las pruebas procedentes de la experimentación y la observación.

La «predicción» antrópica de Weinberg de que deberíamos medir una constante cosmológica pequeña, pero distinta de cero, ofrece un buen ejemplo. Una inspección más detenida ha revelado que el valor predicho de λ depende fuertemente de la clase de referencia de habitantes del multiverso que se haya elegido. Weinberg supuso que somos habitantes típicos de universos isla que difieren en su cantidad de energía oscura, pero que, en otros sentidos, comparten justo los mismos parámetros físicos. Los cosmólogos Max Tegmark y Martin Rees señalaron que, si, en cambio, suponemos que hemos sido seleccionados de forma aleatoria entre el conjunto mucho mayor de observadores que habitan universos isla que difieren tanto en su constante cosmológica λ como en el tamaño de sus semillas galácticas, entonces el valor predicho de λ sería mil veces mayor que el que nosotros medimos.[7] Elecciones más creativas de clases de referencia conducen a conclusiones de verdad absurdas, hasta el punto de que deberíamos esperar ser cerebros surgidos de fluctuaciones en el vacío de un universo isla en el que no hay nada más, con todos nuestros recuerdos traídos a la existencia hace tan solo una fracción de segundo. La conclusión es esta: razonando antrópicamente, siempre se puede convertir un fracaso en un éxito aparente, o viceversa, ajustando a nuestro gusto la población de observadores aleatorios.

Quizá es pedir demasiado que una cosmología del multiverso sea refutable en el antiguo sentido de Popper. Puede que la naturaleza no resulte tan amable y no haya una medida indiscutible que nos permita descartar de forma definitiva toda la teoría del multiverso. Pero no es pedir demasiado que una teoría física nos permita efectuar predicciones no ambiguas, de manera que posteriores observaciones y experimentos tengan al menos el potencial de reforzar nuestra confianza en ella. Si nos falta esto, el proceso de la ciencia pasa a estar en peligro. Como todas las teorías que, para sus predicciones, dependen de distribuciones aleatorias de las que solo podemos observar un caso —el nuestro—, la cosmología del multiverso antrópico no consigue satisfacer este criterio básico.

Los cosmólogos se refieren a esto como el problema de la medición de la cosmología del multiverso: carecemos de una forma no ambigua de medir el peso relativo de diferentes poblaciones de universos isla, y esto socava el poder predictivo de la teoría en lo que se refiere a nuestras observaciones. De hecho, este problema de la medición se manifiesta quizá con mayor claridad cuando tratamos de predecir propiedades del universo que no tienen una relación directa con la vida, porque entonces el principio antrópico no ofrece una vía de escape tras la cual ocultarse.[8]

Hemos llegado a una crisis kuhniana de libro. Albergábamos la esperanza de que el principio antrópico nos permitiese especificar «quiénes somos» en el tapiz cósmico de la inflación eterna y relacionar la teoría del multiverso abstracta con nuestras experiencias y mediciones como observadores dentro de este universo. Pero no consigue insertar el «nosotros» en las ecuaciones de una manera que respete las prácticas científicas básicas, lo que deja la teoría sin ningún alcance explicativo.

A decir verdad, recurrir a un proceso de selección aleatoria apartada de las metaleyes, por encima de ellas, oculta una perspectiva de los asuntos cósmicos decididamente no antrópica, sino más bien divina. La selección aleatoria imagina que, de algún modo, miramos al cosmos desde fuera y «elegimos» quiénes somos entre todos los observadores que son como nosotros. Esto sería justificable si nosotros o algún actor metafísico en realidad hubiéramos llevado a cabo esa operación y fuésemos conscientes del resultado de esa elección. Pero no hay la más mínima prueba de ello. Equiparar el simple hecho de que percibamos que somos seres humanos que habitamos un universo con la realización de un acto cósmico de selección aleatoria es un razonamiento falaz.[9] Por consiguiente, no debemos derivar predicciones teóricas como si hubiésemos sido seleccionados al azar dentro de un conjunto que nosotros mismos hemos elegido. Es perfectamente posible (y no necesariamente improbable) que vivamos en un universo cuyas leyes efectivas sean atípicas en muchos sentidos. De hecho, eso es justo lo que la aleatoriedad de las transiciones de ruptura de simetría debería llevarnos a esperar.

Tenemos el universo observado, con sus leyes efectivas y su configuración de estrellas y galaxias, que en ocasiones albergan vida. Tanto si esto es todo lo que hay como si forma parte de un gigantesco multiverso, la situación lógica es la misma: nuestro universo, el que observamos, muestra un conjunto de propiedades físicas extremadamente adecuadas para crear vida. Lo que suceda en universos distantes y causalmente desconectados debería ser por completo irrelevante cuando tratamos de comprender el diseño del nuestro.

Los peligros de razonar sobre la base de la tipicidad nos resultan muy conocidos por otras ciencias históricas, desde la evolución biológica hasta la historia humana. Si Darwin hubiera supuesto que somos típicos, habría tenido en cuenta un conjunto de planetas similares a la Tierra con una variedad de árboles de la vida, todos ellos con una rama *Homo sapiens*. Entonces habría tratado de predecir que nosotros —este caso particular, *Homo sapiens* en el planeta Tierra— deberíamos formar parte del árbol de la vida más común entre todos los árboles posibles con ramas *Homo sapiens*. Es decir, habría ignorado categóricamente su idea esencial de que cada ramificación implica un juego de azar y que el árbol de la vida tal como lo conocemos encierra la intrincada historia de billones de vericuetos accidentales a lo

217

largo de miles de millones de años de experimentación biológica, en lugar de un acto externo de selección aleatoria.

El ingente volumen de posibilidades en la evolución biológica significa que cualquier clase de explicación determinista causal de por qué tenemos este árbol de la vida en particular está condenada al fracaso. Por eso los biólogos trabajan *ex post facto*, describiendo de qué manera un resultado determinado nos conduce hacia atrás a una secuencia específica de ramificaciones. Como mucho, la tipicidad puede ser un principio rector útil para explicar algunas de las propiedades estructurales más generales de la biosfera.

La teoría de cuerdas imagina un espacio igual de vasto de caminos posibles hacia la formación de leyes físicas efectivas tras el big bang, un proceso cuántico que implica saltos aleatorios y una serie de transiciones de ruptura de simetría. Como consecuencia, un resultado determinado no tiene por qué ser ni típico ni probable *a priori*.[10] Sin embargo, a diferencia de la biología moderna, la cosmología del multiverso antrópico se vuelve contra esta aleatoriedad, aferrándose a un esquema explicativo fundamentalmente determinista que sitúa el «porqué» por delante del «cómo». Pero el caso de la biología nos indica que eso ofrece una base imperfecta para comprender la aparición del diseño en cosmología. El premio Nobel David Gross, sin ir más lejos, hace tiempo que mantiene este punto de vista: «Cuanto más observamos y sabemos acerca del universo, peor le va al principio antrópico».[11]

La teoría del multiverso afirma que hay límites fundamentales a la propia idea de la evolución. Si situamos la antigua evolución que lleva a las leyes efectivas de la física contra el telón de fondo fijo de las metaleyes inmutables, la cosmología del multiverso se ciñe a lo que es, después de todo, un esquema explicativo de la física relativamente ortodoxo. Da por supuesto que en el nivel más básico de la física y la cosmología hallaremos metaleyes inmutables y atemporales, y que estas metaleyes tomarán la forma de una ecuación maestra central que gobierna el mosaico cósmico en su conjunto, a partir de la cual se podrán calcular las predicciones probabilísticas para las observaciones de baja energía como las nuestras. En este gran esquema, el multiverso es poco más que un epiciclo añadido a la epistemología newtoniana, algo parecido a la forma en que los antiguos añadían epiciclo sobre epiciclo en un intento de rescatar el modelo ptolemaico del mundo. En última instancia, la evolución y la emergencia no pasan de ser fenómenos secundarios en la cosmología del multiverso, de algún modo menos fundamentales. Este es el verdadero meollo de la cuestión de Hawking *versus* Linde: el hecho de si, en la base de todo, prima el cambio o la eternidad.

¿Es eso todo? Aquella tarde en Beverly Hills, habiendo escuchado la propuesta de revolución del multiverso antrópico, con la banda cubana tocando de fondo, Stephen se mostró dispuesto a abandonar para siempre el principio antrópico. «Vamos a hacer bien las cosas», dijo. Ya no satisfechos con externalizar la refutabilidad de la teoría cosmológica a un principio no científico, nos prometimos replantearnos sus fundamentos básicos. El enigma del diseño nos iba a lanzar de cabeza a la raíz misma de la física, y estábamos solos. Los teóricos de cuerdas estaban en otro universo.

FIGURA 39. Stephen Hawking y el autor, en 2006, en la caverna que aloja el detector Atlas en el CERN, con el portavoz del Atlas Peter Jenni y la viceportavoz, más tarde directora general del CERN, Fabiola Gianotti.

Capítulo 6

¿No hay pregunta? ¡No hay historia!

We had this old idea, that there was a universe out there, and here is man, the observer, safely protected from the universe by a six-inch slab of plate glass. Now we learn from the quantum world that even to observe so minuscule an object as an electron we have to shatter the plate glass; we have to reach in there...

Teníamos esa antigua idea de que había un universo ahí fuera y de que aquí estaba el hombre, el observador, bien protegido del universo por una losa de seis pulgadas de cristal. Ahora, el mundo cuántico nos enseña que, incluso para observar un objeto tan minúsculo como un electrón, tenemos que romper la placa de cristal; tenemos que alargar el brazo hacia él...

JOHN ARCHIBALD WHEELER,
A Question of Physics

Una vez le pregunté a Stephen qué opinaba que era la fama. «Es que te conozca más gente de la que tú conoces», respondió. No me di cuenta de lo modesta que era esa respuesta hasta agosto de 2002, cuando su fama resolvió una emergencia cósmica menor.

Sucedió poco después de mi graduación en Cambridge, cuando ya llevábamos colaborando algunos años. Mi esposa y yo estábamos de viaje por Asia Central, a lo largo de la Ruta de la Seda. Había decidido que, si iba a dedicar el resto de mi vida a estudiar el multiverso, sería mejor que antes viera algo más de este. Pero, mientras estábamos en Afganistán de camino al gran observatorio de Samarcanda, en Uzbekistán, construido por el sultán-astrónomo Ulugh Beg en la década de 1420, recibí un correo electrónico de Stephen en el que me apremiaba a ir a verlo a Cambridge. Algo preocupados, nos pusimos en marcha de inmediato. Sin embargo, al tratar de salir de Afganistán nos quedamos atrapados en un viejo puente soviético que cruzaba el Amu Daria, un río que transcurre entre Uzbekistán y Afganistán. El solitario guardia destacado en mitad del puente nos explicó que el cruce de la frontera estaba cerrado para impedir que las personas entrasen en Afganistán. Le dije que lo que nosotros queríamos era salir, no entrar, pero a él le dio igual. De vuelta al consulado uzbeko en Mazar-i Sharif, tratando de negociar nuestro paso, le mostré al amable cónsul uzbeko el breve mensaje de Stephen en el que me instaba a regresar. Resultó que el cónsul era fan de Stephen Hawking, y a los pocos minutos nos llevó en su propio coche a cruzar el puente a Uzbekistán para que pudiésemos volver a Cambridge.*

Para entonces, el DAMTP se había trasladado del centro de la ciudad de Cambridge y había pasado a formar parte de un moderno campus de ciencias matemáticas que se acababa de construir detrás de los campos de juego del St. John's College, al oeste de la ciudad. La espaciosa y bien iluminada oficina esquinera de Stephen con vistas al campus y atestada de toda suerte de dispositivos domóticos no podía haber sido más distinta de la polvorienta y oscura oficina de Silver Street donde nos habíamos conocido. Cuando entré a verlo, sus ojos estaban radiantes de entusiasmo y yo me imaginaba la razón.

Clicando con una velocidad algo más rápida de la habitual, Stephen se saltó su habitual charla y fue directo al meollo de la cuestión.[1]

«He cambiado de opinión. *Historia del tiempo* está escrita desde una perspectiva errónea».

Sonreí. «¡Estoy de acuerdo! ¿Ya se lo has dicho a tu editor?».

---

* Más tarde nos topamos con serios problemas al tratar de salir de Uzbekistán, porque es ilegal entrar a través de un puesto fronterizo cerrado.

Stephen miró hacia arriba con curiosidad. «En *Historia del tiempo* adoptaste una perspectiva del universo como de un Dios —propuse—, como si mirásemos el universo o su función de onda desde el exterior».

Stephen alzó las cejas, que era su forma de decirme que estábamos en la misma onda. «Lo mismo hicieron Newton y Einstein —dijo, como defendiéndose, y continuó—: El punto de vista de Dios es apropiado para experimentos de laboratorio como la dispersión de partículas, en los que se prepara un estado inicial y se mide el estado final. Sin embargo, no sabemos cuál era el estado inicial del universo y, desde luego, no podemos probar con distintos estados iniciales para ver qué tipos de universos producen».

Como sabemos, los laboratorios están específicamente pensados para estudiar el comportamiento de sistemas desde un punto de vista externo. Los científicos de laboratorio mantienen con sumo cuidado una nítida separación entre sus experimentos y el mundo exterior (¡y los físicos de partículas experimentales del CERN deberían, desde luego, guardar distancia de sus colisiones de alta energía!). La teoría física ortodoxa refleja esta separación con un claro límite conceptual entre la dinámica, gobernada por las leyes de la naturaleza, y las condiciones de contorno que representan la disposición experimental y el estado inicial del sistema. Las primeras queremos descubrirlas y probarlas, mientras que las segundas nos esforzamos por controlarlas. Es el dualismo que describí en el capítulo 3.

Esta marcada división entre las leyes y las condiciones de contorno hace que la ciencia de laboratorio sea rigurosamente predictiva, pero limita su ámbito, porque es evidente que no podemos embutir todo el universo en la camisa de fuerza de un laboratorio. Anticipándome a Stephen, respondí categóricamente: «El punto de vista de Dios es obviamente falaz en cosmología. Estamos dentro del universo, no fuera de él, de la forma que sea».

Stephen asintió y se concentró en la redacción de su siguiente frase.

«Nuestro error al no reconocer este hecho —clicó— nos ha llevado a un callejón sin salida. Necesitamos una nueva filosofía [de la física] para la cosmología».

«¡Ah —respondí divertido—, por fin llegó el momento de la filosofía!».

Dejando de lado su recelo de la filosofía, asintió alzando las cejas. Linde contra Hawking, según comprendimos, no era solo un debate acerca de una teoría cosmológica contra otra. En el meollo de la controversia sobre el multiverso se hallaban cuestiones cruciales acerca de la naturaleza epistemológica más profunda de la teoría física. ¿Cómo nos relacionamos con nuestras teorías físicas? ¿Qué nos dicen en última instancia los maravillosos descubrimientos de la física y la cosmología acerca de la gran cuestión de la existencia?

Desde la revolución científica moderna, la física se ha desarrollado adoptando para el cosmos el punto de vista de Dios, no como creador (al menos no siempre), sino como perspectiva teórica.

Cuando Copérnico desafió la visión del mundo geocéntrica de los antiguos, lo hizo imaginando que miraba la Tierra y el sistema solar desde la perspectiva privilegiada de las estrellas. Su hipótesis de que los planetas se mueven en órbitas circulares implica que su modelo heliocéntrico no era preciso, pero tampoco lo eran las observaciones astronómicas en aquella época.[2] Sin embargo, al imaginar la Tierra y los planetas como si estuviesen flotando a gran altura sobre ellos, Copérnico dio paso a una nueva y revolucionaria forma de pensar acerca del cosmos y de nuestro lugar en él. Descubrió lo que podríamos llamar el punto arquimediano en física y astronomía, la idea de que hay un punto de vista distante que, a modo del punto de apoyo de una palanca, nos ayuda a alzarnos con un conocimiento objetivo.* Y, aunque la nueva ciencia inspirada por esta idea tardó siglos en desarrollarse y cambiar el mundo, solo pasaron unas cuantas décadas para que la revolución copernicana abriese una nueva realidad conceptual en la que el ser humano ya no se encontraba en el foco del cosmos.[3]

En la actualidad sabemos que los escritos de Copérnico no fueron más que el principio de una infatigable búsqueda del punto de vista arquimediano. A lo largo de los siglos, la perspectiva copernicana fue arraigándose en el lenguaje de la física. Hagamos lo que haga-

---

* El antiguo científico griego Arquímedes de Siracusa experimentó con la palanca para levantar objetos pesados. Sus hazañas con ella le llevaron, supuestamente, a declarar: «Dadme un punto de apoyo y moveré el mundo».

mos hoy en día en física, tanto si aceleramos partículas, combinamos nuevos elementos o captamos tenues fotones de la radiación de fondo de microondas, siempre razonamos como si tratásemos con la naturaleza desde un punto de vista abstracto y externo a ella, que podríamos calificar como «punto de vista desde ninguna parte».[4] Sin estar en realidad «en ninguna parte», aún ligados a la Tierra y a sus condiciones terrenales, los físicos han ideado formas cada vez más ingeniosas de actuar y pensar acerca del universo como si pudiésemos imaginarlo de manera objetiva.

Ningún otro descubrimiento supuso un avance tan decisivo en este empeño como el de las leyes del movimiento y la gravedad de Newton. Este comprendió que la relación entre la matemática y el mundo físico, que había desconcertado a los científicos desde Platón, implicaba la dinámica y la evolución, no formas eternas y atemporales. El éxito y la universalidad de sus leyes reforzaron la idea de que la ciencia descubría conocimientos de verdad objetivos acerca del mundo. Newton trató de introducir en su obra una «visión desde ninguna parte» al referir todos los movimientos a un escenario fijo imaginario del espacio marcado por las estrellas distantes, un espacio absoluto que supuso inmutable e inmóvil. Su ley de la gravedad y sus tres leyes del movimiento dictaban cómo se movían los objetos en este escenario, pero nada podía cambiar nunca el espacio absoluto en sí mismo. El espacio absoluto y el tiempo absoluto eran como un sólido andamiaje en la física de Newton, el escenario fijo y atemporal dado por Dios en el que todo se desarrolla.

Y, sin embargo, ese telón de fondo formado por los absolutos de Newton no era un punto de referencia tan objetivo como él esperaba. La forma matemática simple de sus leyes solo rige para los actores privilegiados en este escenario cósmico que no giran ni se aceleran con relación al espacio absoluto. Supongamos, por ejemplo, un «astronauta no privilegiado» en una nave espacial en rotación. Si mirase por la ventana, vería que las estrellas distantes giran en la dirección opuesta al giro de su nave, a pesar de que no hay fuerzas que actúen sobre ellas. Esto viola la primera ley del movimiento de Newton, que dice que los cuerpos sobre los que no actúa fuerza alguna permanecen en reposo o siguen moviéndose a velocidad constante en línea recta. Así, las elegantes leyes de Newton solo son ciertas para los observadores especiales ligados al espacio absoluto, para los que las leyes del movimiento parecen, de algún modo, más simples que para cualquier otro.

Esto bastaba para que Einstein estuviese descontento con las leyes de Newton. Para él, era un anatema que pudiésemos tener una descripción de la naturaleza que concediese privilegios a ciertos actores para los cuales el mundo tenía un aspecto más simple solo en virtud de su movimiento. Para Einstein, esto era una reliquia de una visión del mundo precopernicana que exigía ser desmantelada. Y eso es lo que hizo. Sustituyendo el espacio y el tiempo absolutos de Newton por una nueva concepción del espaciotiempo que es relacional y dinámica, su genio consistió en hallar una manera de formular las leyes de la física tal que todos los observadores verían en funcionamiento las mismas ecuaciones. La ecuación de la relatividad general (ver página 75) tiene el mismo aspecto para todos, estén donde estén y se muevan como se muevan. A fin de justificar por qué las observaciones de un sujeto en particular dependen de su posición y de su movimiento, la teoría está equipada con un conjunto de reglas de transformación que relacionan las percepciones de diferentes observadores entre sí. Estas reglas permiten que cualquiera pueda extraer el «núcleo objetivo» de la naturaleza —al menos en cuanto a la gravedad clásica se refiere— de esta ecuación universal.

La teoría de la relatividad hizo realidad el sueño de Einstein de que nadie debería tener un punto de vista privilegiado. Para Einstein, las verdaderas raíces objetivas de la realidad no debían encontrarse en la perspectiva específica de un observador privilegiado, sino en la arquitectura matemática abstracta subyacente a la naturaleza. De este modo, trasladó la búsqueda de la física de un punto de vista arquimediano situado más allá del espacio y el tiempo al ámbito trascendente de las relaciones matemáticas. Esta visión consolidó, en los círculos científicos, la idea de que existen leyes fundamentales con una realidad que trasciende el universo físico y que nos proporciona verdaderas explicaciones causales. Tal como lo expresó en 1992 el premio Nobel Sheldon Glashow, quizá el portavoz supremo de esta postura: «Creemos que el mundo es cognoscible. Afirmamos que hay verdades eternas, objetivas, extrahistóricas, socialmente neutras, externas y universales».[5]

Contra todo pronóstico, la cosmología del multiverso ha mantenido este enfoque de que la física reposa, en última instancia, sobre cimientos firmes y atemporales. La teoría del multiverso, en cierto sentido, mueve el punto arquimediano aún más allá, mucho más lejos de lo que Arquímedes, Copérnico o incluso Einstein hubiesen osado. La cosmología del multiverso contempla metaleyes que poseen una especie de existencia *a priori* y reafirma de nuevo el paradigma, que se remonta a Newton, de un espacio de configuración de los fenómenos físicos integrado en una estructura de fondo fija, que podemos comprender y manipular desde una perspectiva divina.

Ahora bien, aunque el estatus ontológico de las leyes físicas apenas revista importancia en el entorno controlado de los laboratorios, nos explota en la cara cuando consideramos lo más profundo de su origen, por no hablar de si nos planteamos su carácter biofílico. En el capítulo anterior he descrito cómo la teoría del multiverso se enreda en una espiral autodestructiva cuando nos aventuramos con ella en estos misterios más profundos. Esto nos llevó a cuestionar si el edificio entero descansa sobre un terreno sólido. ¿Acaso en la cosmología el péndulo copernicano se había alejado demasiado hacia la objetividad absoluta?

De hecho, las perplejidades de los descubrimientos de Copérnico y de sus ilustres contemporáneos no fueron ajenas a los primeros filósofos modernos. ¿Cómo es posible que los seres humanos, limitados a vivir con las condiciones de la Tierra, podamos también ver nuestro mundo de forma objetiva? La primera reacción de la filosofía en los albores de la era científica moderna no fue de victorioso regocijo, sino de duda reflexiva, empezando por el *De omnibus dubitandum* de Descartes, con su trascendental recelo acerca de si de verdad existen la verdad o la realidad. La trascendental idea *Ignoramus*, «No sabemos», que dio inicio a la revolución científica, también asestó un golpe a la confianza humana en el mundo. Hannah Arendt, una de las pensadoras más célebres del siglo XX, articuló con nitidez esta incómoda y ambigua postura en *La condición humana*: «Los grandes pasos que dio Galileo demostraron que tanto el mayor de los temores de la especulación humana —que nuestros sentidos pueden traicionarnos— como su esperanza más presuntuosa —el deseo arquimediano de hallar un punto externo desde el cual acceder al conocimiento universal— solo pueden hacerse realidad juntos».[6]

La respuesta cartesiana a la revolución científica fue mover el punto arquimediano hacia dentro, al propio hombre, y elegir la mente humana como punto de referencia fundamental. El nacimiento de la era moderna volvió al ser humano hacia sí mismo. De *Dubito ergo sum*, «Dudo, luego existo», vino *Cogito ergo sum*, «Pienso, luego existo». Así, la revolución científica dio lugar a la situación paradójica en la que la humanidad volvió su atención hacia sí misma, mientras sus telescopios, y con ellos la experimentación y la abstracción, la llevaron hacia el exterior, a millones y, más tarde, miles de millones de años luz hacia el universo. Al cabo de cinco siglos, la combinación de estos dos movimientos opuestos ha dejado a la especie humana desconcertada y confusa. En un primer nivel, la ciencia y la cosmología modernas han puesto de manifiesto una maravillosa telaraña de interconexiones entre la naturaleza del cosmos y nuestra existencia en él. Desde la fusión del carbono en generaciones de estrellas hasta las semillas cuánticas de las galaxias en el universo primordial, nuestra comprensión moderna del cosmos se ha revelado como una síntesis portentosa. Sin embargo, en un nivel más fundamental, el nivel que Stephen quería poner al descubierto, estos descubrimientos han hecho que la percepción del ser humano del lugar que ocupa en el gran esquema cósmico sea profundamente incierta. La ciencia moderna ha creado una ruptura entre nuestra comprensión del funcionamiento de la naturaleza y nuestros objetivos humanos que ha vulnerado nuestro sentido de pertenencia a este mundo. Steven Weinberg, ferviente reduccionista y pensador arquimediano de enorme talento, dio voz a esta angustia al final de su libro *Los tres primeros minutos del universo*, donde escribe: «Cuanto más comprensible parece el universo, menos sentido parece tener».

No puedo evitar sentir que la concepción platónica de Weinberg de las leyes se encuentra en la raíz del sentimiento que expresa aquí. En una ontología científica que nos mantiene desvinculados de las teorías más fundamentales de la física y la cosmología, no es de extrañar que el universo que la ciencia nos permite descubrir parezca carente de sentido y que su carácter biofílico sea absolutamente misterioso y confuso.

Así pues, ¿qué sucede si renunciamos a ver el mundo desde una perspectiva de Dios? ¿Y si dejamos atrás la vista desde ninguna parte y, en su lugar, nos adentramos, nosotros mismos y todo lo demás, en el sistema que pretendemos comprender? En una cosmología verdaderamente holística no debería haber un «resto del universo» que se mantiene alejado a fin de especificar condiciones de contorno o mantener un trasfondo metafísico de absolutos. Si acaso, la cosmología es ciencia de laboratorio vuelta del revés: nosotros estamos dentro del sistema, mirando hacia arriba y hacia fuera.

* * *

«Es hora de dejar de jugar a ser Dios», dijo Stephen con una amplia sonrisa a la vuelta del almuerzo.

La cantina del nuevo campus de matemáticas estaba muy lejos de ser la bulliciosa sala común del viejo DAMTP, que había favorecido tanta ciencia excelente y buena fraternidad. El problema principal de esta nueva cantina no era tanto que la comida fuese mala como que se nos prohibía garabatear ecuaciones en las mesas.

Por una vez, Stephen parecía estar de acuerdo con los filósofos: «Nuestras teorías físicas no viven sin pagar alquiler en un paraíso platónico —tecleó—. No somos ángeles que miran el universo desde el exterior. Nosotros y nuestras teorías formamos parte del universo que describimos».

Y continuaba:

«Nuestras teorías nunca están completamente desvinculadas de nosotros».[7]

Es una cuestión obvia y en apariencia tautológica: será mejor que las teorías cosmológicas justifiquen nuestra existencia dentro del universo. El hecho evidente de que vivimos en un planeta en la galaxia de la Vía Láctea, rodeados de estrellas y otras galaxias e inmersos en el tenue resplandor del fondo de microondas, significa que, por necesidad, tenemos una perspectiva «de dentro afuera» del cosmos. Stephen llamaba a esto la perspectiva del gusano. ¿No podría ser que, por paradójico que parezca, para lograr un nivel mayor de comprensión en cosmología tengamos que aprender a vivir con ese sutil elemento de subjetividad inherente a la perspectiva del gusano?

Mientras reflexionábamos sobre estas cuestiones, la oficina de Stephen se había convertido en una especie de palomar. Había un ir y venir constante de colegas, personal médico y gente famosa, pero Stephen parecía ajeno al frenesí que le rodeaba. Como tantas otras veces, noté que un alto nivel de caos era lo que necesitaba para concentrar su mente. Durante nuestra habitual pausa de la tarde, en la que me ofreció una taza de té mientras él devoraba una ración considerable de plátano y kiwi, volvió a centrarse en los puntales clásicos de la cosmología del multiverso como principales responsables del persistente pensamiento cuasidivino en cosmología.

«Los defensores del multiverso se aferran a una perspectiva de Dios porque asumen que, globalmente, el cosmos tiene una única historia, en la forma de un espaciotiempo definido con un punto inicial bien establecido y una evolución única. Esta es, básicamente, una imagen clásica».

Para ser justos, la cosmología del multiverso es un híbrido de pensamiento clásico y cuántico. Por un lado, imagina saltos cuánticos aleatorios que producen una variedad de universos isla. Por el otro, supone que esto sucede dentro de un espacio en inflación gigantesco y preexistente. Este último actúa como telón de fondo clásico en la teoría del multiverso, un andamiaje que no difiere del escenario de Newton, salvo porque este se hincharía de forma constante. Este fondo hace posible —y, de hecho, tentador— pensar en este mosaico de islas como si estuviésemos fuera de él, como si la creación de universos isla no fuese por completo diferente de un experimento de laboratorio ordinario.

Stephen continuaba clicando para explicar con claridad esta cuestión. «El multiverso conduce a una filosofía ascendente de la cosmología —decía— en la que uno se imagina haciendo evolucionar el cosmos hacia delante en el tiempo a fin de predecir lo que deberíamos ver».

Como esquema explicativo, la teoría del multiverso se adhiere a los programas ontológicos de Newton y Einstein, y a su razonamiento fundamentalmente causal y determinista acerca del universo. Una manifestación relacionada con este pensamiento es que cree que los habitantes de un universo isla determinado del multiverso tienen un pasado único y definido.

«Pero tú y Jim concebisteis vuestra teoría de ausencia de límites de la misma forma, de abajo arriba —afirmé yo—, aunque en ese caso se supone que es cuántica. Esa perspectiva causal equivocada es la versión que presentaste en *Historia del tiempo*».

Mi comentario nos había llevado hasta un punto crucial. Stephen levantó las cejas y volvió a clicar rápido.

Mientras esperaba a que acabase de componer la frase, ojeé su tesis doctoral de 1965, que estaba en el estante detrás de nosotros. Llegué a un párrafo, hacia el final, en el que se extendía acerca del teorema de la singularidad del big bang que acababa de demostrar, afirmando que implicaba que el origen del universo era un evento cuántico. Más adelante, para describir este origen cuántico Stephen había desarrollado la hipótesis de la ausencia de límites (ver capítulo 3), que sin embargo había interpretado a través de la lente causal característica de la cosmología clásica.

Desde una perspectiva ascendente, la hipótesis de la ausencia de límites describe la creación del universo desde la nada. La teoría se puede ver como un edificio platónico más, como si habitásemos la «nada» abstracta que precede al espacio y al tiempo. Cuando Jim y Stephen plantearon por primera vez su génesis sin límites, aspiraban a dar una verdadera explicación causal al origen del universo, no solo de cómo llegó a ser, sino también de por qué existe en absoluto. Pero aquello no fue demasiado bien. Dentro de un esquema ascendente, la teoría de ausencia de límites predice la creación de un universo vacío, desprovisto de galaxias y de observadores. Esto, como es comprensible, hizo que la teoría fuese muy controvertida, tal como describí en el capítulo 4.

Stephen había dejado de clicar y me incliné sobre su hombro para leer. «Ahora me opongo a la idea de que el universo tiene un estado global clásico. Vivimos en un universo cuántico, por lo que debe describirse mediante una superposición de historias *à la Feynman*, cada una de ellas con su propia probabilidad».

Stephen estaba dando voz a su mantra de la cosmología cuántica. Para saber si seguíamos en la misma onda, replanteé lo que pensaba que quería decir: «Estás diciendo que debemos adoptar una visión completamente cuántica, no solo de lo que sucede dentro del universo (las funciones de onda de las partículas y las cuerdas, y todo lo demás), sino del cosmos en su conjunto. Eso significa abandonar la idea de que existe algo parecido a un trasfondo de espaciotiempo clásico global, y concebir el universo, en cambio, como una superposición de muchos espaciotiempos posibles. Así, un universo cuántico es incierto incluso en las escalas mayores, mucho más allá de nuestro horizonte cosmológico, como las asociadas con la inflación eterna.

Y esa imprecisión cósmica a gran escala destruye por completo el escenario del telón de fondo eterno que Linde y los partidarios del multiverso suponen que existe.

Para mi alivio, Stephen volvió a alzar las cejas y siguió clicando, aunque esta vez más despacio, como si estuviese dudando. Pero al final emergió esta frase:

«El universo tal como lo observamos es el único punto de partida razonable en cosmología».

La atmósfera oracular se hacía más densa, ayudada por el vapor blanco que expulsaba el deshumidificador oculto en un adorno de su escritorio. Stephen estaba moviendo a una posición central lo que los filósofos suelen llamar la «factibilidad» del universo, el hecho de que existe y de que es lo que es en vez de ser otra cosa. Sonaba razonable, pero ¿adónde nos conducía? ¿Estaba Stephen preparado para volver a replanteárselo todo? Yo tenía muchas preguntas, pero ya hacía tiempo que sabía que, cuando Stephen decía que algo era «razonable», se refería a alguna idea que no podía acabar de demostrar, pero que tenía la sensación de que era intuitivamente correcta y, por tanto, no estaba abierta al debate. Así que traté de hacer avanzar la conversación, preguntándome en voz alta si las perspectivas de la historia, desde una historia hasta muchas historias posibles, más expansivas y fluidas de la cosmología cuántica podían, de algún modo, alejar todo el marco de la teoría cosmológica del punto de vista arquimediano. ¿Podría una teoría cuántica rigurosa de la cosmología englobar dentro de su estructura teórica nuestra perspectiva de gusano y, al mismo tiempo, a diferencia del principio antrópico, satisfacer los principios científicos básicos? Quinientos años después de Copérnico, sería una suerte de unificación realmente notable.

Poco a poco, en mitad de la confusión a la que nos enfrentábamos en este cambio de paradigma kuhniano, y, haciendo acopio de toda su energía, Stephen redactó una línea más:

«Creo que una perspectiva cuántica rigurosa [del universo] nos llevará a una filosofía de la cosmología diferente en la que trabajaremos de arriba abajo, hacia atrás en el tiempo, empezando desde la superficie de nuestras observaciones».*

---

* Con «superficie», Stephen se refería a un corte tridimensional del espacio-tiempo tetradimensional. Estrictamente hablando, la «superficie de nuestras obser-

Me alarmé: la nueva filosofía descendente de Stephen parecía volver del revés la relación entre causa y efecto en la teoría cosmológica. Pero, cuando se lo mencioné a Stephen, él se limitó a sonreír. Disfrutaba visiblemente del dulce sabor del descubrimiento, y ya no había vuelta atrás. Cuando nos íbamos, acabó de definir nuestra nueva perspectiva con su concisión y ambición características:

«La historia del universo depende de la pregunta que formules. Buenas noches».

¿Qué quería decir Stephen? Desde luego, el papel central del «acto de observación» en mecánica cuántica —la pregunta formulada, en palabras de Stephen— se ha reconocido desde el inicio de la teoría, en la década de 1920. Es uno de los rasgos más sorprendentes de la mecánica cuántica que la observación y la medición por parte del experimentador se introduzcan de forma explícita en el proceso de predicción.

De hecho, esta característica de la mecánica cuántica es la que más molestaba a Einstein. Cuando la primera generación de físicos cuánticos se reunió en Bruselas en octubre de 1927 para la Quinta Conferencia Solvay, celebraban una nueva y triunfante teoría del micromundo. Del físico alemán Max Born se dice que afirmó que la física se terminaría en seis meses, algo que no difería mucho de lo que Ernest Solvay había pensado antes. Solvay había establecido las conferencias en 1911 para un periodo de treinta años porque pensaba que para entonces la física ya habría ofrecido al mundo cuanto tenía por ofrecer.[8]

Pero, para uno de los mayores revolucionarios de la ciencia del siglo XX, la nueva mecánica cuántica resultó ser un trago amargo. Para cuando la Quinta Conferencia Solvay se puso en marcha, Einstein ya se sentía muy incómodo con la teoría cuántica. Había rechazado la invitación de Lorentz de presentar una comunicación y, según se dice, guardó un profundo silencio durante la conferencia. Sin embargo, las

---

vaciones» se halla justo dentro de nuestro cono de luz pasado. Como aproximación a esto, a menudo se considera el universo espacial tridimensional en un momento del tiempo.

reuniones formales no eran el único foro de debate. Los científicos se alojaban en el mismo hotel, y allá, en el comedor, Einstein era mucho más vivaz. El premio Nobel Otto Stern nos ha dejado este relato de primera mano: «Einstein bajó a desayunar y expresó su recelo acerca de la nueva teoría cuántica. Cada vez que él inventaba un bello experimento a partir del cual se deducía que la teoría contiene, en su núcleo, una incoherencia lógica, […] Bohr reflexionaba sobre él cuidadosamente y, por la noche, a la hora de cenar, resolvía el asunto con todo detalle».[9]

Einstein se manifestaba contra la idea cuántica de que una partícula pudiera estar en un lugar definido cuando era observada y, cuando no, tener solo probabilidades de estar aquí o allí. «La física es un intento de comprender la realidad tal como es, con independencia de que se la observe»,[10] objetaba, y se preguntaba bromeando si era necesario un observador humano para que las partículas adoptasen una ubicación definida, o si bastaba para ello el vistazo casual de un ratón.

Para Einstein, la naturaleza probabilística de la mecánica cuántica señalaba que la teoría era incompleta, que debía de haber una estruc-

FIGURA 40. Niels Bohr y Albert Einstein en la Sexta Conferencia Solvay en Bruselas, Bélgica.

tura más profunda que permitiese una descripción objetiva y real de la realidad física, con independencia de los actos de observación. «La teoría [cuántica] produce muchas cosas, pero apenas nos acerca al secreto de El Viejo —le escribió a Born—. Estoy convencido, en todo caso, de que Él no juega a los dados».[11]

Niels Bohr, por otra parte, que además de matemático poseía formación en filosofía, tenía la profunda intuición de que la mecánica cuántica era coherente. Bohr se tomaba en serio el postulado central de la mecánica cuántica de que el hecho de observar las propias preguntas que formulamos a la naturaleza afecta a la forma en que la naturaleza se manifiesta. «Ningún fenómeno es real hasta que es observado», sostenía.

La Quinta Conferencia Solvay marcó el inicio de uno de los grandes debates científicos del siglo XX: Einstein contra Bohr. Estaban en juego la profundidad y la magnitud de la revolución cuántica.

A un nivel, su debate tenía que ver con el estatus básico de la causalidad y el determinismo en la física. Con sus saltos aleatorios y predicciones probabilísticas, la mecánica cuántica evidentemente destruye el vínculo directo, bien conocido por la física clásica, entre dónde estamos ahora y adónde nos dirigimos. ¿Es esta falta de causalidad y determinismo en nuestra descripción de la naturaleza un recurso temporal, como sostenía Einstein, o una reforma fundacional de la teoría física, como pretendía Bohr?

Pero su debate nos lleva también a la más compleja ontología de la mecánica cuántica. Porque, en respuesta a las objeciones de Einstein, Bohr se vio forzado a aclarar qué es justo lo que induce a las funciones de onda de la mecánica cuántica a hacer la transición desde una superposición borrosa y fantasmal de realidades hasta la realidad definida de la experiencia cotidiana. No observamos una superposición de realidades; los experimentadores hallan partículas aquí o allá, no aquí y allá a la vez. ¿Cómo sucede esto en concreto? La atrevida respuesta de la escuela de Copenhague a la que pertenecía Bohr era que esa transición se debía a la propia intervención del experimentador. Bohr planteaba que el acto de medir insta a la naturaleza a decidirse y a revelar esta o aquella realidad. Ocurre que, cuando decidimos medir, pongamos por caso, la posición de una partícula, debemos ejercer una influencia sobre ella, por ejemplo, apuntándole con un láser. Esa influencia, afirmaba Bohr, provoca que la extensa función de onda de la partícula colapse en un pico que corresponde a una única ubicación: la posición observada. Si apagamos el láser, la función de onda volverá a dispersarse, evolucionando poco a poco de acuerdo con la ecuación de Schrödinger, como describí en el capítulo 3. Sin embargo, si la iluminamos y la medimos, la onda de la partícula cuaja al instante en un estado con una posición definida.

El problema del esquema de Bohr era que esos colapsos súbitos resultaban del todo incompatibles con la ecuación de Schrödinger. Las funciones de onda que evolucionan según esta ecuación no colapsan de manera abrupta, sino que se agitan suave y delicadamente en todo momento. Por tanto, con su interpretación de lo que sucede en el acto de la observación, Bohr asignaba a los observadores y a sus mediciones un papel especial que estaba reñido con la estructura matemática de la teoría.

Esto significaba también que el esquema de Copenhague equivalía a lo que se suele denominar una interpretación «instrumentalista» de la teoría cuántica, una interpretación que acepta una discrepancia fundamental entre lo que somos capaces de medir con nuestros instrumentos y la realidad física que describen las ecuaciones. «Nuestras mediciones se parecen tanto a lo que de verdad son como un número de teléfono se parece a un abonado», dijo una vez Eddington acerca del esquema de Copenhague.[12] Pero tal instrumentalismo crea un complejo rompecabezas epistemológico, porque ¿cuál es entonces el verdadero sentido de la mecánica cuántica? La interpretación de Copenhague no arroja luz sobre esta incógnita; en realidad, trata de evadir la cuestión, predicando una separación fundamental entre el mundo cuántico de los átomos y las partículas subatómicas, gobernado por la ecuación de Schrödinger, contra el telón de fondo de una realidad externa que incluye experimentadores macroscópicos y sus equipos, así como al resto del universo, todos los cuales obedecen leyes clásicas. El colapso de la función de onda en el acto de la medición era, para Bohr, la forma de unir estos dos mundos disjuntos, un poco del modo como actúa el principio antrópico para seleccionar un universo isla dentro del multiverso. Ambas operaciones fueron pensadas para conectar un formalismo matemático objetivo con el mundo físico de nuestras observaciones, pero fracasaron porque no dejaron de ser ajenas a la estructura básica de las teorías que se suponía que debían completar.

Bohr y Einstein refinaron sus posturas a lo largo de muchos años y nunca alcanzaron un acuerdo. En retrospectiva, valoramos la significativa percepción de Bohr sobre el hecho de que el proceso de observación desempeña un papel fundamental en la producción de los fenómenos físicos en un universo cuántico. Por otra parte, su descripción de este en términos del colapso brusco de la función de onda era profundamente errónea. En nuestros días, todas las pruebas apuntan a que la matemática de Schrödinger se aplica no solo a los conjuntos microscópicos de unas pocas partículas, sino también a conglomerados de partículas mucho mayores que constituyen sistemas macroscópicos, entre ellos los laboratorios y los observadores, y, desde luego, el universo en su conjunto. Einstein tenía razón, pues, de no estar convencido del esquema de Bohr. Sin embargo, se equivocaba al perseguir el sueño de una teoría de la física alternativa basada en un marco de predicción que, de nuevo, haría que el papel del observador fuese irrelevante.

Por fin, el progreso llegó de la mano de una completa integración del proceso de observación en el formalismo matemático de la teoría cuántica. Esa síntesis llevó la teoría mucho más allá de lo que incluso Bohr había anticipado, y ahí es donde nos dirigimos ahora.

El viaje comienza a mediados de la década de 1950 con los brillantes trabajos de Hugh Everett III, un estudiante de John Wheeler que empezó trabajando en teoría de juegos, pero se interesó en el problema cuántico de la medición después de escuchar una charla de Einstein sobre el asunto. Everett echó por tierra el muro de Bohr entre el micromundo cuántico y el macromundo clásico. Su idea central era tomarse en serio la matemática que hay tras la mecánica cuántica y aplicarla a todo. Supongamos que no hay colapso, sugería, sino una única función de onda universal que incluye los observadores y todo lo demás, que evoluciona suave y delicadamente y, en este proceso, explora, al estilo de Feynman, todos los posibles caminos o historias. Esto es, Everett dio el monumental paso de empezar a pensar en el mundo cuántico de dentro afuera, como un sistema cerrado, sin injerencia externa alguna. La figura 41 evoca este punto de vista, con el gato de Schrödinger junto con un observador y su laboratorio, todo ello dentro de una gran caja.

El gran desafío de Everett, pues, era explicar cómo, por ejemplo, en situaciones de medición, la función de onda universal puede producir una única respuesta concreta y, al mismo tiempo, evitar el colapso. Aquí es donde su razonamiento se torna apasionante, pero también desconcertante.

Everett pensó con meticulosidad en qué es lo que de verdad constituye un acto de observación cuántico. Cuando los experimentadores efectúan una medición, razonó, su interacción con el sistema que miden entrelaza primero unas cuantas partículas, luego sus aparatos y al final su estado mental con el estado cuántico del sistema. Este entrelazamiento, nos dice la ecuación de Schrödinger, hace que su función de onda combinada no colapse misteriosamente (como sostenía Bohr), sino que, por el contrario, se ramifique en distintos fragmentos de onda, uno para cada uno de los posibles resultados diferentes de la medición. De este modo, razonando en términos de una función de onda universal que abarca a los observadores y a lo observado, Everett fue capaz de mantener todos los resultados de medición posibles en el aire. Desde luego, esto quería decir que los observadores se dividen también. En mecánica cuántica, los observadores se bifurcan en copias casi idénticas de sí mismos —una por cada rama— que se distinguen solo por el resultado de la medición registrada por cada uno de ellos.

Pensemos, por ejemplo, en el gato de Schrödinger, el famoso acertijo descrito por Schrödinger en el que se coloca un gato en una caja sellada, encima de un explosivo que detonará si un núcleo radiactivo situado junto a él se desintegra (ver figura 41). La probabilidad de que esto suceda es de un 50 % en un periodo de tiempo determinado. La interpretación de Copenhague, basada en el laboratorio, contempla la caja desde un punto de vista externo y predice que el gato estará en un estado de superposición, similar a un zombi, de muerte y vida, hasta que la caja se abra y un observador la mire, obligando al gato a decidirse. Eso no tiene sentido. Un gato no puede estar semimuerto más de lo que una mujer puede estar semiembarazada. Pero la perspectiva de dentro afuera de Everett cuenta una his-

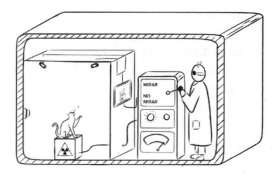

FIGURA 41. Everett imaginaba el universo como un sistema cuántico cerrado, como una gran caja que contenía no solo partículas y experimentos, sino también observadores, sus aparatos y, en principio, todo lo demás. Las historias posibles para el universo-caja mostrado aquí incluyen si el observador decide mirar al gato y cuándo lo hace, si el núcleo radiactivo se ha desintegrado cuando mira, cómo se registra e interpreta la situación en el cerebro del observador, etc. Everett buscaba una formulación de la mecánica cuántica que predijese las probabilidades de las diferentes historias que describen lo que sucede en la caja grande, pero sin ninguna observación u otra injerencia con el interior de la caja desde el exterior.

toria distinta. Dice que, en un experimento como este, que entrelaza el destino de un gato con el de un núcleo radiactivo, la historia del universo se bifurca de forma constante. En una de las historias, el núcleo se desintegra en un momento determinado, el explosivo detona y el gato muere. En la otra historia, el núcleo no se desintegra y el gato sigue viviendo felizmente un rato más. Todo el proceso de ramificación sucede con fluidez. Ninguna de las copias del gato experimenta una superposición inusual, aunque, desde luego, a una de las copias le va mucho mejor que a la otra.

A efectos prácticos, pues, los fragmentos individuales de la función de onda de Everett se comportan como ramas de la realidad independientes. Cada fragmento de onda describe una trayectoria histórica en particular, que consiste en un dispositivo de medida que registra un resultado específico, la conciencia de ello por parte del observador y todo lo que la acompaña: el laboratorio, el planeta Tierra, el sistema solar y el universo a gran escala. Para los observadores que viven en una rama concreta, todo el proceso de bifurcación tiene lugar de manera fluida, como un río que se divide en dos corrientes. Ninguno de los observadores sería consciente de sus copias, porque vivirían el resto de su vida en historias diferentes, navegando sobre ondas independientes de la onda cuántica del universo. «Solo la totalidad de estos estados de los observadores, con sus diversos conocimientos, contiene la información completa», declaró Everett.[13]

El propio Everett decía que buscaba superar de algún modo la distancia entre la posición de Einstein y la de Bohr. Afirmaba que sus diferencias eran una cuestión de perspectiva y describía su esquema como «objetivamente determinista, en que la probabilidad aparece en el nivel subjetivo». Esta es una cuestión interesante. En la formulación inicial de Copenhague de la mecánica cuántica, las probabilidades eran axiomáticas y fundamentales. Si abrimos un libro de texto sobre mecánica cuántica de la década de 1930, hallaremos en una de las primeras páginas que las probabilidades están «definidas» como cuadrados de las amplitudes de funciones de onda. Este no es el caso en el marco de Everett, en el que las probabilidades se insertan en la teoría cuántica de una forma mucho más sutil y «subjetiva», muy parecida al modo en que la probabilidad entra en nuestra forma de pensar en la vida cotidiana. Tanto si consideramos el tiempo atmosférico, la lotería o la forma de la siguiente onda gravitatoria que pase por el planeta Tierra, utilizamos siempre probabilidades subjetivas para cuantificar nuestra incertidumbre en situaciones en las que tenemos datos incompletos. Esta noción de probabilidad la formalizó el matemático italiano Bruno de Finetti, que en 1974 escribió un tratado en el que afirmaba: «Mi tesis, paradójicamente, y quizá de forma un poco provocativa, es simplemente que la probabilidad [axiomática] no existe. [...] Solo existen las probabilidades subjetivas, el grado de creencia en la aparición de un acontecimiento atribuido por una persona determinada en un instante determinado y con un conjunto determinado de información».[14] Y esto es lo que sucede en la vida diaria. A lo largo de nuestra vida, vamos ganando confianza en las probabilidades subjetivas porque vemos que los resultados que calificamos de probables suceden con frecuencia, y los que no rara vez suceden.

Desviándose de los libros de texto, Everett propuso la idea de que, igual que todas las otras probabilidades que utilizamos, en la teoría cuántica las probabilidades son subjetivas. Surgen en su esquema porque la ignorancia de los experimentadores respecto de qué resultado en particular presenciarán es una fuente de información incompleta. Las probabilidades cuantifican esta incertidumbre y, de este modo, sirven como instrucciones para que los experimentadores apuesten sobre cuál es el resultado que hallarán, de forma muy parecida a como nosotros utilizamos la previsión meteorológica para juzgar si vamos a necesitar un paraguas. La belleza y utilidad de la teoría cuántica radica en que la ecuación de Schrödinger se puede utilizar para predecir de forma anticipada las alturas relativas de los fragmentos de onda que corresponden a todos los resultados posibles de una medición, y que los cuadrados de estas amplitudes de onda resultan ser la estrategia óptima para apostar.

En el nivel de la experiencia, pues, todos los actos de observación equivalen a algún tipo de poda del árbol ramificado de futuros posibles. En la teoría cuántica, una situación de medición es como una bifurcación en el camino, donde la historia se divide en dos o más ramas diferentes. En la experiencia de cualquier observador determinado, en tales puntos de ramificación solo una de las ramas sobrevive. O, para ser más precisos, en cada rama solo esa rama sobrevive. Las ramas que no corresponden al resultado de la medición de un observador evolucionan de manera independiente y ya no son relevantes, junto con todas las partes del árbol que crecen a partir de ellas. En cierto sentido, derivan hacia el insondable espacio de posibilidades. Los físicos dicen que tales ramas no intrusivas de la historia se desacoplan o que sufren decoherencia.

Sin embargo, no todas las historias individuales sufren decoherencia; un ejemplo famoso de ello son las trayectorias que interfieren entre sí en el experimento de la doble rendija que comentamos en el capítulo 3. En aquella configuración, los recorridos de los electrones que pasan a través de una de las rendijas de la partición no se desacoplan de aquellos que pasan por la otra, sino que se entremezclan, produciendo un patrón de interferencia en la pantalla (ver figura 20).

Esta entremezcla significa que, a partir de observaciones en la pantalla, no podemos decidir a través de cuál de las rendijas pasó el electrón. Es como si cada camino individual no tuviese en realidad una identidad independiente. Solo la suma de todos los caminos que interfieren y que llegan a una ubicación determinada de la pantalla constituye una rama independiente de la realidad, con una probabilidad correcta, y así es como el esquema de suma de historias de Feynman explica el patrón de interferencia observado.

Pero imaginemos ahora una variación del experimento en la que se agrega un gas de partículas que interactúan cerca de las rendijas (ver figura 42). Cuando el electrón se desliza ahora a través de la partición, los dos fragmentos de onda que emergen de cada rendija interaccionarán con el gas y se harán enseguida disímiles, de manera que será virtualmente imposible que interfieran más allá. Por tanto, no es sorprendente que el patrón de interferencia de la pantalla desaparezca y sea sustituido por dos franjas brillantes más o menos alineadas con ambas rendijas, lo que refleja los dos caminos principales a la pantalla. En el idioma de Everett, decimos que el entorno de partículas cerca de las rendijas ha efectuado un acto de observación que provoca que los fragmentos de onda sean decoherentes y se separen en dos historias —ramas de realidad— claramente demarcadas que evolucionan con independencia a partir de entonces. Se podría decir que el gas de partículas, de hecho, pregunta «¿por qué rendija pasó el electrón?» y que al plantear esa pregunta empuja a la función de onda del electrón a dividirse en un par de fragmentos disjuntos, que corresponden a las dos respuestas posibles.

Estas dos variaciones del experimento de la doble rendija ilustran dos propiedades clave del esquema de Everett. En primer lugar, la naturaleza exacta de las preguntas que formulamos surte efecto en la estructura arborescente de ramas independientes que tenemos. En segundo lugar, las predicciones significativas en la forma de apuestas sensatas cuyas probabilidades suman uno solo se pueden efectuar acerca de caminos históricos propiamente independientes, decoherentes, que difieren entre sí de manera sustancial. Volveremos a esta cuestión en el capítulo 7, donde comento qué queda del multiverso una vez que se adopta un punto de vista cuántico en la cosmología.

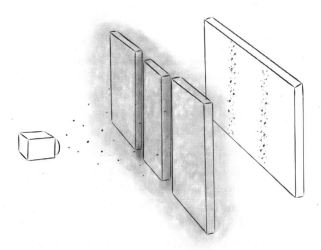

FIGURA 42. Variación del experimento de la doble rendija con un gas de partículas cerca de las hendiduras que interacciona con los electrones. Aunque las interacciones apenas afecten a las trayectorias de los electrones, deshacen las sutiles correlaciones entre todos los caminos posibles hasta la pantalla. En consecuencia, el patrón de interferencia se destruye, quedando reemplazado por dos franjas brillantes más o menos alineadas con las dos rendijas, que corresponden a las dos trayectorias principales hasta la pantalla. A todos los efectos, las partículas realizan un acto de observación en el sentido cuántico.

En el mundo macroscópico, los procesos que provocan decoherencia son omnipresentes. En todo momento, nuestro entorno efectúa innumerables actos de observación, eliminando la interferencia cuántica y transformando una miríada de potenciales en unas pocas y selectas realidades. De esta forma, el entorno actúa como puente natural entre el micromundo fantasmal de las superposiciones y el macromundo definido de la experiencia cotidiana. Es más, los procesos de decoherencia ambientales son los que hacen posible una realidad clásica bastante robusta, a pesar de las constantes perturbaciones cuánticas a escalas microscópicas. Consideremos una partícula de alta energía liberada por un átomo radiactivo, como el uranio, en la corteza terrestre. Al principio, esta partícula existe como función de onda, dispersándose en todas las direcciones posibles, no muy real hasta que interacciona con, digamos, un trozo de cuarzo. Cuando eso sucede, una de sus muchas trayectorias posibles se condensa. La interacción con el cuarzo transforma lo que podría haber sucedido en lo que sucedió cuando el átomo de uranio se desintegró. En cualquier rama de la historia, este proceso se muestra como un accidente congelado en la forma de un grupo de átomos afectados por las partículas de alta energía, las huellas de las cuales se utilizan a veces para datar minerales. El universo que vemos a nuestro alrededor —esta rama de la realidad— es el resultado colectivo de una cantidad innumerable de tales actos de observación ambientales. Esta es la forma en la que el mundo que nos rodea ha adquirido su especificidad, después de registrar y acumular innumerables resultados aleatorios a lo largo de un periodo de miles de millones de años, en el que cada uno de ellos ha aportado unos cuantos bits de información a nuestra rama de la historia. No debería, pues, sorprendernos que Stephen, en nuestra conversación, razonase que un punto de vista cuántico sobre el universo introduciría una especie de elemento temporal retrógrado en la cosmología.

Desde una perspectiva matemática, el esquema de Everett es muy elegante: manda la ecuación de Schrödinger. Universalmente. La estructura de Everett demuestra que el empaquetado clásico de Bohr es exceso de equipaje, que puede desecharse. El proceso interactivo por el que los subsistemas se entrelazan, haciendo que la función de onda universal se divida en ramas distintas, decoherentes y mutuamente invisibles, ofrece una descripción microscópica muy satisfactoria de las mediciones cuánticas. La conciencia humana, los experimentadores humanos y las observaciones humanas no son, en el esquema de Everett, ni por completo irrelevantes ni considerados como entidades externas independientes que obedecen normas distintas. Se los trata, simplemente, como parte del entorno más amplio de la mecánica cuántica, no fundamentalmente diferentes de las moléculas del aire o de los fotones. Everett planteó una forma de pensar el mundo cuántico de dentro afuera. Mostró que podemos surfear la onda cuántica universal, no solo limitarnos a mirarla desde la orilla.

No se trata solo de una cuestión de semántica o de interpretación. Los esquemas de Everett y de Bohr efectúan predicciones genuinamente diferentes acerca de cómo se desarrollan las mediciones y las observaciones cuánticas. Mientras que Bohr sostenía que todos los resultados sobreviven excepto uno, Everett afirmaba que eso es solo el punto de vista desde el interior de una rama determinada de la historia. Su esquema dice que para cualquier observador «es como si» el resto de los resultados hubiesen desaparecido. En el marco de Everett, si de algún modo se pudiesen invertir todas las interacciones que constituyen una observación, se podría, en principio, recombinar las distintas ramas y hacer que volviesen a interferir. Desde luego, el número estratosférico de partículas implicadas en cualquier acto de observación haría de esta una tarea abrumadora en la práctica. Sin embargo, sería obviamente imposible, incluso desde el punto de vista teórico, si la función de onda hubiese colapsado tras la observación.

Bohr contra Everett adquiere una importancia crucial cuando consideramos el pasado. Resulta que el modelo de colapso de Bohr nos prohíbe pensar siquiera en retrodecir el pasado. Según Bohr, es inútil resolver la ecuación de Schrödinger hacia atrás para averiguar cómo era el pasado, porque un número incontable de actos pasados de observación ha interferido con la evolución suave prescrita por la ecuación. Pero hacer una retrodicción del pasado a fin de comprender cómo ha acontecido el presente es esencial para la cosmología. La formulación de Copenhague, por tanto, es del todo inadecuada para la cosmología. Para que la cosmología cuántica sea posible, necesita la integración everettiana del proceso de observación dentro del formalismo matemático de la teoría. El esquema de Everett pone en primer plano un conjunto más profundo de principios que subyacen a la teoría cuántica, principios que han demostrado ser fundamentales para sentar las bases de su aplicación al universo en su conjunto.

En aquel momento, sin embargo, la propuesta de Everett cayó en oídos sordos. Sus colegas no entendieron lo que quería decir o permanecieron indiferentes. La idea misma de aplicar la teoría cuántica al universo entero parecía una extravagancia. Incluso el visionario Wheeler —al que no asustaban las grandes especulaciones— se sintió impelido a añadir una nota al artículo de Everett,[15] en la que explicaba la formulación de la mecánica cuántica de su estudiante en un lenguaje atenuado con la esperanza de hacerlo más digerible. Pero nada de eso sirvió. Desanimado y frustrado, y comparando a sus colegas con los anticopernicanos en la época de Galileo, Everett abandonó el mundo académico para seguir una carrera de investigación militar.

Buena parte del escepticismo de la comunidad surgía del hecho de que, como imagen física del mundo, la formulación de la teoría cuántica de Everett parecía desconcertante e insólita. ¿En verdad necesitamos un número inconcebiblemente grande de caminos inobservables y de copias de nosotros mismos, solo para explicar lo que observamos? No fue de mucha ayuda que el esquema de Everett pasase a ser conocido como la interpretación de muchos mundos de la mecánica cuántica, mundos que, con frecuencia, se describen como igualmente reales, mientras que lo que de verdad significa es que los sistemas físicos tienen muchas historias posibles

Pero no había forma de evitarlo. El concepto de Everett de una función de onda universal demostró ser la idea fundacional que hizo posible empezar a pensar en el universo como un todo en términos cuánticos, un sistema *per se*, ni replicado ni contenido en una caja aún más grande. La obra de Everett hizo posible albergar la esperanza de que una verdadera perspectiva cuántica del universo tenía en realidad el potencial de prescindir de la perspectiva de Dios, y construir la cosmología desde cero a partir de la perspectiva de gusano. En este sentido, plantó las semillas de la cosmología cuántica que Stephen, su grupo de Cambridge y muchos otros seguirían desarrollando.

La arquitectura de la cosmología cuántica que surgió de estos trabajos se esboza en la figura 43. Toma la forma de un tríptico interconectado que incluye, además de un modelo de cosmogénesis —la hipótesis de la ausencia de límites, por ejemplo— y una noción de evolución —la idea de Feynman de muchas historias posibles en el paisaje de la teoría de cuerdas, por ejemplo—, un tercer elemento esencial: el proceso cuántico de observación (*observership*).

Me apresuro a decir que en este esquema el proceso de observación no hace referencia a alguien que mira a su alrededor mientras conduce su bicicleta. En cosmología cuántica, el proceso de observación hace referencia más bien al acto cuántico de observación más fundamental que venimos comentando en este capítulo: el proceso por el cual, en los puntos de ramificación de la historia, un resultado

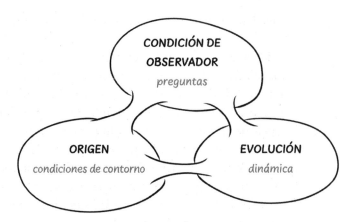

FIGURA 43. El marco habitual para la predicción en física asume una distinción fundamental entre las leyes de la evolución, las condiciones de contorno y las observaciones o mediciones. Para la mayor parte de las preguntas científicas, esta estructura dividida basta. Pero el enigma del diseño en cosmología va más allá, porque inquiere acerca del origen de las leyes y de nuestro lugar en el gran esquema cósmico. Tiene necesidad de un marco predictivo más general, que entrelace estas tres entidades. Eso es justo lo que ofrece una perspectiva cuántica en la cosmología. El tríptico interconectado que se esboza aquí constituye el núcleo conceptual de una nueva teoría cuántica del cosmos en la que la evolución, las condiciones de contorno y la observación se combinan en un único esquema holístico de predicción. La presencia de conexiones implica que cualquier ley de la cosmología cuántica surge de una mezcla de los tres componentes.

en particular de una gama de resultados posibles se convierte en hecho. Aunque este proceso implica siempre una interacción de alguna clase, no está en absoluto restringido a las observaciones humanas, y los hechos generados no necesitan tener nada que ver con la vida como tal. Una observación la puede efectuar un detector especializado, el gato de Schrödinger, un trozo de cuarzo, la ruptura de simetrías en el universo temprano o incluso un solitario fotón de la radiación de fondo de microondas.

El tríptico de la figura 43 resume el núcleo conceptual de la nueva cosmología que Stephen y yo desarrollamos. Contempla que la realidad física surge mediante un proceso en dos pasos. El primero de estos concibe todas las posibles historias de expansión del universo, cada una de ellas originada, pongamos por caso, en un principio sin límites. Las historias se ramifican —y cada ramificación implica un juego de azar— produciendo una física efectiva de cada rama y, posiblemente, mayores niveles de complejidad. Pero este insondable dominio de incertidumbre y potencial solo describe el cosmos en una especie de estado de preexistencia. En este nivel no hay predicciones, ni ecuación unificadora, ni una idea global del tiempo, ni, de hecho, nada definido, sino solo un espectro de posibilidades. El segundo paso, sin embargo, comprende el proceso interactivo de observación que transforma parte de lo que podría ser en lo que en realidad sucede.

El lector quizá recuerde el diario en blanco de Tom Riddle de los libros de Harry Potter. Lo mismo vale para el cosmos. El dominio de lo que es posible contiene las respuestas a una infinidad de preguntas, pero solo nos informa acerca del mundo a través de lo que se pregunta de él. En un universo cuántico —nuestro universo— la realidad física tangible emerge de un amplio horizonte de posibilidades por medio de un proceso continuo de interrogación y observación.

En lo que se refiere al futuro, el proceso de observación es la poda del árbol de los caminos posibles que se abren ante nosotros. En este proceso, en la experiencia de un observador determinado solo sobrevive una rama. Esta es la descripción de dentro afuera de Everett de un suceso de medición cuántica tal como la hemos descrito. Pero la observación también se extiende hacia el pasado. Cuando el oráculo hawkingniano dijo que «la historia del universo depende de la pregunta que formules», pensé que es justo esto lo que quería decir. Stephen decía que el conjunto entero de los hechos que caracterizan el universo que nos rodea, desde la biosfera de la Tierra hasta las leyes físicas efectivas de baja temperatura, constituye de hecho una gran pregunta que formulamos al cosmos. El tríptico evoca la idea de que, de forma retroactiva, esta gran pregunta trae a la existencia las pocas ramas de la historia cosmológica que poseen las propiedades que observamos. Es decir, en cosmología cuántica la observación no es una simple idea añadida o un principio de postselección antrópico que actúa sobre un multiverso gigantesco preexistente, sino un agente que opera a un nivel más profundo, una parte indispensable del proceso continuo que produce la realidad física, y también, tal como defendemos aquí, la teoría física. En cierto modo, el universo cuántico y los observadores emergen en sincronía. La profundidad de la filosofía descendente que Stephen ya anticipó en 2002 —aunque se necesitaron muchos más años de experimentos mentales, callejones sin salida y ocasionales momentos eureka antes de que se despejase la niebla— es que la teoría cosmológica y el proceso de observación van de la mano.

Como acabo de mencionar, este entrelazamiento dota a la cosmología cuántica de un sutil elemento retrógrado. Ya no seguimos el universo en sentido ascendente —es decir, hacia delante en el tiempo— porque ya no suponemos que el universo tenga una historia objetiva independiente del observador, con un punto inicial y una evolución definidos. Al contrario, imbuida en el tríptico está la idea contraintuitiva de que, en algún sentido fundamental que elaboraremos más adelante, en su nivel más profundo la historia emerge hacia atrás en el tiempo. Es como si un flujo constante de actos de observación cuánticos grabase retroactivamente el resultado del big bang, desde el número de dimensiones que se expanden a los tipos de fuerzas y partículas que surgen. Esto hace que el pasado dependa del presente, una reducción de causalidad aún mayor de lo que incluso Bohr concibió.

Por supuesto, estamos muy familiarizados con el razonamiento hacia atrás en el tiempo, que aplicamos a otros niveles de evolución, desde la evolución biológica hasta la historia humana. Ya hemos descrito brevemente en el capítulo 1 cómo la historia, en todos los niveles, se ve moldeada por los resultados aleatorios de innumerables acontecimientos que se bifurcan. Estos accidentes congelados añaden un componente retrospectivo al estudio de la historia, ya que la vasta cantidad de información que colectivamente contienen simplemente no está presente en las leyes de niveles más bajos. Solo se puede recopilar *ex post facto* mediante la experimentación y la observación.

En el capítulo 1 recordábamos cómo la evolución darwiniana integra con habilidad las explicaciones causales con el razonamiento retrospectivo en un único esquema coherente. Me atrevo a afirmar que, del mismo modo, con la versión descendente de la cosmología que aparece encapsulada en el tríptico interconectado de la figura 43, hemos hallado el punto óptimo entre el porqué y el cómo en cosmología. Como veremos, el esquema de predicción del tríptico es lo bastante general y flexible como para que en él tengan cabida las preguntas más profundas relacionadas con el enigma del diseño.

Dicho esto, el carácter retroactivo de la cosmología cuántica va mucho más allá del carácter retrospectivo de la evolución biológica. Los biólogos no hablan de múltiples árboles de la vida que coexisten en una superposición fantasmal hasta que se encuentran pruebas fósiles que favorecen el uno o el otro, sino que suponen acertadamente que siempre hemos formado parte de un único árbol de la vida que desconocemos hasta que recopilamos las pruebas. Esta diferencia se debe a que se puede ignorar sin problema el nivel cuántico subyacente a la evolución biológica. En todos los puntos de ramificación de la evolución darwiniana, los diferentes caminos evolutivos posibles se desacoplan de inmediato unos de otros porque el entorno de interacción en el que la vida se desarrolla barre al instante toda interferencia cuántica. Es decir, el entorno transforma continuamente, paso a paso, una superposición de árboles de la vida en árboles evolutivos claramente independientes, uno de los cuales es el nuestro. Desde luego, basta una fracción de segundo para que la mutación de un gen provocada por un acontecimiento cuántico se torne decoherente. Nuestro árbol de la vida, por tanto, ha evolucionado con independencia de los árboles alternativos mucho antes de que los biólogos decidiesen desenterrar fósiles en un intento de reconstruir el árbol al que pertenecen. El entorno físico ya ha llevado a cabo la observación cuántica más fundamental. Esto no quiere decir, desde luego, que conocer el árbol de la vida sea irrelevante porque, a diferencia del entorno, los biólogos pueden interpretar sus hallazgos y quizá incluso utilizar ese conocimiento para influir en futuras bifurcaciones.

En contraste con esto, la cosmología cuántica indaga acerca del origen mismo del entorno físico. Desciende hasta el nivel mismo de la observación cuántica y, además, se esfuerza en hacerlo en el remoto ámbito del big bang en el que el proceso de observación influye en el modo en que se producen las leyes físicas. Lejos de ser irrelevante, la entremezcla en el mundo fantasmal de las superposiciones es crucial, pues eleva el razonamiento hacia atrás en el tiempo de un mero elemento retrospectivo en el estudio de esta historia a un componente retroactivo que «crea» esta historia.

Es en este nivel cuántico más profundo donde los hilos que conectan los ingredientes clave del tríptico cobran una importancia fundamental y donde el esquema en su conjunto nos lleva mucho más allá de la física ortodoxa.

* * *

A finales de la década de 1970, a John Wheeler se le ocurrió un maravilloso experimento mental que contribuyó en gran medida a clarificar este curioso elemento de causación retrógrada en un universo cuántico. El experimento mental de Wheeler puso de manifiesto cómo, en la mecánica cuántica ordinaria de las partículas, el acto de observación puede alargar sutilmente la mano hacia el pasado, incluso el pasado remoto.

Wheeler, mentor tanto de Feynman como de Everett, trabajó con Bohr en fisión nuclear antes de unirse al proyecto Manhattan durante la Segunda Guerra Mundial. En la Universidad de Princeton, en la década de 1950, revitalizó el estudio de la relatividad general retomándolo en el punto donde Einstein la había dejado. Con una única prueba observacional precisa —el desplazamiento del perihelio del planeta Mercurio— y dos pruebas cualitativas —la expansión del universo y la desviación de la luz—, la relatividad general se había convertido en una especie de remanso de la física y a menudo se consideraba como una rama de las matemáticas, y no de las más interesantes. Pero, como decía el propio Wheeler, la relatividad es demasiado importante para dejársela a los matemáticos, así que se propuso revitalizar aquel campo. Wheeler enseñaba el primer curso de relatividad en Princeton, que incluía la excursión anual más privilegiada que una clase de física podía soñar: una visita a Albert Einstein en su casa de Mercer Street para tomar el té y debatir.

Como Stephen, Wheeler parecía estar dotado de un ilimitado optimismo científico. Su imaginativa visión y su capacidad para poner un nítido foco en las cuestiones más importantes de la física inspiró líneas de investigación durante muchas décadas. Cuando falleció en

FIGURA 44. John Wheeler en Princeton, en 1967, explicando las diferencias entre la mecánica clásica y la cuántica.

2008, a la edad de noventa y siete años, el obituario del *New York Times* citaba a Freeman Dyson: «El poético Wheeler es, como Moisés, un profeta que desde la cima del monte Pisga contempla la tierra prometida que su pueblo heredará algún día».

En su experimento mental sobre el papel del proceso de observación y la causalidad en la teoría cuántica, Wheeler consideró partículas, no universos, porque las partículas son más fáciles de manejar. Su experimento mental se denomina «experimento de la elección retardada». Se trata de una variación del experimento de doble rendija con fotones que llevó a cabo por primera vez el polímata inglés Thomas Young en el siglo XVIII. En la versión moderna del experimento de Young, la luz brilla a través de dos rendijas paralelas cortadas en una partición e incide en una placa fotográfica situada detrás de estas. Esto produce en la placa un patrón de interferencia de bandas brillantes y oscuras, porque la distancia que las ondas lumínicas tienen que recorrer desde cada rendija hasta un punto determinado de la pantalla es, en general, diferente. La naturaleza cuántica de la luz se pone de manifiesto cuando se atenúa de manera drástica la fuente de luz, reduciendo las ondas a una exigua corriente de fotones, emitidos uno a uno. De manera muy parecida al experimento con electrones que describí en el capítulo 3, la llegada de cada partícula de fotón aparece como un pequeño punto en la placa. Pero, si se realiza el experimento durante un cierto tiempo con esta intensidad extremadamente baja, el conjunto de los impactos de los fotones empieza a producir un patrón de interferencia. La mecánica cuántica predice este resultado porque describe cada fotón individual como la propagación de una función de onda que se fragmenta en las rendijas, se dispersa e interactúa consigo misma en el otro lado, creando un patrón de probabilidades altas y bajas de en qué lugar de la placa incidirá cada fotón.

No obstante, si el experimentador decide «hacer trampas» añadiendo un par de detectores cerca de las rendijas que revelen si los fotones toman un camino o el otro, o ambos, el patrón de interferencia no aparece. En su lugar, las manchas de los fotones trazan colectivamente sendas bandas brillantes en la placa, la marca distintiva de dos caminos claramente distintos, al estilo clásico: por una rendija o por la otra. Esto es así porque, de forma muy parecida a lo que ocurre con la nube de partículas de la configuración que se muestra en la figura 42, situar detectores cerca de las rendijas equivale llevar a cabo un acto de observación que provoca que los fragmentos de onda que salen de ambas rendijas se desacoplen. Al preguntar por qué rendija se cuelan los fotones, los detectores fuerzan a sus funciones de onda a revelar la naturaleza particulada de la luz.

Wheeler concibió una ingeniosa variación del experimento de Young en el que los detectores no estaban situados cerca de las rendijas, sino más lejos, próximos a la placa fotográfica (ver figura 45). De hecho, imaginó sustituir la placa por una persiana veneciana y situar detrás de esta el par de detectores, cada uno de ellos apuntando a una de las rendijas. Si cerramos la persiana, el experimento funciona como antes: los fragmentos de la función de onda interaccionan y producen un patrón de interferencia. Pero, si la abrimos, los fotones simplemente la atraviesan y los detectores se pueden utilizar para verificar de qué rendija han salido. De esta forma, el experimentador puede decidir para cada fotón individual de qué modo efectuar el experimento —esto es, qué pregunta formular— y que revele su naturaleza de partícula o de onda.

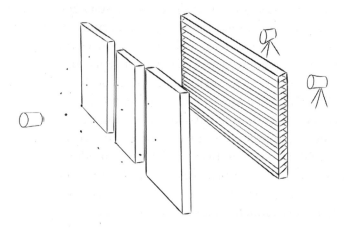

FIGURA 45. Una variante del experimento de doble rendija de Young con partículas de luz, en el que la placa fotográfica de la derecha se convierte en una persiana veneciana tras la cual se sitúa un par de detectores, apuntando cada uno a una de las rendijas. El experimentador que opera los detectores puede demorar, justo hasta el momento en que cada fotón individual llega a la persiana, su decisión de dejarla cerrada y efectuar el experimento habitual de doble rendija, que produce franjas de interferencia, o de abrirla y comprobar a través de qué rendija pasó el fotón. Se podría pensar que esta elección retardada confundiría al fotón. En absoluto: la naturaleza es lista y los fotones siempre aciertan, lo que demuestra que en la teoría cuántica el acto de observación alcanza sutilmente el pasado.

La idea crucial de Wheeler fue que se puede «retardar la elección» de abrir o cerrar la persiana justo hasta el momento en que el fotón llega a la placa. La situación es fascinante. ¿Cómo saben los fotones, al llegar a la partición, si deben actuar como una onda y recorrer ambos caminos, o como una partícula y viajar solo por uno, en función de la elección futura del experimentador? Está claro que los fotones no pueden saber por anticipado si el experimentador abrirá o cerrará la persiana. Por otro lado, tampoco pueden demorar su decisión de ser onda o partícula porque, si el fotón debe estar preparado para la posibilidad de que la persiana esté cerrada, será mejor que su función de onda se divida en la partición de manera que la combinación de ambos fragmentos pueda producir el patrón de interferencia observado. Pero eso es arriesgado, pues, si resulta que la persiana está abierta porque en el último instante el experimentador decidió que quería conocer el recorrido del fotón, entonces este, de naturaleza ondulatoria y que interfiere, se vería en un aprieto.

De hecho, el experimento mental de Wheeler ya se ha realizado. En 1984, físicos cuánticos experimentales de la Universidad de Maryland utilizaron una persiana veneciana de alta tecnología, en forma de interruptor electrónico ultrarrápido incorporado a una placa fotográfica, para cambiar entre los dos modos de operación, y fueron capaces de confirmar la esencia de la idea de Wheeler: los fotones que impactan en la «persiana veneciana» producen un patrón de interferencia; aquellos a los que se deja pasar no lo hacen. De algún modo, los fotones siempre aciertan, incluso si la opción de conectar o desconectar los detectores que rastrean el camino se demora hasta después de que un fotón determinado haya pasado a través de la partición.

¿Cómo es eso posible? Pues porque el pasado no observado solo existe como un espectro de posibilidades: una función de onda. De manera muy similar a los electrones o a las partículas de la desintegración radiactiva, las funciones de onda difusas de los fotones solo se transforman en realidad definida cuando el futuro al que dan lugar ha sido establecido por completo, esto es, observado. El experimento de la elección retardada ilustra de manera clara y llamativa que en la mecánica cuántica el proceso de observación introduce una forma sutil de teleología en la física, un componente retrógrado. El tipo de experimentos y observaciones que hacemos en la actualidad —las propias preguntas que formulamos a la naturaleza— transforman retroactivamente lo que podría haber sucedido en lo que sucedió y, al hacerlo, toman parte en la acción de establecer lo que puede decirse acerca del pasado.

Wheeler, siempre optimista, especuló incluso acerca de una versión a gran escala de su experimento de elección retardada (ver figura 46). Imaginó cómo la luz de un lejano cuásar puede ser desviada por la masa de una galaxia situada en una posición intermedia, que a continuación dirige la luz hacia la Tierra. En el cielo se han descubierto numerosos ejemplos de estas lentes gravitatorias, que los astrónomos suelen utilizar para obtener más información acerca de la

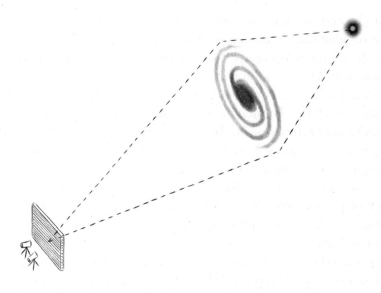

Figura 46. Una versión a escala cósmica de la variante de elección retardada del experimento de doble rendija. Una galaxia, actuando como lente gravitatoria, desvía la luz de un cuásar distante. Esto crea múltiples caminos para que la luz llegue a la Tierra, lo que reproduce la configuración de un experimento de doble (o incluso triple) rendija.

cantidad de materia oscura y energía oscura en el universo. La desviación significa que los fotones del cuásar pueden llegar a la Tierra por más de un camino, rodeando la galaxia situada en posición intermedia de diversas formas, reproduciendo así la situación de un experimento de doble —o múltiple— rendija. Wheeler cavilaba que, si los astrónomos pudieran efectuar el experimento de elección retardada en este escenario cósmico, estarían dando forma al pasado de hace miles de millones de años, alcanzando una era anterior incluso a la formación del sistema solar. «Estamos ineludiblemente implicados en producir aquello que parece estar sucediendo», escribió Wheeler.[16]

No solo somos espectadores.
Somos participantes.
En un extraño sentido, este es un universo participativo.

Y entonces hizo el notable dibujo que se muestra en la figura 47, que representa la evolución del universo como un objeto en forma de U, con un ojo en un lado contemplando su propio pasado desde el otro lado, para decir que, en un universo cuántico, las observaciones actuales imparten una realidad tangible en el universo «del pasado».[17]

La visión de Wheeler de un universo participativo, descabellada en su época, acabaría siendo un aspecto central de nuestra cosmología descendente (*top-down cosmology*, cosmología de arriba abajo) cuarenta años después. Hawking se tomaba en serio, muy en serio, la participación del observador de Wheeler, y la aplicó no solo para determinar de forma retroactiva los caminos de las partículas cuánticas, sino del universo en su conjunto.

El tríptico de la figura 43 integra la observación cuántica con la dinámica y las condiciones en un marco conceptual novedoso para la cosmología. Tal síntesis no es una simple nota al pie o una corrección menor de una ecuación, sino una generalización fundacional de la propia física. Al unificar la dinámica y las condiciones de contorno, el tríptico se aparta del dualismo que ha dominado la física moderna desde su nacimiento. Al incluir el proceso de observación, abandona la búsqueda de la vista desde ninguna parte.

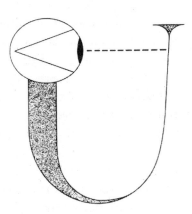

FIGURA 47. Wheeler concebía un universo cuántico como una especie de circuito autoexcitado. Empezando a pequeña escala en la esquina superior derecha, el universo crece en el tiempo y, al final, da lugar a observadores cuyos actos de observación dotan de realidad tangible al pasado, incluso al pasado distante en el que no existían los observadores.

Lo que la cosmología descendente no quiere decir es que podemos enviar señales hacia atrás en el tiempo. El proceso de observación define la existencia del pasado más firmemente, pero no transmite información hacia atrás en el tiempo. En la versión a escala cósmica de Wheeler del experimento de la elección retardada, encender o apagar nuestros telescopios en el siglo XXI no afecta al movimiento de los fotones hace miles de millones de años. La cosmología cuántica no niega que el pasado haya sucedido: más bien refina el significado de «suceder» y, en especial, lo que puede y no puede decirse acerca del pasado.

A Wheeler le gustaba ilustrar su visión con una variante del juego de las veinte preguntas. En este juego, un grupo de amigos se sientan en una sala después de cenar. Se hace salir a uno de la habitación. En su ausencia, el resto decide jugar al juego con una variación: acuerdan no decidir una palabra concreta, sino actuar como si hubiesen acordado una palabra. Cuando el otro jugador vuelve y plantea sus preguntas de respuesta sí o no, cada uno de los que responde lo hace como le apetece, con la única condición de que su respuesta sea compatible con todas las anteriores. Así, en cada fase del juego, todas las personas de la habitación tienen en mente una palabra coherente con todas las respuestas que se han dado con anterioridad. Por supuesto, las preguntas sucesivas acotan rápido las opciones hasta que tanto quien pregunta como quienes contestan son llevados de la mano, por así decirlo, y guiados hacia una única palabra. Pero cuál resulta ser esa palabra al final depende de las preguntas formuladas por quien pregunta, e incluso del orden de las preguntas. En esta variante del juego, decía Wheeler, «ninguna palabra es una palabra hasta que es promovida al estado de realidad por la elección de preguntas formuladas y de respuestas dadas».[18]

De forma parecida, un universo cuántico se crea constantemente, pieza a pieza, a partir de una neblina de posibilidades, como si fuera un bosque emergiendo de la bruma en una mañana gris y húmeda. Su historia no es como solemos concebir la historia, una secuencia de cosas que pasan una después de otra, sino más bien una maravillosa síntesis que nos incluye a nosotros y en la cual lo que tiene lugar ahora da forma retroactivamente a lo que fue entonces. Este elemento descendente otorga a los observadores, en el sentido cuántico, un sutil papel creativo en los asuntos cósmicos. Imbuye en la cosmología un delicado toque subjetivo. Nosotros —en nuestra condición de observadores— estamos, de manera bastante literal, implicados en la elaboración de la historia cósmica.

«¡Si no hay pregunta, no hay respuesta!», decía Wheeler acerca de las partículas cuánticas. «¡Si no hay pregunta, no hay historia!», dijo Hawking del universo cuántico.

La segunda fase de desarrollo de la cosmología descendente (*top-down*, de arriba abajo), el término que prefería Stephen,[19] sucedió de 2006 a 2012. Durante este periodo desarrolló una profunda intuición sobre el hecho de que, con los observadores integrados como agentes dentro de un marco de predicción, nos hallábamos por fin de camino a una teoría cosmológica que pudiera elucidar el enigma del diseño. Pero teníamos que comprender qué era justo lo que el tríptico trataba de decirnos.

Recordemos que la estrategia ascendente (*bottom-up*, de abajo arriba) para aprehender la naturaleza biofílica del universo funciona de la siguiente manera: empieza con una pepita de espacio en el origen del tiempo; aplica las leyes (o metaleyes) objetivas eternas de la física; observa cómo evoluciona el universo (o multiverso); y confía en que surja algo como el lugar en el que vivimos. Esta es la forma ortodoxa de razonar en física, empleada de forma habitual desde los experimentos de laboratorio hasta la cosmología clásica. Un razonamiento de este tipo busca una explicación sobre todo causal de la biofilia del universo, basada en algún tipo de estructura de absolutos al estilo de una ley. El primer intento ascendente de desenredar el enigma del diseño fue buscar una verdad matemática significativa en el núcleo de la existencia. La segunda línea de ataque, la cosmología del multiverso, también dependía de metaleyes intemporales, pero ampliada con la selección antrópica de un universo isla habitable.

Pero la cosmología descendente le da la vuelta al enigma del diseño. Para empezar, mezcla los ingredientes en un orden muy diferente. La receta que extraemos del tríptico se lee más bien de la siguiente forma: mira a tu alrededor; identifica en tus datos tantos patrones similares a leyes como puedas; utilízalos para construir historias del universo que terminen en el que estás observando; súmalas para crear tu pasado. Así, en lugar de un telón de fondo de absolutos, la cosmología descendente da prioridad a la naturaleza histórica de todo. La teoría rastrea, en última instancia, la idoneidad para la vida hasta el hecho de que, en lo más profundo del nivel cuántico, universo tangible y proceso de observación están vinculados. El principio antrópico se torna obsoleto en la cosmología descendente porque la propia estructura evita acercarse a la brecha, característica del pensamiento ascendente, que separa nuestras teorías del universo de nuestra perspectiva de gusano dentro de él. Aquí reside la utilidad de la cosmología descendente y, tal como Stephen presentía, su potencial revolucionario.

Y así, acordado ya el tríptico, nos pusimos manos a la obra. «¿Qué vamos a hacer hoy con el enfoque descendente?», me preguntaba con frecuencia Stephen, medio en broma, por la mañana.

Para llegar al núcleo de la fase cuántica temprana del universo, debemos avanzar hacia atrás a través de los muchos niveles de complejidad que nos separan del principio, lo que podemos hacer rastreando la evolución del universo hacia atrás en el tiempo. Primero perdemos los niveles humanos y multicelulares de la vida y las escasas reglas afines a leyes que estos obedecen. Luego perdemos la vida primitiva, y al final también las capas más bajas, geológicas, astrofísicas e incluso químicas. Por último, llegamos a la era del big bang caliente, donde el carácter evolutivo de las leyes físicas pasa a primer término. Este es el dominio por el que Stephen quería aventurarse.

«Vamos a poner la superficie de la observación muy atrás, cerca del fin de la inflación —decía—, una mera fracción de segundo desde el inicio de la expansión. Miremos hacia atrás desde ese momento».

Equipado con el tríptico del enfoque descendente a modo de potente microscopio teórico capaz de diseccionar este nivel más bajo, Stephen se preparaba para el experimento mental más ambicioso de la historia. Con una plétora de posibles caminos a su disposición, la cosmología cuántica en cierto sentido desempaqueta la singularidad del big bang clásica. Lo que emerge es un sobrecogedor nivel de evolución más profundo, que nos lleva al interior del big bang. En este nivel distinguimos una especie de metaevolución, una fase en la que las propias leyes familiares de la evolución evolucionan. Como describimos en el capítulo 5, el proceso darwiniano de bifurcación por medio de variación y selección que esto comporta solo puede comprenderse en retrospectiva. Esta capa realmente antigua de la evolución debe concebirse de arriba abajo, es decir, mirando hacia atrás en el tiempo.

Pensemos en el número de dimensiones grandes del espacio. De acuerdo con la teoría de cuerdas, el dominio de las posibilidades contiene historias con todos los números posibles de grandes dimensiones, de cero a diez. Nunca se ha hallado una razón *a priori* de que se expandan justo tres dimensiones y el resto no. Una filosofía ascendente no puede explicar por qué nuestro universo debería tener tres dimensiones grandes. Un enfoque descendente, en cambio, nos dice que esa no es la pregunta correcta. La cosmología descendente retrodice que la observación efectuada por el entorno más primitivo de las primeras fases de la expansión de que se liberaran tres dimensiones y empezaran a inflacionar selecciona, de entre todas las historias posibles, las pocas que terminan con tres dimensiones grandes. La distribución de probabilidad de las dimensiones no es significativa porque «nosotros» ya hemos medido que vivimos en un universo con tres dimensiones espaciales grandes. Sería como preguntar la probabilidad del árbol de la vida comparada con la de árboles diferentes por completo, incluidos aquellos que carecen de una rama *Homo sapiens*. Eso no es ni relevante ni computable. Mientras el dominio de las historias de expansión posibles contenga algunos universos en los que se expanden tres dimensiones, no importa lo inusuales que estas sean en comparación con las historias con cualquier otro número de dimensiones grandes. Es más, esto es independiente de que tres sea o no el único número adecuado para la vida. Tras dejar obsoleto el principio antrópico, la cosmología de arriba abajo trata las propiedades favorables a la vida en pie de igualdad con todo lo demás.[20]

Lo mismo reza para el modelo estándar de la física de partículas. De acuerdo con la gran unificación y la teoría de cuerdas, el modelo estándar, con sus alrededor de veinte parámetros al parecer muy bien ajustados, dista mucho de ser el resultado único de la secuencia de transiciones de ruptura de la simetría en el big bang caliente. De hecho, cada vez hay más pruebas de que los caminos que terminan en el modelo estándar son muy raros en el ámbito de la teoría de cuerdas, del mismo modo que el árbol de la vida de la Tierra es, en teoría, excepcionalmente singular entre todos los árboles posibles. De nuevo, pues, un enfoque causal ascendente fracasa a la hora de explicar por qué el universo debe acabar con el modelo estándar. El paradigma descendente aborda esta cuestión de manera muy distinta. Concibe que las observaciones «efectuadas» en el universo joven —los resultados de las cuales están codificados en los accidentes congelados que constituyen las leyes efectivas— seleccionan las historias coherentes con el modelo estándar de entre el amplio espectro de historias cosmológicas posibles.

Pero quizá la implicación más asombrosa de un enfoque descendente de la cosmogénesis tiene que ver con la potencia del estallido de inflación primordial. Recordemos que, como teoría ascendente, la hipótesis de la ausencia de límites predecía la cantidad mínima absoluta de inflación, apenas suficiente para que un universo existiera. Con diferencia, las principales ramas de la función de onda sin límites son universos casi vacíos que surgen con una cantidad insignificante de inflación (ver figura 31). Es decir, si ignoramos el hecho de que somos seres sensibles hechos de átomos que se mueven en el espacio-tiempo y, por un momento, adoptamos un punto de vista de Dios y miramos la forma de la onda sin límites como si no formásemos parte de ella, lo que descubrimos es que no deberíamos existir. Esta situación había sido el mayor quebradero de cabeza de Stephen con la cosmología durante más de dos décadas. Stephen intuía, y con fuerza, que la hipótesis de ausencia de límites era cierta, y, sin embargo, parecía ser errónea.

No así en el enfoque descendente. Al adoptar la perspectiva de gusano, la cosmología de arriba abajo razona de dentro afuera y hacia atrás en el tiempo. ¿Y qué sucede entonces? La forma de la onda sin límites cambia de manera espectacular. Un enfoque descendente relega los fragmentos de onda correspondientes a universos vacíos al extremo más alejado de la onda a la vez que amplifica los que nacen con un potente estallido de inflación, tal como se ilustra en la figura 48. Una comparación con el enfoque ascendente de la

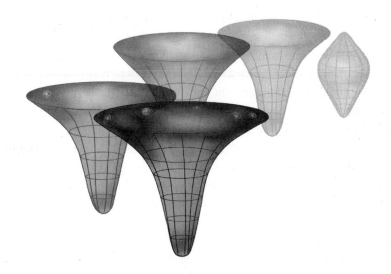

FIGURA 48. La forma de la onda sin límites desde una perspectiva descendente. Cuando se examina desde arriba hacia abajo, la hipótesis de la ausencia de límites retrodice que nuestro universo nació con un gran estallido de inflación que dio lugar a una red de galaxias, lo que es compatible con nuestras observaciones. Los universos casi vacíos que predominaban en la onda ascendente (ver figura 31) se alejan en la distancia.

onda sin límites de la figura 31 muestra cómo, de manera bastante literal, la cosmología descendente remodela por completo las ramas que conforman la función de onda. Es más, puesto que las alturas de los diferentes fragmentos de onda especifican su probabilidad relativa, esto significa que la cosmología descendente deduce retroactivamente que el universo se inició con un gran estallido de inflación, compatible con nuestras observaciones.[21] Por supuesto, Stephen estaba encantado con estos resultados. «Por fin —me dijo, y añadió, como si no me hubiese dado cuenta—, siempre tuve buenas sensaciones sobre la propuesta de ausencia de límites».

* * *

Este notable cambio de rumbo en la fortuna de la hipótesis de ausencia de límites ofrece una vívida ilustración de que, en el fondo, el pasado es contingente respecto al presente. Pero, entonces, ¿cuál es, exactamente, el papel de una teoría del origen si, de todos modos, vemos el universo desde arriba hacia abajo? Se podría decir que la hipótesis de la ausencia de límites es a la cosmología lo que el último antepasado común universal (LUCA, por sus siglas en inglés) es a la evolución biológica. Claramente, la composición bioquímica de LUCA no determina el árbol de la vida que crecerá de él. Por otra parte, no puede haber un árbol de la vida sin LUCA. Del mismo modo, el origen sin límites es crucial para la existencia del universo, pero no predice el árbol particular de leyes físicas que surgirá a partir de un principio tan sencillo.[22] En cambio, una comprensión detallada de la genealogía del cosmos y de sus leyes solo se puede obtener a partir de observaciones, es decir, de arriba abajo.

Dicho de otro modo, los modelos del origen son una fuente crucial de predictibilidad a un nivel más fundamental. Trabajando de arriba abajo, los inicios en forma de cuenco que se muestran en la figura 48 funcionan como puntos de anclaje esenciales para los innumerables caminos posibles que se dirigen hacia nuestro pasado. Una cosmología cuántica sin una teoría del principio sería como el CERN sin partículas aceleradas, la química sin una tabla de elementos o el árbol de la vida sin un tronco. No habría ninguna predicción en absoluto. Cualquier estructura en forma de árbol que evolucione con ramas interconectadas reposa, en última instancia, sobre la idea de un origen común. Elaborar un modelo de ese origen es una parte esencial de cualquier descripción científica del árbol. Esto se aplica tanto al árbol de la vida como al árbol de las leyes. Me aventuro a afirmar que no puede haber una revolución darwiniana genuina en la cosmología sin una idea de un principio real. En efecto, la falta de una teoría apropiada de las condiciones iniciales en, pongamos por caso, la cosmología del multiverso podría ser la razón fundamental de que la teoría no haya logrado predecir nada.

Sin embargo, uno podría preguntarse qué es lo que esperamos obtener de modelar un pasado a partir de nuestras observaciones cosmológicas colectivas, lo que nos lleva, como es obvio, de vuelta a lo que observamos. Si la cosmología descendente no busca una explicación causal de por qué el universo y sus leyes efectivas son lo que son, si no predice que el universo tenía que acabar siendo el que es, entonces ¿dónde radica en concreto su utilidad?

De un modo muy similar a la evolución darwiniana, la utilidad de la teoría se halla en su capacidad para revelar la interconexión del cosmos. Nos permite identificar nuevas correlaciones entre lo que, a primera vista, pueden parecer propiedades independientes del universo. Consideremos las variaciones de temperatura en la radiación de microondas (CMB). La caracterización estadística de estas coincide casi a la perfección con la de las fluctuaciones generadas en universos con un potente estallido inflacionario. Razonando de arriba abajo, estos son, con diferencia, los universos más probables. Por tanto, la teoría descendente predice una fuerte correlación entre las variaciones observadas en la CMB y otras partes de nuestros datos que, para empezar, seleccionan un estallido de inflación significativo. Mediante correlaciones de este tipo y predicciones de correlaciones entre los datos actuales y los futuros, la cosmología descendente tiene un gran potencial para revelar la coherencia oculta codificada en el universo. Por eso, esta teoría funciona mucho mejor que la teoría del multiverso, con su paradójica pérdida de predictibilidad.[23]

También como imagen de la realidad física, el universo descendente difiere radicalmente del multiverso. En la cosmología del multiverso, el gigantesco espacio inflacionario, en el que burbujean una miríada de universos isla, se limita a estar ahí (ver inserto, lámina 7). El lienzo cósmico existe con independencia de qué islas tengan vida o de cuáles se observen. Los observadores y sus observaciones se introducen en la teoría como efecto de postselección, sin afectar de ninguna forma la estructura a gran escala del cosmos.

En el universo cuántico de Stephen, por el contrario, el proceso de observación está en el centro de la acción. El tríptico descendente restablece el sutil vínculo entre el observador y lo observado. En la cosmología descendente, todo pasado tangible es siempre el pasado de un observador. Es como si la cosmología cuántica concibiese el proceso de observación como el cuartel general operativo del dominio insondable de todo aquello que puede ser. He intentado evocar esta «visión del mundo» en la figura 49, con una nueva estructura de árbol ramificado. Actuamos y observamos (en el sentido cuántico) y, en este proceso, echamos raíces que seleccionan pasados posibles, así

FIGURA 49. El universo cuántico. Las observaciones hechas hoy hacen crecer raíces de posibles pasados y esbozan ramas de posibles futuros a partir del vasto dominio de «lo que podría ser».

como unas cuantas ramas selectas que esbozan futuros posibles. El hecho de que todas las raíces de la figura 49 estén conectadas a nuestra situación observacional —y esto incluye lo que sabemos acerca de las leyes efectivas— significa que la complejidad de esta estructura en forma de árbol palidece en comparación con la del multiverso. La inmensa mayoría de los universos isla no guardan parecido alguno con el universo que observamos, de ahí que las raíces que corresponden a estos no aparezcan en el árbol cuántico. Las historias de esas islas han desaparecido, perdidas en un océano de incertidumbre.

Debo resaltar, no obstante, si es que es necesario, que esta cosmología descendente sigue siendo una hipótesis. Nos hallamos en una posición no muy distinta de la de Darwin en el siglo XIX, con datos demasiado dispersos como para reconstruir, con cualquier nivel de detalle, cómo surgió el árbol de las leyes en el big bang caliente. Nuestra evidencia fósil de aquella remota era es aún fragmentaria. Consideremos la materia oscura, o la energía oscura, que en conjunto comprenden el 95 % del contenido del universo. ¿Cuál es la cascada de transiciones de ruptura de simetría que propiciaron las fuerzas y partículas que gobiernan el sector oscuro? Solo el tiempo lo dirá.

Con pruebas tan limitadas, entre mis colegas cosmólogos hay apasionados predarwinianos que se aferran con firmeza a una visión ascendente del mundo. Mantienen que la tarea de la cosmología es hallar una explicación verdaderamente causal del juicioso diseño del universo. En su filosofía, el azar y los accidentes históricos —por no hablar de la observación cuántica— se encuentran en la fila de atrás de la sala. Dan por hecho que, de una forma u otra, el universo tuvo que resultar ser tal como es sobre la base de principios sólidos y eternos. La filosofía descendente desafía esta premisa en su esencia ontológica, con el azar y la necesidad —accidentes congelados y patrones similares a leyes— tratados en posición de igualdad. En todo caso, predecimos que las observaciones futuras revelarán muchos más giros y obstáculos accidentales.

Cuando reflexiono sobre el largo camino hacia la cosmología descendente, me doy cuenta de que las consideraciones filosóficas no nos influyeron demasiado (como no podía ser de otro modo, con Stephen en el equipo). Lo que buscábamos era una mejor comprensión científica, motivados por un deseo de resolver las paradojas del multiverso y de aclarar el enigma del diseño. De hecho, después de que Jim y Stephen planteasen su hipótesis de la ausencia de límites en 1983, se fueron cada uno por su lado. Stephen creía que ya comprendíamos lo bastante bien la mecánica cuántica y no veía la necesidad de seguir examinando sus fundamentos. «Cuando oigo las palabras "gato de Schrödinger", me llevo la mano a la pistola», dijo una vez, y siguió tratando de poner a prueba su propuesta de la ausencia de límites. Jim, en cambio, no estaba tan seguro de que comprendiésemos lo bastante bien la mecánica cuántica, así que se apartó de la cosmología cuántica. Trabajando con Murray Gell-Mann, el erudito polímata que, en 1964, postuló la existencia de los quarks, Jim se dedicó a desarrollar las ideas cuánticas de Everett para las partículas y los campos de materia. Su obra fundamental, combinada con la de muchos otros físicos,[24] acabó por dar origen a una nueva formulación de pleno derecho de la teoría cuántica, denominada mecánica cuántica de historias decoherentes. Esta formulación clarificaba en gran medida la naturaleza física del proceso de ramificación en el esquema de Everett y, significativamente, tiene el observador bien incorporado en su esquema conceptual.[25] Así, cuando en 2006 me di cuenta de que las ideas de Jim y las de Stephen se iban a tener que combinar para que la cosmología cuántica pudiese alcanzar su potencial pleno, los volví a unir, y esta inspirada jugada fue la precursora de la segunda etapa del desarrollo de nuestro enfoque descendente.

A decir verdad, creo que el tríptico del enfoque descendente es aproximadamente la forma en que Lemaître y Dirac, en su pionero y poético trabajo sobre cosmología cuántica, imaginaron que esta acabaría siendo. En 1958, en la Undécima Conferencia Solvay, sobre Estructura y Evolución del Universo, Lemaître presentó un informe sobre el estatus de la hipótesis del átomo primordial.[26] Después de señalar que «la división del Átomo pudo haber ocurrido de muchas formas diferentes» —¡la ramificación de Everett!— y de que «no tendría mucho interés conocer sus probabilidades relativas» —¡falta de tipicalidad!—, continuó: «La cosmología deductiva no puede iniciarse antes de que la división haya avanzado lo bastante como para llegar a un determinismo macroscópico práctico»; en otras palabras, para que un enfoque ascendente sea viable, nuestra rama en expansión debe sufrir decoherencia. Lemaître concluía su informe con este críptico comentario: «Cualquier información sobre el estado de la cuestión en este momento [justo después de la división del átomo] se debe inferir a partir de la condición de que el universo real ha evolucionado a partir de él», un atisbo temprano del punto de vista descendente. Dicho esto, con la excepción de estos pocos y crípticos comentarios, la cosmología descendente halla su base más firme en los proféticos experimentos mentales de Wheeler y en su visión de un universo participativo.

En un reciente tributo a Wheeler,[27] Kip Thorne recordaba un almuerzo con él y con Feynman en 1971, en el Burger Continental, cerca de Caltech, un bar restaurante que Stephen también solía frecuentar cuando estaba en Caltech.

> Mientras consumíamos comida armenia, Wheeler nos describió su idea de que las leyes de la física son mutables. «Esas leyes deben

haber nacido en algún momento. [...] ¿Qué principios determinan qué leyes surgen en nuestro universo?», preguntó. Feynman, estudiante de Wheeler en la década de 1940, se volvió hacia Thorne y dijo: «Este tipo suena a chalado. Lo que la gente de tu generación no sabe es que siempre ha sonado a chalado. Pero cuando yo era su estudiante, descubrí que, si tomas una de sus locas ideas y la despojas una por una de las capas de locura, como las capas de una cebolla, en el corazón de la idea se halla con frecuencia un poderoso núcleo de verdad».

Cuando Stephen y yo nos embarcamos en nuestro enfoque descendente de la cosmología, yo no conocía las ideas de Wheeler, aunque sospechaba que Stephen había oído hablar de ellas, al menos vagamente. En retrospectiva, nos dimos cuenta de que estábamos pelando unas cuantas capas de la locura de Wheeler, transformando su gran intuición en una verdadera hipótesis científica.

* * *

Condujimos hasta el Gonvill y Caius College, la facultad de Stephen y su otra base en Cambridge. Era jueves, y eso quería decir cena en la facultad, seguida por los pintorescos rituales de los profesores en torno al queso y el oporto en su panelada Combination Room. Mientras el oporto giraba en el sentido de las agujas del reloj alrededor de la larga mesa de madera y el fuego chisporroteaba, charlábamos sobre la Ruta de la Seda. Stephen recordaba su viaje a Irán en el verano de 1962, a Ispahán y Persépolis, la capital de los antiguos reyes persas, y a través del desierto hasta Mashhad en el este. «Me sorprendió el terremoto de Buin Zahra (un colosal seísmo de magnitud 7,1 en la escala de Richter, que causó más de doce mil muertos), en el autobús entre Teherán y Tabriz, de vuelta a casa. De todos modos, me gustaría volver —añadió—. No debería haber fronteras para la colaboración científica».

Mientras los otros profesores de la facultad se retiraban a sus habitaciones y la enfermera de Stephen nos avisaba para que también nos fuésemos, él, en cambio, se decidió por un debate nocturno. No me sorprendió. Dirigiendo su atención de nuevo a su programa

Equalizer, se preparó para hablar. Rodeé la mesa para sentarme junto a él.

«Escribí en *Historia*…».

Completé el pensamiento por él: «… que no somos más que escoria química en un planeta de tamaño medio orbitando una estrella promedio en una galaxia ordinaria».

Asintió alzando las cejas.

«Eso fue el antiguo Hawking ascendente —apareció en la pantalla—. Desde un punto de vista de Dios, no somos más que una mota de polvo irrelevante».

Stephen volvió los ojos hacia mí, reflexionando sobre la distancia que había recorrido desde *Historia del tiempo*. «Ahí viene», pensé, su despedida de la visión del mundo a la que tantos esfuerzos había dedicado.

«¿Es hora de cambiar de visión?», me arriesgué a decir. Las campanas de la capilla de la universidad sonaron desde el otro lado del patio. Stephen vaciló de nuevo. Decidí no tratar de pronosticar lo que iba a decir, si es que iba a decir alguna cosa.

Al fin, su pantalla se iluminó y siguió clicando, esa vez más despacio. «Con un enfoque descendente, ponemos a la humanidad de nuevo en el centro [de la teoría cosmológica] —dijo—. Curiosamente, eso es lo que nos proporciona control».

«En un universo cuántico, encendemos la luz», añadí yo. Stephen sonrió, claramente satisfecho de discernir en el horizonte un paradigma cosmológico nuevo por completo.

«Es un giro maravilloso», reflexioné yo. Empezamos buscando una explicación más profunda de la idoneidad del universo para la vida en las condiciones físicas que reinaban en el origen del tiempo. Pero la cosmología cuántica que desarrollamos para este fin sugiere que estábamos buscando en la dirección errónea. La cosmología descendente reconoce que, de forma muy similar al árbol de la vida de la biología, el árbol de las leyes de la física es el resultado de una evolución parecida a la darwiniana que solo se puede comprender mirando hacia atrás en el tiempo. Más adelante, Hawking propondría que, en el fondo, la cuestión no era por qué el mundo es como es —su naturaleza fundamental dictada por una causa trascendental—, sino cómo llegamos a donde estamos. Desde su punto de vista, la observación de que el universo es ideal para la vida es el punto inicial de todo lo demás. Vinculando no solo la gravedad y la mecánica cuántica —lo grande y lo pequeño—, sino también la dinámica y las condiciones de contorno, así como la perspectiva de gusano que tenemos los humanos sobre el cosmos, el tríptico descendente ofrece una notable síntesis que aparta por fin la cosmología del punto arquimediano.

«Deberíamos pensar en irnos ya», insistía la enfermera de Stephen. Mientras cruzábamos el patio hacia la puerta de la facultad en Trinity Street, Stephen recordó que nos había conseguido entradas para *Götterdämmerung* [*El ocaso de los dioses*] de Wagner para la noche siguiente en la Royal Opera House, y preguntó si sería yo el que nos llevaría en coche a Londres «para señalar el final de mis batallas con Dios». Steven nunca volvió a su antigua filosofía ascendente de la cosmología. Algo se rompió dentro de él aquel día cuando yo, de vuelta de Afganistán, entré en su oficina. Años más tarde, parafraseando a Einstein sobre la constante cosmológica, Stephen me dijo que

FIGURA 50. Stephen Hawking y el autor, a medio camino de su viaje, en la oficina de Stephen del nuevo campus de ciencias matemáticas de Cambridge. En la estantería situada detrás de nosotros están las tesis doctorales de la progenie académica de Stephen. Debajo de ellas, junto al horno de microondas, se halla el fondo moteado de la radiación de fondo de microondas que llega hasta nosotros desde todas las direcciones del cielo, formando una esfera que nos rodea: nuestro horizonte cósmico.

contemplar su génesis sin límites desde una perspectiva causal ascendente fue su «mayor error». Si miramos hacia atrás, podemos ver que tanto a Einstein como a Stephen los pillaron de sorpresa sus propias teorías. En 1917, la fijación de Einstein con la antigua idea de un universo estático le impidió aprehender las implicaciones cosmológicas radicales de su teoría de la relatividad clásica. De manera similar, el pensamiento causal profundamente arraigado de Stephen acerca del origen del tiempo le impidió captar el nuevo panorama revelado por su hipótesis semiclásica de ausencia de límites.

El desarrollo de la cosmología descendente marcó la fase más fructífera e intensa de nuestra colaboración. En el trabajo o en el pub, en el aeropuerto o junto a fuegos de campamento nocturnos, la filosofía descendente se convirtió en una inagotable fuente de júbilo e inspiración. En *Historia del tiempo*, el primer Hawking (el de la filosofía ascendente) escribió una cita famosa: «Incluso si encontramos una teoría del todo, no será más que un conjunto de reglas y ecuaciones. ¿Qué es lo que insufla vida a las ecuaciones?». La respuesta del Hawking tardío (el de la filosofía descendente) fue: el proceso de observación. Nosotros creamos el universo tanto como el universo nos crea a nosotros.

Capítulo 7

Tiempo sin tiempo

Time present and time past
Are both perhaps present in time future.
And time future contained in time past.
If all time is eternally present
All time is unredeemable.

Tiempo presente y tiempo pasado
se hallan quizá presentes en el tiempo futuro.
Y el tiempo futuro en el tiempo pasado.
Si todo tiempo es eternamente presente,
todo tiempo es irredimible.

T. S. ELIOT, «Burnt Norton»

Lanzar la revolución darwiniana en cosmología fue un acto hawking-niano por excelencia. Es un gran ejemplo de la práctica de la física osada, aventurada y regida por la intuición que caracterizó buena parte de su obra tardía.

Nuestros primeros trabajos sobre cosmología descendente datan del año 2002 y, aunque visto en retrospectiva, ya nos encontrábamos en el camino correcto, lo cierto es que nos movíamos sobre arenas movedizas. Incluso en fases posteriores, la superposición de espacio-tiempos que se halla en el corazón de la filosofía descendente seguía siendo difícil de comprender. ¿Acaso se combinaban para formar una enorme extensión de la función de onda universal de Everett, una especie de versión cuántica del multiverso con tentáculos que llegan a todos los rincones del paisaje de cuerdas? Y, si fuese así, ¿no podría esa gran función de onda del cosmos ser la largamente buscada metaley que subyace a toda la teoría física, relegando el proceso de observación de nuevo a poco más que un efecto de postselección?

Nuestras primeras ideas de un planteamiento descendente eran lo que en cierta ocasión Jim Hartle denominó «ideas para una idea», inspiraciones que probablemente eran profundas e importantes, pero que para dar fruto necesitaban una teoría física rigurosa donde prender. Así que empezamos a buscar un terreno más firme.

La inspiración vino de un lugar inesperado. En aquellos tiempos estaba tomando impulso una segunda revolución en la física. Esta se cocía en los escritorios y en las pizarras de las oficinas de los teóricos de cuerdas, quienes, mientras experimentaban con universos hipotéticos, habían descubierto que estos poseían extrañas propiedades «holográficas».

La primera vez que oí hablar de la revolución holográfica que estaba recorriendo el mundo de la física teórica fue en enero de 1998. Como estudiante recién graduado, estaba tomando el curso de matemáticas avanzadas en el DAMTP conocido como Parte III en la jerga de Cambridge, cuando, al principio del trimestre invernal, el equipo docente elaboró una serie especial de seminarios de investigación a la luz de un nuevo e importante desarrollo que, según se rumoreaba, «lo cambiaría todo».

Aquello parecía emocionante, así que decidí colarme en el aula del seminario para escuchar la primera clase. Aún estábamos en el antiguo edificio del DAMTP, en Silver Street, en el centro de Cambridge, en un aula con escasa iluminación, ventanas previsiblemente empañadas y una gran pizarra que ocupaba todo el ancho de la pared frontal. El aula estaba abarrotada con casi un centenar de físicos teóricos, y el ambiente era ruidoso e informal. Algunas personas estaban inmersas en apasionadas discusiones, otras escribían ecuaciones frenéticamente y aún otras parecían estar solo relajándose, sorbiendo su té.

Yo estaba buscando un lugar donde poder apreciarlo todo cuando mis ojos se posaron en el ponente del día. Le había visto antes;

Stephen conduciendo su silla de ruedas era una escena familiar en Cambridge. Pero bastaba verlo en su sede científica principal para que se revelase una dimensión nueva por completo de su personalidad. A pesar de su práctica inmovilidad, Stephen estaba lleno de vida. Claramente apreciado por sus colegas y en el epicentro de su grupo de gravedad, sonreía e interactuaba con los que le rodeaban de formas tan sutiles que yo no era capaz de comprenderlas. La escena entera exudaba un aire de familiaridad y de pura alegría. Me sentí como si me hubiese metido a escondidas en una reunión familiar. En el menú: el fin del espaciotiempo tal como lo conocemos.

Stephen maniobraba su silla de ruedas, con la mano izquierda sobre el mando del reposabrazos, tratando al parecer de situarse de manera que pudiese ver al público moviendo los ojos arriba y ligeramente a la derecha, y la pantalla del proyector moviendo los ojos arriba y ligeramente hacia la izquierda. Una vez que Stephen quedó satisfecho con su posición, Gerry Gibbons se levantó y comunicó al público que Stephen impartiría la primera clase de esa serie especial, y el aula quedó en silencio. Con el clicador en la mano derecha, Stephen empezó a ejecutar una serie de operaciones para que apareciera en la pantalla de su silla de ruedas un texto que llevaba preparado. Entonces hizo una pausa, nos miró, volvió a mirar a la pantalla y volvió a hacer clic.

«Siempre he tenido una cierta debilidad por el espacio anti-de Sitter, y he tenido la sensación de que había sido injustamente olvidado. Así que me complace que se haya vuelto a poner de moda con todo vigor».

Stephen impartió la clase enviando su guion frase a frase a la voz computarizada conectada a su silla. En la primera fila había un asistente con el texto impreso en el regazo, que operaba un proyector para mostrar algunas diapositivas con ilustraciones básicas del espacio anti-de Sitter y otras formas del espacio que aparecían en la clase de Stephen. Este hacía una pausa de vez en cuando para mirar directamente a su público, para calibrar nuestra reacción a una broma de la que estaba orgulloso o para dejar que surtiera efecto una afirmación controvertida.

Por mi parte, me quedé hechizado, en primer lugar, por la actuación de Stephen, pero también por ese extraño espacio anti-de Sitter que era el origen de tanto entusiasmo. Poco imaginaba yo que, apenas un año más tarde, Stephen nos instruiría a otro de sus estudiantes, Harvey Reall, y a mí mismo para concebir el universo visible como un holograma tetradimensional similar a una membrana que flota en un espacio anti-de Sitter pentadimensional. Juntos escribiríamos «Brane new world».[1] Una versión para profanos de este opúsculo terminaría formando parte de *El universo en una cáscara de nuez*, que estábamos acabando de preparar en aquella época. La forma en que Stephen insertaba casi al momento en sus libros su investigación técnica era impresionante, casi sin precedentes en las ciencias exactas.[2]

A decir verdad, la idea de que el universo puede ser similar a un holograma tiene una larga historia. El lector quizá recuerde la alegoría de la caverna de Platón, en la que este compara nuestras percepciones del mundo con las de unos prisioneros confinados en una caverna, que observan cómo las sombras recorren las paredes. Platón imaginó que nuestro mundo de apariencias no era más que un tenue atisbo de una realidad muy superior de formas matemáticas perfectas que existía en el exterior, con independencia de nosotros. En la actualidad, la revolución holográfica en la física le está dando la vuelta a la visión de Platón. La última encarnación de la holografía concibe que, en las cuatro dimensiones que experimentamos, todo es, de hecho, una manifestación de una realidad oculta ubicada en una delgada rodaja de espaciotiempo. El pensamiento holográfico plantea que hay una descripción alternativa de la realidad, una forma diferente por completo de mirar el mundo, desde la cual se proyectan, de algún modo, la gravedad y el espaciotiempo deformado. Es más, sostiene que es posible que este mundo-sombra tridimensional de partículas y campos cuánticos esté contando, después de todo, la historia completa. En su forma más ambiciosa, la física holográfica del siglo XXI afirma que, si pudiésemos decodificar el holograma oculto, entenderíamos la naturaleza más profunda de la realidad física.

El descubrimiento teórico de la holografía se sitúa entre los más importantes y de más amplio alcance de la física de finales del siglo XX. También tuvo una influencia inmediata en el pensamiento de Stephen, ya que lo hizo ahondar en la teoría de cuerdas. Y, a pesar de que los físicos aún no se ponen de acuerdo sobre dónde estaría ubicado exactamente el holograma o de qué estaría hecho, el novedoso panorama revelado por la holografía ha cambiado tanto el campo de la física teórica que ya no es posible reconocerlo. Durante décadas, los físicos teóricos se han esforzado por completar la unificación de relatividad general y teoría cuántica que la teoría de cuerdas había iniciado. Eso fue justo lo que hizo el descubrimiento de la holografía. Mostró que gravedad y teoría cuántica no tienen por qué ser agua y fuego, sino que pueden ser como el yin y el yang, dos descripciones muy diferentes, pero complementarias, de una única realidad física.

Aunque la holografía no se inventó pensando en un universo realista, la cosmología podría en realidad ser el escenario en el que, en última instancia, tuviese sus implicaciones más radicales. La holografía nos ofreció la posibilidad que Stephen y yo habíamos estado buscando para dar una base más firme a la cosmología descendente. Y, como describiré en este capítulo, hace inevitable un enfoque por completo descendente para desentrañar el big bang.

El desarrollo de una cosmología holográfica marcó la tercera etapa de nuestro viaje. Empezamos con este tercer recorrido durante una de las visitas de Stephen a Bélgica, en otoño de 2011, y culminó en un artículo que publicamos un poco antes de su fallecimiento.[3] Por encima de todo, este es un viaje que se adentra en la vanguardia de la física teórica, vinculando campos muy alejados entre sí, desde la información cuántica a los agujeros negros y la cosmología, en una seductora síntesis que sugiere que puede haber «tiempo sin tiempo».

Las primeras indicaciones de la holografía se remontan a la edad de oro de la investigación sobre agujeros negros, a principios de la década de 1970, cuando los matemáticos y los físicos teóricos comprendieron por fin las propiedades básicas de estos objetos increíblemente densos.

Esta edad de oro culminó con el impactante descubrimiento por parte de Hawking de que los agujeros negros no son negros por completo, sino que emiten un tenue goteo de radiación. Al principio, Stephen pensó, como es bien sabido, que había cometido un error en sus cálculos. Se suponía que los agujeros negros se tragaban toda la materia y la radiación, que no expulsaban nada. Al fin y al cabo, se pensaba que aquello era la esencia misma del agujero negro. Lo que le convenció de que sus cálculos eran correctos y de que la radiación era real fue que esta tenía todas las características de la radiación térmica, la denominada radiación de cuerpo negro, el término que los físicos utilizan para el tipo de radiación emitida por un cuerpo ordinario no reflectante a una temperatura determinada. La radiación de fondo de microondas de 2,7 K, por ejemplo, es radiación de cuerpo negro. Nos indica que incluso la totalidad del universo observable se comporta como un cuerpo radiante ordinario.

En el año 1900, la derivación teórica de Planck del espectro de la radiación del cuerpo negro marcó el amanecer de la revolución cuántica. En la actualidad, cada vez que el espectro de Planck aparece en la naturaleza, los físicos lo toman como una señal reveladora de un proceso cuántico subyacente. Este fue justo el tipo de proceso que Hawking consideró. Stephen contemplaba los agujeros negros desde un ángulo semiclásico, estudiando el comportamiento cuántico de la materia que se mueve en la geometría clásica, deformada, de un agujero negro. Para su sorpresa, halló que los procesos cuánticos cerca de la superficie del horizonte, el punto sin retorno en la relatividad, daban lugar a un diminuto flujo de radiación térmica que surgía del agujero negro y se dispersaba en todas direcciones. Calculó entonces la temperatura, T, de un agujero negro, produciendo la fórmula que se muestra en el medallón de la figura 51.

En esta fórmula, la letra M simboliza la masa del agujero negro. El resto de las cantidades son constantes básicas de la naturaleza: c es la velocidad de la luz, G es la constante gravitatoria de Newton, $\hbar$ es la constante de Planck y k es la constante de Boltzmann de la termodinámica, el estudio de la energía, el calor y el trabajo. La pura belleza de la fórmula de Hawking es que une todas esas constantes en una sola ecuación. A diferencia de otras célebres ecuaciones de la física del siglo XX, como la de Einstein o la de Schrödinger, que describen dominios independientes de la física, la fórmula de Hawking muestra la interacción de distintas áreas. Mediante la combinación de principios de la teoría cuántica y de la relatividad general, Hawking había corrido un riesgo matemático, pero había sido recompensado con una idea que ni la relatividad ni la teoría cuántica por sí mismas podían haber ofrecido nunca: los agujeros negros radian. Wheeler dijo una vez de la fórmula de Hawking que simplemente hablar sobre ella

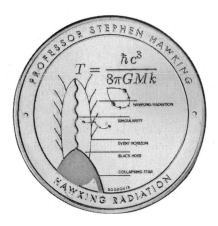

FIGURA 51. La fórmula de Stephen para la temperatura de un agujero negro, junto con una representación del proceso de la radiación de Hawking, tal como aparecen en los medallones acuñados con ocasión del entierro de sus cenizas en la abadía de Westminster, el 15 de junio de 2018.

era como «dar vueltas a un caramelo en la lengua». En nuestros días, la ecuación de la temperatura del agujero negro está inscrita en la lápida de Stephen en la abadía de Westminster, como si fuese su billete a la inmortalidad.*

El descubrimiento de Stephen fue un golpe inesperado. Anunció su resultado en febrero de 1974, en una impactante charla durante una asamblea sobre gravedad cuántica celebrada en los laboratorios Rutherford Appleton, cerca de Oxford. «Los agujeros negros están al blanco candente», declaró, dejando a su público estupefacto. Era, por supuesto, una típica exageración hawkingniana. Para los agujeros negros que son residuos de estrellas, los números de su fórmula dan una temperatura de menos de 0,0000001 kelvin, mucho más fríos incluso que los gélidos 2,7 kelvin de la radiación CMB. Por consiguiente,

---

* No es la única fórmula que se puede encontrar en Westminster. En la nave de la abadía, cerca de la tumba de Newton, está la lápida conmemorativa de Paul Dirac. La inscripción en la piedra incluye la «ecuación de Dirac», $i\gamma\cdot\partial\psi = m\psi$, que describe el comportamiento cuántico del electrón. Una vez, visitando la abadía con Stephen, no pudo resistir la tentación de señalar que, «al parecer, Dios era un matemático puro».

es improbable que podamos observar nunca la radiación del agujero negro. Pero eso no es más que un inconveniente práctico. La radiación de Hawking es revolucionaria solo por razones teóricas, ya que vuelve del revés la imagen clásica de los agujeros negros como pozos vacíos y sin fondo en el espaciotiempo, de los que nada puede escapar.

El motivo de que se trastorne esta imagen es que la radiación térmica suele originarse en los movimientos de los constituyentes internos de un objeto. Por eso, la temperatura y la entropía —la medida de Boltzmann del número de disposiciones microscópicas de los constituyentes de un sistema que no cambian sus propiedades macroscópicas— van de la mano. La entropía, a su vez, está muy relacionada con la información, la idea de que todas las partículas de materia y todas las partículas de fuerza del universo contienen una respuesta implícita a una pregunta de sí o no. Una entropía más alta significa, por así decirlo, que se puede almacenar más información en los detalles microscópicos de un sistema sin cambiar sus propiedades macroscópicas globales. De su fórmula para la temperatura de los agujeros negros, Hawking podía derivar de inmediato una expresión para la cantidad de entropía, S, que contienen:

$$S = \frac{kc^3 A}{4 G \hbar}$$

De hecho, Hawking no fue el primero en proponer que los agujeros negros tienen entropía. Ya en 1972 el físico israelí-estadounidense Jacob Bekenstein había anticipado la idea de que los agujeros negros poseen una entropía proporcional al área, A, de la superficie de su horizonte. En aquel momento, casi todos los miembros de la comunidad —¡con Stephen a la cabeza!— desestimaron la idea de Bekenstein porque, en fin, los agujeros negros no radian y, por tanto, no pueden tener entropía. Con su descubrimiento de la radiación de Hawking, Stephen demostró sin buscarlo que Bekenstein tenía razón.

La fórmula de la entropía de Bekenstein y Hawking predice que los agujeros negros tienen una capacidad de almacenamiento de información realmente gigantesca. Los agujeros negros son, con toda probabilidad, los dispositivos de almacenamiento más eficientes del universo en lo que se refiere al espacio ocupado. De acuerdo con su fórmula, Sagittarius A*, el inmenso agujero negro de cuatro millones de masas solares que acecha desde el centro de la Vía Láctea —y cuya sombra se convirtió por primera vez en imagen en la primavera de 2022—, puede almacenar no menos de 10^{80} gigabytes. La fórmula nos dice también que todos los datos de los bancos de almacenamiento de Google podrían caber de sobra en un agujero negro menor que un protón. (¡Claro que, una vez dentro, sería muy difícil consultar esa información!). Sin embargo, por grande que sea la entropía, la fórmula nos indica claramente que el número de bits dentro de un agujero negro es finito. La lectura más directa de la ecuación de la entropía es que hay un número enorme, pero finito, de agujeros negros que tienen el mismo aspecto desde fuera, aunque, no obstante, difieren en su constitución interior.

Esto resulta fascinante. Según la relatividad general clásica, los agujeros negros son el no va más de la simplicidad. Los agujeros negros relativistas presentan la más inescrutable cara de póquer. Según la teoría de Einstein, tanto da que estén hechos de estrellas, de diamantes o incluso de antimateria. En último término, quedan por completo caracterizados con solo dos cifras: su masa total y su momento angular. Wheeler resumió, en una frase famosa, esta suprema simplicidad: «Los agujeros negros no tienen pelo», transmitiendo así la idea de que los agujeros negros parecen no conservar recuerdo alguno de la historia de su propia formación. En la relatividad general, un agujero negro es la papelera definitiva, con una singularidad en su interior con una capacidad infinita para absorber y destruir toda la información que cae en ella.

Pero la fórmula de la entropía semiclásica de Bekenstein y Hawking ofrece una imagen muy distinta. Representa a los agujeros negros como los objetos más complejos de la naturaleza, justo lo opuesto de su imagen clásica. La fórmula de la entropía sugiere que la relatividad general de Einstein, al ignorar la mecánica cuántica y el principio de incertidumbre, pasa completamente por alto el inmenso número de gigabytes codificados en la microestructura interior de un agujero negro.

Dicho esto, el hecho de que la entropía crezca en proporción directa al área de la superficie, A, del agujero negro, y no a su volumen, es aún más sorprendente. La capacidad de almacenamiento de información de todos los sistemas conocidos está relacionada con su volumen interior, no con el área de la superficie que los limita. Por ejemplo, si quisiéramos hacer un cálculo estimativo de la cantidad de información de una biblioteca, sería mejor que contásemos el número de libros de todos los estantes, no solo de aquellos que recubren las paredes. Al parecer, no es así para los agujeros negros. Para calcular el contenido de información cuántica de un agujero negro, la fórmula de la entropía nos pide que tengamos en cuenta el área de la superficie del horizonte, A, y que cubramos esta con una retícula de minúsculas celdas cuyos lados midan la longitud de Planck (ver figura 52). La longitud de Planck, lp, es básicamente un cuanto de longitud. Se trata de la escala de longitud más pequeña para la cual la idea de distancia tiene algún significado. Expresado en términos de las constantes de la naturaleza mencionadas anteriormente, el área de una única celda de tamaño de Planck sería $l_p^2 = G\hbar/c^3$, o alrededor de 10^{-66} cm^2. Si medimos el área de la superficie del horizonte en cuantos de cuadrados del tamaño de Planck, la fórmula de la entropía predice que el contenido total de información de un agujero negro es el número de celdas necesarias para cubrir todo el horizonte, dividido por cuatro. Así, la idea monumental que surge de la ecuación de la entropía es que cada celda de Planck del horizonte contiene un bit de información. Cada uno de estos bits puede, en principio, proporcionar la respuesta a una única pregunta de sí o no acerca de la evolución del agujero negro y su microestructura, y el conjunto de todos esos bits representaría todo lo que se puede saber sobre el agujero negro.

Este fue el primer atisbo de la holografía en la física moderna: la capacidad de almacenamiento de los agujeros negros no está determinada por su volumen interior, sino por el área de la superficie de su horizonte. Es como si los agujeros negros no tuviesen un interior, sino que fuesen hologramas.

* * *

¿Qué podemos deducir de todo esto? La fórmula de la entropía no nos dice cómo almacenan los agujeros negros sus zetabytes, ni siquiera si sus pedacitos cuánticos están realmente adheridos a la superficie

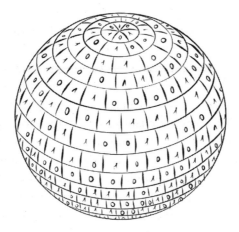

FIGURA 52. La entropía de un agujero negro es igual al número de celdas de tamaño de Planck necesarias para cubrir la superficie de su horizonte dividido por cuatro. Es como si cada una de estas minúsculas celdas almacenase un solo bit de información, y la totalidad de ellas es todo lo que se puede saber acerca de un agujero negro.

insondable de su horizonte. La entropía tampoco especifica la lista de preguntas de sí o no a las que los bits de información de los que da cuenta proporcionan, en teoría, una respuesta. Se limita a indicar que estos bits deberían existir.

Las cosas se tornan aún más confusas cuando pensamos en lo que le podría suceder a la información oculta cuando un agujero negro envejece. La masa del agujero negro, M, se halla en el denominador de la fórmula de la temperatura. Así, si un agujero negro pierde masa mediante la lenta radiación de energía y partículas, su temperatura sube, haciendo que el agujero brille con más intensidad y pierda masa a un ritmo más rápido. Por tanto, la radiación de Hawking, aunque empieza más despacio de lo que pueda imaginarse, es un proceso que se autorrefuerza y acaba por hacer desaparecer los agujeros negros. Hawking ya se había dado cuenta de ello.[4] «Los agujeros negros no son eternos —escribió—. Se evaporan a un ritmo cada vez más rápido hasta que se desvanecen en una gigantesca explosión».

Pero ¿cuál es el destino de la inmensa cantidad de información almacenada en su interior cuando un agujero negro emite radiación y acaba por evaporarse?

Se nos presentan dos posibilidades razonables. La primera es que la información se pierde para siempre. Un agujero negro es la goma de borrar definitiva. Dado el poder de deglución de los agujeros negros, este podría parecer un resultado natural. Pero el caso es que la teoría cuántica prohíbe esta posibilidad. Las reglas básicas de la teoría cuántica estipulan que la función de onda de cualquier sistema evoluciona de modo que se conserva la información. Siempre. La evolución cuántica puede procesar la información más allá de toda posibilidad de reconocimiento, pero no puede obliterarla de forma irreversible. Esta propiedad está vinculada al requisito obvio de que, en la teoría cuántica, las probabilidades siempre deben sumar uno, pase lo que pase. La conservación de información significa, por ejemplo, que cuando se quema una enciclopedia, las leyes de la física cuántica predicen que, en principio, se puede recuperar toda la información a partir de sus cenizas. Del mismo modo, si la mecánica cuántica es válida cerca de la superficie del horizonte de los agujeros negros —y no tenemos ninguna razón obvia que nos haga dudar de ello—, entonces hasta el último fragmento de información debe, en última instancia, volver a salir cuando el agujero negro acabe por desaparecer.

Vamos a considerar la segunda posibilidad. ¿Sería posible que toda la información se escape cifrada en la radiación de Hawking? Dado que el proceso de evaporación tarda eones, esto tampoco parece inverosímil. Es más, sería coherente con la mecánica cuántica. Por desgracia, esto no es lo que los cálculos de Stephen dicen que sucede. La radiación de Hawking no transporta ninguna información. Cuando un agujero negro emite parte de su masa en forma de radiación de Hawking, el espectro de esa radiación es tan indiferenciado como sea posible serlo. Nada en la radiación revela información alguna acerca de la estructura microscópica del agujero ni de su historia pasada. Cuando un agujero negro radia su último gramo de masa y desaparece, lo único que queda, según Hawking, es una nube de radiación térmica aleatoria a partir de la cual sería imposible, incluso en principio, saber si había un agujero negro (ni, desde luego, cuál de ellos). Los agujeros negros que se evaporan, declaró Hawking, son fundamentalmente diferentes de las enciclopedias que se queman.

Esto es una paradoja. La información parece perderse irremisiblemente cuando los agujeros negros se evaporan; sin embargo, la teoría cuántica dice que esto es imposible. Poco a poco, los físicos se dieron cuenta de que Stephen, con su ingenioso experimento mental, había puesto el dedo en la llaga de un problema muy profundo y complejo que surge cuando la relatividad y la teoría cuántica se aventuran a navegar en las mismas aguas. A partir de lo que parecía ser una combinación semiclásica perfectamente adecuada de ambas teorías,[5] Stephen había demostrado que el abismo que las separa era, de hecho, mucho más hondo y amplio de lo que él, o cualquier otro, había anticipado. La paradoja del destino de la información encerrada dentro de los agujeros negros que se evaporan se convirtió en el enigma más exasperante de la física teórica de finales del siglo XX y castigó no a una, sino a dos generaciones de físicos. En cierto modo, es el análogo contemporáneo de la anomalía de Mercurio en el siglo XIX, el balanceo de la órbita de este planeta que desafiaba la teoría de Newton. En ese sentido, la paradoja de la información del agujero negro se convirtió en un hito en la búsqueda de una teoría unificada. Los físicos pensaban que, si podían desentrañar el enredo de Hawking y comprender lo que le sucede a la información oculta cuando los agujeros negros dejan de existir, estarían en el buen camino para unir los principios de la relatividad y de la teoría cuántica en una única estructura coherente.

Al principio, Stephen apostó por la primera posibilidad: la información se pierde; la física tiene un problema grave; es necesario revisar la teoría cuántica. «Breakdown of Predictability in Gravitational Collapse» [Ruptura de la predictibilidad en el colapso gravitatorio] es el título del artículo en el que detalló por primera vez las consecuencias de la pérdida de información.

Es cierto que un agujero negro con la masa del Sol no empezará a evaporarse hasta dentro de unos cientos de miles de millones de años, cuando la temperatura de la radiación de fondo de microondas caiga al final por debajo de la de los agujeros negros estelares. El proceso de evaporación en sí llevará al menos otros 10^{60} años, mucho más que la edad actual del universo. Así, a menos que el big bang caliente ya produjese miniagujeros negros, o a menos que el Gran Colisionador de Hadrones del CERN llegase a fabricarlos algún día, las explosiones de agujeros negros seguirán siendo experimentos mentales teóricos durante bastante tiempo.

Pero lo que planteaba Stephen era una cuestión de principio. Si los agujeros negros destruyen información, entonces pueden emitir cualquier conjunto de partículas cuando al fin empiezan a evaporarse. Esto significaría que el ciclo vital de los agujeros negros, desde el colapso gravitatorio de una estrella a una nube de radiación de Hawking, impregnaría la física con todo un nuevo nivel de aleatoriedad e impredictibilidad, aparte de las probabilidades habituales de la mecánica cuántica. Sería como si parte de la función de onda de una estrella en colapso solo desapareciese dentro de los agujeros negros, o de algún modo se filtrase, quizá, hacia otro universo. Obviamente, esto pondría en peligro la capacidad de la física para predecir el futuro de nuestro universo, incluso en el sentido probabilístico reducido que ya conocemos de la mecánica cuántica. Y si el determinismo, la predictibilidad probabilística del universo sobre la base de las leyes científicas, se rompiera en presencia de agujeros negros, ¿cómo podríamos estar seguros de que no lo hiciese en otras situaciones? «El pasado nos dice quiénes somos —señaló acertadamente Stephen—.[6] Sin él, perdemos nuestra identidad». Contemplando las consecuencias de gran alcance de la pérdida de información dentro de los agujeros negros, Stephen se vio obligado a concluir que la física tenía, en verdad, graves problemas.

Durante años, la discusión fue de un lado para otro sin progresar demasiado. Los que llegaban al problema desde el ángulo de la física de partículas sostenían que la teoría cuántica se mantenía firme y que Stephen había cometido un error. Sin embargo, ningún físico de partículas fue capaz de encontrar ese error en sus cálculos. Por otro lado, la mayor parte de los relativistas, conscientes por completo del extraordinario poder destructivo de las singularidades del espaciotiempo, se unieron al bando de Stephen, pero no lograron encontrar una estrategia convincente para rescatar la física. El resultado fue un estimulante ambiente científico en el que participaron ambas comunidades de investigadores. Los físicos de partículas y los relativistas, empleando métodos y herramientas diferentes, empezaron a aprender unos de otros, unidos en la búsqueda de una verdad más profunda oculta en los tenues fotones que hacen brillar los agujeros negros.

Pero hasta que los físicos no lograron comprender mejor la naturaleza holográfica de los agujeros negros, a principios del siglo XXI, un conjunto nuevo de ideas y experimentos mentales no rompió el punto muerto en que se encontraba la paradoja de los agujeros negros. Estas ideas surgieron de la denominada segunda revolución de la teoría de cuerdas, la teoría que, a finales de la década de 1990, había impulsado la cosmología del multiverso y desempeñado un papel central en los esfuerzos de los físicos para formular una teoría cuántica unificada de la gravedad y todas las demás fuerzas (ver capítulo 5).

El destacado teórico de las cuerdas Edward Witten, del Instituto de Estudios Avanzados de Princeton, efectuó el primer disparo de la segunda revolución de las cuerdas con la conferencia que pronunció en Strings 95, la edición de 1995 de la reunión anual de teóricos de cuerdas de todo el mundo.

Debe decirse que la teoría de cuerdas no estaba pasando por sus mejores momentos. No había buenas perspectivas (por decirlo suavemente) de que los físicos pudieran probar nunca ninguna de las ideas centrales de la teoría. Las colisiones de partículas de más alta energía en los mayores aceleradores del mundo no habían mostrado señal alguna —todavía no lo han hecho— de que existan dimensiones adicionales enroscadas en las cuales se filtre parte de la energía liberada en las colisiones. La ultradiminuta escala de Planck, donde la naturaleza cuántica de la gravedad se haría, sin duda, importante, parecía fuera de alcance por completo, porque sería necesario un acelerador de partículas tan grande como el sistema solar para sondear en escalas así de pequeñas. Es más, a pesar de años de innovadoras cábalas matemáticas, la teoría no había logrado arrojar luz sobre la naturaleza cuántica de la gravedad en las situaciones en las que en realidad importaba: dentro de los agujeros negros y en el big bang. Y, para empeorar las cosas, los teóricos de cuerdas se habían dado cuenta de que no había una única teoría de cuerdas, sino cinco variantes diferentes, todas las cuales afirmaban ser «la» teoría unificada de la naturaleza. Había, además, una sexta teoría herética, llamada supergravedad, una extensión de la relatividad de Einstein que implicaba materia y supersimetría y contenía objetos similares a membranas, no cuerdas. De hecho, al ser uno de los lugares destacados en el desarrollo de la teoría de la supergravedad, Cambridge había adquirido una cierta reputación anticuerdas en este periodo.

El título de la conferencia de Witten en Strings 95, «Some Comments on String Dynamics» [Algunos comentarios sobre dinámica de cuerdas], no dejaba entrever que estuviese a punto de romper este *impasse*. Pero eso fue justo lo que hizo. En una conferencia que pasaría a los anales de la física como legendaria, Witten esbozó una perspectiva radicalmente nueva de la teoría de cuerdas. Expuso que las cinco teorías de cuerdas y la disidente teoría de supergravedad no eran seis teorías distintas, sino simplemente distintas caras de un único edificio matemático. Combinando una amplia variedad de perspectivas, Witten identificó una sofisticada red de relaciones matemáticas que transforman las diversas teorías de cuerdas unas en otras y en la supergravedad, creando una entidad reticular que las interrelaciona todas (ver figura 53). A esta red la denominó teoría M. Y, aunque es posible que la teoría M no tenga una estructura definida por sí misma —algunos afirman que la M viene de «magia» o «misterio»—, tiene una asombrosa capacidad para cambiar de forma, de una manera parecida a un boggart, mediante la cual adquiere la forma de una de las seis teorías asociadas, en función de la perspectiva adoptada. Esta unión más profunda revelada por la teoría M bastó para provocar la segunda revolución de las cuerdas. La teoría M hizo que los teóricos se diesen cuenta de que sus seis enfoques distintos hacia una teoría unificada no estaban en conflicto entre sí, sino que eran incursiones complementarias en el ámbito de la gravedad cuántica, incursiones que se podían reforzar entre sí.[7]

Las relaciones matemáticas que transforman teorías en apariencia distintas una de la otra se denominan en física «dualidades». Dos teorías que son duales son, en cierto modo, equivalentes: describen una misma situación física expresándola en un lenguaje matemático diferente. Un ejemplo sencillo es la dualidad onda-partícula en mecánica cuántica, que provocó mucha confusión en los primeros tiempos de la teoría.

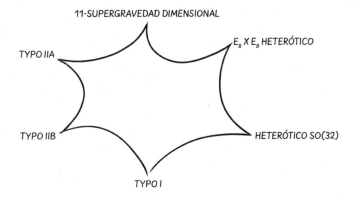

FIGURA 53. Red de relaciones matemáticas que vinculan las cinco teorías de cuerdas y la teoría de supergravedad sugiriendo que hay una historia unificadora más profunda.

Las dualidades son potentes recursos de cálculo porque, al ofrecer una perspectiva complementaria de un sistema físico determinado, pueden revelar nuevas ideas. Las dualidades de la teoría M son especialmente potentes porque con frecuencia transforman un análisis complejo en una teoría de cuerdas en un problema sencillo en su compañera dual. Antes de la segunda revolución de las cuerdas, los físicos tenían que recurrir a métodos aproximados para analizar cada una de las teorías de cuerdas por separado. Esto restringía su campo de actuación a situaciones semiclásicas en las que un número relativamente pequeño de cuerdas vibraban sobre el fondo de un espacio clásico suavemente curvado. El resultado es que las fascinantes propiedades cuánticas de los agujeros negros, por no hablar del big bang, permanecían fuera del alcance de sus análisis, y el gran proyecto de unificación permanecía bloqueado. La segunda revolución de las cuerdas cambió todo esto de una manera espectacular. Desde entonces, cuando las cosas se ponen complicadas en una teoría de cuerdas, una dualidad suele venir al rescate para convertir un cálculo de una dificultad imposible en uno perfectamente abordable en una teoría de cuerdas diferente. Por ello, la red de la teoría M de Witten es mucho más que la suma de sus teorías componentes. Al unir ideas de las cinco teorías de cuerdas y de la supergravedad, la teoría M ha abierto territorios del todo inexplorados en el ámbito cuántico de la gravedad y la unificación.

Pero la máxima expresión de la segunda revolución de las cuerdas fue el descubrimiento de una dualidad de un tipo distinto por completo, tan extraña que nadie había pensado que pudiese existir: una dualidad holográfica.

En 1997, siendo un joven profesor asistente en la Universidad de Harvard, el físico de origen argentino Juan Maldacena se tropezó con una fascinante dualidad que no vinculaba ni dos teorías de cuerdas ni dos teorías de partículas, sino que relacionaba las teorías de cuerdas con gravedad con las teorías de partículas sin gravedad. Es más, los dos aspectos de la dualidad de Maldacena viven en un número de dimensiones distinto: la teoría de partículas es como un holograma de la teoría gravitatoria.

Maldacena descubrió esta extraña dualidad al reflexionar sobre la teoría de cuerdas y la supergravedad en un escenario hipotético específico.[8] El aspecto gravitatorio de la dualidad de Maldacena implica la relatividad general y la supergravedad en universos con una forma similar a la del espacio anti-de Sitter, o espacio AdS. Como su nombre sugiere, AdS es el opuesto al espacio de De Sitter. Este último es la solución a la ecuación de Einstein que halló el astrónomo holandés Willem de Sitter en 1917, que describe un universo que se expande exponencialmente dotado de una constante cosmológica positiva [$\lambda > 0$]. El espacio anti-de Sitter tiene una constante cosmológica negativa [$\lambda < 0$] y no se expande. Al contrario, es en cierto modo similar al interior de un mundo dentro de una bola de nieve, una caja esférica limitada en todos sus lados por una superficie impenetrable.

La otra cara de la dualidad de Maldacena implica teorías cuánticas de partículas muy similares al modelo estándar. Se trata de teorías cuánticas de campos (QFT, por sus siglas en inglés), porque describen las partículas y las fuerzas como excitaciones localizadas de campos extendidos. En la dualidad de Maldacena, las QFT son similares a la cromodinámica cuántica, la parte del modelo estándar que describe la fuerza nuclear fuerte.

La sorprendente naturaleza holográfica de esta dualidad surge porque los campos cuánticos en el lado de las partículas no penetran en el interior de la bola de nieve del AdS, pero se puede concebir que están confinados a la superficie fronteriza que los rodea. De este modo, la QFT opera en un espaciotiempo con una dimensión menos. Si el espacio AdS tiene cuatro dimensiones de espaciotiempo, entonces la QFT vive en tres dimensiones. Carece de la profundidad interior del AdS, la dimensión curvada que es perpendicular a la superficie que lo limita. La QFT también está libre de gravedad. En la frontera del espacio AdS no hay ondas gravitatorias ni agujeros negros, ni siquiera nada que se parezca a una atracción gravitatoria. La gravedad no existe en una QFT de partículas.

O eso es lo que pensábamos. El punto decisivo de la audaz afirmación de Maldacena fue que estas dos teorías, por diferentes que parezcan, eran, de hecho, versiones camufladas la una de la otra. Maldacena sostenía que la teoría de la (super)gravedad en el AdS y la QFT en la frontera eran, en cierto sentido, equivalentes. ¡La holografía en acción! Esto quería decir que todo lo que se puede llegar a conocer sobre cuerdas y gravedad en un universo AdS tetradimensional se puede codificar en forma de interacciones cuánticas de partículas y campos ordinarios que residen por entero en la superficie fronteriza tridimensional. El mundo superficial funcionaría como una especie de holograma, un modelo del mundo AdS interior que contiene toda la información, pero difiere profundamente en su aspecto. Es casi como si se pudiese saber todo acerca del interior de una naranja analizando su piel con detenimiento.

En su forma más ambiciosa, la dualidad holográfica afirma que un mundo fronterizo de campos y partículas cuánticas especifica por completo el comportamiento de la gravedad y la materia en el interior del AdS, no solo una aproximación clásica o semiclásica de ese comportamiento. Lo que hace que esto sea aún más emocionante es que las teorías de partículas que surgen en la dualidad de Maldacena están entre las teorías cuánticas de campos mejor comprendidas, después de que los físicos de partículas lleven estudiándolas con detalle desde mediados del siglo XX. Así, la holografía —en su forma ambiciosa— proporciona un ejemplo funcional de una teoría cuántica completa de la gravedad y la materia.

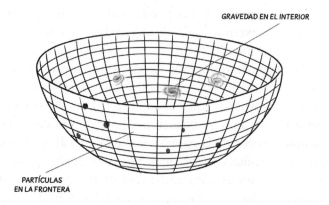

GRAVEDAD EN EL INTERIOR

PARTÍCULAS
EN LA FRONTERA

FIGURA 54. Las relaciones holográficas hacen que la teoría de cuerdas y la gravedad en el interior de un espaciotiempo curvado equivalgan a ciertas teorías cuánticas de partículas y campos sin gravedad que viven en la frontera de ese espaciotiempo.

Esto supuso un cambio radical. Durante décadas, los físicos se habían esforzado en sellar la unión entre la relatividad general y la teoría cuántica. Desde la epifanía de Maldacena, estas teorías en aparente conflicto han estado funcionando en simbiosis. Las dualidades holográficas han revelado que la relatividad y la teoría cuántica no son antagonistas, sino solo puntos de vista alternativos de la misma realidad física. La holografía dice que los sistemas físicos pueden ser gravitatorios y cuánticos al mismo tiempo, aunque en dimensiones diferentes. Tal fue el asombroso cambio de perspectiva que provocó la dualidad de Maldacena.

En línea con otras dualidades de la teoría M, la naturaleza de la relación entre ambos lados de una dualidad holográfica es tal que, cuando los cálculos en uno de los lados son perfectamente simples, la situación en el otro lado será con frecuencia complicada de verdad. Por ejemplo, cuando la gravedad es débil y el universo AdS está curvado suavemente, la descripción de la frontera implica interacciones cuánticas tan intensas entre sus constituyentes que la QFT se hace por completo intratable, e incluso la noción de partículas individuales puede dejar de tener demasiado sentido.

Esta propiedad hace que las dualidades holográficas sean muy difíciles de demostrar, pero también extraordinariamente potentes, porque significa que los físicos pueden utilizar la teoría gravitatoria de Einstein, y su extensión a la supergravedad, para descubrir nuevos fenómenos en el mundo cuántico de las partículas, y viceversa. A lo largo de los años, la holografía se ha convertido en un auténtico laboratorio matemático en el que los teóricos han llevado a cabo los más ingeniosos experimentos mentales a fin de obtener una mejor comprensión —y algo de intuición— sobre los fascinantes fundamentos holográficos de la naturaleza. En la actualidad, la física holográfica ha extendido su influencia mucho más allá de sus orígenes en la teoría M, con una abundante red de relaciones que interconectan lo que solíamos concebir como ramas disímiles de la física, desde la relatividad general, la física de la materia condensada y la física nuclear a la teoría cuántica de la información e incluso la astrofísica.

Pero volvamos a los agujeros negros. Si la holografía equivale a una teoría completa de la gravedad cuántica, aunque en un escenario AdS, entonces seguro que resolverá la notoriamente peliaguda paradoja de la información del agujero negro de Stephen, ¿no?

Bueno, la cuestión es bastante delicada. La razón es que la descripción de la superficie de Maldacena codifica el mundo AdS interior de un modo muy desordenado e irreconocible por completo. Esto no debería sorprendernos; incluso un holograma óptico ordinario no se parece en absoluto a la escena tridimensional que codifica. La superficie de un holograma bidimensional común contiene líneas y garabatos que parecen aleatorios. Se requiere una operación compleja, por lo general en forma de una luz láser que ilumine la superficie, para convertir todo aquello en una escena tridimensional.

Del mismo modo, se requiere una operación matemática sofisticada para descifrar lo que sucede dentro del espacio AdS a partir de la descripción holográfica de la superficie. Por desgracia, el descubrimiento de la holografía no incluía un diccionario matemático al que poder recurrir para averiguar cómo ambos lados se traducen el uno en el otro. Los teóricos han tenido que desarrollar este diccionario, artículo por artículo, a fin de decodificar el holograma y, por tanto, revelar la tremenda potencia de las dualidades holográficas.

Quizá la primera entrada que consultaría en el diccionario AdS-QFT tiene que ver con lo que es, presumiblemente, la propiedad más extraña de la dualidad: la dimensión que desaparece. ¿De qué manera las partículas y los campos, aun estando confinados a una superficie, recogen, de todos modos, todo lo que sucede en la profundidad interior del AdS? Cada fragmento de información acerca de todo lo que hay dentro del universo AdS debe codificarse, de algún modo, en la QFT, porque, de no ser así, la dualidad no sería una dualidad. Entonces ¿cómo hacen las teorías cuánticas de campo para, de cierta manera, «absorber» toda una dimensión?

La propiedad clave del AdS que es relevante en este caso es que la dimensión interior perpendicular a la superficie fronteriza está altamente curvada. El «anti» en el espacio anti-de Sitter se refiere al hecho de que el AdS tiene una curvatura negativa, lo que significa que los ángulos de un triángulo suman menos de 180° (en la superficie con curvatura positiva de la Tierra, o en el espacio de De Sitter, los ángulos de un triángulo suman algo más de 180°). La curvatura negativa significa que una proyección del AdS sobre una superficie plana produce un efecto anti-Mercator: las regiones cerca de la frontera parecen demasiado pequeñas (al revés de lo que sucede en un mapa Mercator de la superficie de la Tierra). Un corte espacial bidimensional que atraviese el interior del AdS, proyectado sobre una superficie plana, se parece mucho a *Límite circular IV*, la famosa xilografía de M. C. Escher de un disco con figuras de ángeles y demonios que se repiten hasta el infinito (ver figura 55). En el espacio AdS con curvatura realmente negativa, todos los ángeles y demonios tienen el mismo tamaño. Pero, en la proyección plana de Escher, las figuras se hacen cada vez más pequeñas y se acumulan cerca del límite circular, desvaneciéndose en un fractal infinito en el borde.

Si imaginamos que proyectamos uno de los ángeles (o de los demonios) de la xilografía de Escher sobre la frontera circular del disco, creando, por ejemplo, una sombra en forma de intervalo lineal, esa línea será mucho más corta para un ángel situado cerca del borde que para el mismo ángel que reside en el interior. Y así es justo como funciona la holografía: la dualidad de Maldacena traduce «profundidad interior» del AdS por «tamaño» en la frontera. Así, el primer artículo del diccionario AdS-QFT dice que encogerse y dilatarse en el

Figura 55. *Límite circular IV*, de M. C. Escher.

mundo con frontera corresponde a moverse en la dirección perpendicular a la frontera en el universo AdS curvado, respectivamente acercándose o alejándose del borde.

De hecho, la idea de que, en las teorías cuánticas de campos, escalar las cosas hacia arriba o hacia abajo es como moverse en una dimensión adicional tiene una larga historia. El tamaño está muy relacionado con la energía en la física de partículas. La razón de que los físicos de partículas demanden aceleradores cada vez más grandes es que, al elevar la energía de las colisiones de las partículas, se puede sondear la naturaleza a distancias cada vez menores. Es como comprarse un microscopio mejor. Es significativo que el conjunto de excitaciones de partículas y de interacciones de fuerzas que describe una QFT determinada dependa de la resolución de distancia que se tenga en mente. El contenido de partículas de una QFT empleado a bajas energías, o a grandes escalas de longitud, puede ser muy distinto de las partículas y fuerzas que se sitúan en primer plano en la misma teoría, pero en altas energías. Así, la cualidad básica de tamaño —o, lo que es equivalente, de energía— en teoría cuántica de campos almacena información adicional. A mediados del siglo XX, los físicos desarrollaron el formalismo matemático que dicta justo cómo cambian las propiedades de una determinada teoría cuántica de campos al variar la escala de energía a la que se usa. La dualidad de Maldacena saca partido astutamente de esta propiedad. El diccionario AdS-QFT traduce esta abstracta «dimensión energética» de las QFT en una «dimensión curvada del espacio» en el lado de la gravedad.

Pero ¿qué hay del sin duda fascinante artículo «agujero negro» del diccionario AdS-QFT?

Pocos meses después del artículo de Maldacena, Witten ya había colocado un agujero negro en el interior del AdS, había saltado a la teoría de frontera y había examinado su holograma. Como en el mundo fronterizo no hay gravedad —o, al menos, no en el sentido con el que estamos familiarizados—, no debemos esperar que el holograma de un agujero negro guarde similitud alguna con el pozo sin fondo de espaciotiempo de la relatividad de Einstein. Y, en efecto, no es así. Cuando Witten investigó la descripción dual de un agujero negro, halló poco más que un enjambre de partículas calientes. Al parecer, la holografía transforma los objetos más enigmáticos del universo en algo bastante ordinario. La historia holográfica del ciclo vital de los agujeros negros, un ciclo que ha resultado ser tan difícil de comprender en el lenguaje de la gravedad, se lee como algo parecido al calentamiento y posterior enfriamiento de un plasma de quarks y gluones calientes, un proceso que es apenas más exótico de lo que los físicos experimentales crean de manera cotidiana en sus laboratorios, haciendo chocar núcleos pesados unos contra otros. Es más, la entropía térmica de una sopa de quarks calientes en la superficie de la frontera es igual a la entropía de un agujero negro en el interior del AdS, obviamente una prueba importante de la dualidad holográfica. De hecho, la observación matemática de que la entropía del agujero negro crece en proporción al área de la superficie del horizonte deja de ser sorprendente a la luz de la holografía, porque la superficie del horizonte y la sopa de quarks viven en el mismo número de dimensiones.

Casi como una ocurrencia tardía, como un pie de página del artículo «agujero negro», Witten señaló que la descripción en superficie de la formación y evaporación de los agujeros negros es coherente con la teoría cuántica. La dualidad holográfica parecía resolver la paradoja de Hawking. La razón es que los cúmulos bastante ordinarios de partículas que constituyen la descripción dual de los agujeros negros tienen funciones de onda que evolucionan de una manera suave que conserva la información, de acuerdo con las reglas cuánticas habituales sin gravedad. Mientras que la dinámica cuántica de los quarks calientes puede mezclar y transformar la información, sabemos con certeza que no la destruye, porque esto no es siquiera una opción en una QFT. Por la lógica de la dualidad, pues, toda la información contenida en los agujeros negros que se evaporan en un universo AdS debe filtrarse al exterior y acabar en la radiación de Hawking emitida.

Podría pensarse que los descubrimientos de Maldacena y Witten hicieron que Stephen cambiase rápido de parecer acerca del destino de la información dentro de los agujeros negros. No fue así.

¿Por qué no? Porque el argumento de Witten no completaba del todo el artículo sobre la paradoja de la información en el diccionario AdS-QFT. El razonamiento de Witten, basado en la dualidad y según el cual todos los bits básicos de una estrella que colapsa sobreviven en última instancia, es muy formal. No explica cómo termina la información en la radiación de Hawking. La dualidad solo dice que, de un modo u otro, lo hace. Si a finales de 1998 un intrépido astronauta hubiese llamado a Princeton para asegurarse de si podía salir de un agujero negro, los teóricos locales le habrían dicho: «Sí, claro, es solo que saldrás hecho trizas». Pero, si les hubiese presionado y preguntado cómo hacerlo, Witten y sus colegas habrían tenido que admitir que no tenían ni idea. La descripción gravitatoria de la fuga desde un agujero negro antiguo que se evapora seguía siendo un profundo misterio en los primeros años de la física holográfica. La fabulosa dualidad de Maldacena logró eliminar cualquier contradicción formal entre la teoría cuántica y los agujeros negros, pero no dilucidaba dónde había cometido Stephen el error en sus cálculos originales basados en la gravedad. Es comprensible, pues, y mérito suyo, que Stephen insistiese en una resolución de la paradoja según sus propias condiciones: una descripción de la ruta de escape en el lenguaje de la gravedad y la geometría que no le exigiese confiar con los ojos cerrados en la magia dual.

Pasarían otros seis años antes de que Stephen cediese por fin y declarara en público que la mecánica cuántica estaba a salvo en presencia de agujeros negros. Lo hizo de una manera muy dramática. El lugar elegido para ello fue la XVII Conferencia Internacional sobre Relatividad General y Gravitación celebrada en Dublín en julio de 2004, el mismo tipo de reunión en el que, en 1965, había presentado por primera vez su teorema de la singularidad del big bang. Cuando Stephen envió un correo electrónico a los convocantes de la conferencia para solicitar un lugar como ponente porque «había resuelto la paradoja de la información del agujero negro», no solo se lo dieron, sino que reservaron para él la sala de conciertos principal de la Royal Dublin Society. No tardaron en tener que enfrentarse a una escasez de pases de prensa para lo que se suponía que iba a ser una charla científica.

Como era habitual, la conferencia fue una ocasión para que el clan de estudiantes y antiguos estudiantes de Hawking se pusiesen al día. La noche antes de la conferencia de Stephen salimos a tomar una copa al Temple Bar de Dublín. Saboreando un excepcional momento de relax, Stephen subió el volumen de su sintetizador de voz: «Voy a salir del armario», declaró con una gran sonrisa. Y, en efecto, al día siguiente, Hawking declaró, en una sala repleta de una peculiar mezcla de físicos y periodistas, que los agujeros negros no eran los pozos sin fondo que él había pensado que eran, sino que liberan todo lo que se puede saber acerca de su pasado cuando radian y desaparecen. Durante la conferencia de prensa que siguió a su charla, Stephen le pagó una apuesta al elocuente físico de Caltech John Prescott, quien en 1997 había apostado con Stephen y Kip Thorne que toda la información termina por filtrarse al exterior de los agujeros negros que se evaporan. La apuesta estipulaba que «el perdedor o perdedores premiarán al ganador o ganadores con una enciclopedia elegida por estos, de la cual se puede extraer información a voluntad». Stephen regaló a John un ejemplar de *Total Baseball: The Ultimate Baseball Encyclopedia*, aunque sin dejar de mencionar que quizá lo que debería haberle dado son las cenizas de esta. Eufórico, John alzó la enciclopedia por encima de su cabeza como si hubiese ganado las series mundiales. Saltaron los flashes y una de las fotografías acabó en la revista *Time*.

Sin embargo, la presentación de Stephen en Dublín fue un acto en cierto modo incómodo. Desde luego, ya hacía tiempo que nos habíamos acostumbrado al hecho de que todas sus ideas sobre agujeros negros adquirían vida propia en el escenario público. Stephen era brillante comunicándose con una audiencia mundial —y estaba sintonizado con la cultura popular desde su infancia—, por lo que se había convertido en una de las grandes voces de la ciencia de nuestra época e inspiraba a millones de personas en todo el mundo. Pero el acto de Dublín fue una de las raras ocasiones en las que la línea entre la imagen pública de Stephen y su práctica científica propiamente dicha quedó difuminada. Porque, a pesar del boom mediático que rodeó al cambio radical de dirección de Stephen sobre los agujeros negros, ni su conferencia en Dublín ni el artículo subsiguiente sobre ello hicieron progresar demasiado la cuestión, ni, desde luego, la resolvieron. La mayor parte de los teóricos de cuerdas que asistieron ya habían llegado a la conclusión de que los agujeros negros no destruyen información seis años antes, y pensaron que la charla en que Stephen lo reconocía llegaba demasiado tarde. A los relativistas, por otra parte, no les impresionó la abstrusa presentación de Stephen y creyeron que había cambiado de opinión de forma prematura. Entre ellos estaba Kip Thorne, que se negó a darse por vencido sobre su apuesta en Dublín (y creo que nunca lo ha hecho).

En su nuevo intento de resolver la paradoja de la información del agujero negro, Stephen había estado colaborando con el gallardo francés Christophe Galfard, estudiante suyo en aquel tiempo, que había tenido la suerte (o la desgracia) de entrar en la oficina de Stephen en un «año de agujero negro». Christophe también se dio cuenta de que sus cálculos no estaban funcionando tan limpiamente como habían previsto, sino que más bien señalaban a cuestiones aún más profundas. Entonces ¿por qué subió Stephen a escena en Dublín para declarar que la información no se pierde dentro de los agujeros negros? ¿Qué es lo que le hizo creer que, a pesar de la ausencia de evidencia irrefutable, el conjunto de pruebas se había inclinado hacia la conservación de la información? Creo que tenía el ojo puesto en un elemento poco claro y subestimado de la holografía que, según creía, era la clave para resolver la paradoja; a saber, que hay más de un interior.

Resulta que el holograma superficial no codifica una única geometría interior curvada, sino una combinación de diferentes formas de espaciotiempo.[9] Dicho de otro modo, la dualidad holográfica se construye al parecer sobre ese mismo pensamiento cuántico radical acerca de la gravedad, *à la Feynman*, que comentamos en el capítulo anterior y que demostró ser crucial para desentrañar la paradoja cosmológica de la información. La holografía refuerza estas ideas y predice que, en algún nivel, la gravedad implica no una geometría del espaciotiempo, sino una superposición de ellas. Nos impulsa a concebir el interior del AdS como una función de onda, no como un único espaciotiempo.

«En el momento en que decimos que un agujero negro queda descrito por la geometría de Schwarzschild, tenemos un problema de pérdida de información», dijo Stephen a su público en Dublín.[10] Y prosiguió: «No obstante, la información acerca del estado exacto se conserva en una geometría diferente. La confusión y la paradoja surgían porque pensábamos de manera clásica, en términos de un único espaciotiempo objetivo. Pero la suma de geometrías de Feynman permite que sea ambas geometrías al mismo tiempo».

Era la voz del nuevo Hawking, el del enfoque descendente.

En su derivación original de la radiación de Hawking, el Hawking del enfoque ascendente había supuesto (muy razonablemente) que cualquier radiación que escapase se movería dentro del espaciotiempo del agujero negro, la geometría deformada hallada por Schwarzschild en 1916. Por supuesto, tal hipótesis excluye la posibilidad de que, a largo plazo, una forma de espacio nueva del todo entre en juego. Treinta años después, Stephen vio que este razonamiento había sido un poco demasiado clásico. Ahora declaraba que, cuando los agujeros negros envejecían, sorprendentemente, gran parte de la información acerca del agujero y su historia no estaba ya almacenada en la geometría original del agujero negro, sino en un espaciotiempo diferente por completo. Así, el nuevo Stephen descendente reconoció —quizá de mala gana, quién sabe— que su *alter ego* más joven se había equivocado antes incluso de empezar a calcular, al haber supuesto que el espaciotiempo estaba determinado.

En retrospectiva, el Stephen descendente tenía razón en su intuición de que estaba implicada una geometría distinta. Un pensamiento cuántico riguroso en términos de una suma de geometrías interiores en lugar de una sola resultó ser la clave para empezar a desentrañar la paradoja del agujero negro. La controversia sobre su conferencia de Dublín se hallaba en el hecho de que Stephen no identificó en qué espacio curvado podía estar almacenado entonces el pasado de un antiguo agujero negro. Lo que en la práctica sugirió (incorrectamente) fue que la posibilidad de que de entrada no hubiese agujero negro alguno bastaba para resolver la paradoja.

Hizo falta mucho más trabajo en el laboratorio holográfico de Maldacena, y explorar muchos más callejones sin salida, antes de que los teóricos empezasen a discernir por fin la ruta de escape desde un agujero negro antiguo. De hecho, en los años transcurridos desde el fallecimiento de Stephen, una nueva generación de físicos de los agujeros negros, versados en holografía, se han dado cuenta de que quizá estén implicados los agujeros de gusano. Estos son formas exóticas de espacio, algo así como mangos o asas, que actúan como puentes geométricos que conectan lugares o momentos en el espaciotiempo que, de lo contrario, estarían muy alejados. La figura 56 muestra el primer dibujo de Wheeler de un agujero de gusano, en 1955, que en aquel momento denominó «espacio múltiplemente conectado». Ahora, en 2019, Geoff Penington, que trabaja solo en Stanford, y el cuarteto de cuerda de Princeton-Santa Bárbara, que incluye a Ahmed Almheiri, Netta Engelhardt, Donald Marolf y Henry Maxfield, hallaron pruebas sorprendentes de que, a medio camino de su proceso de evaporación, los agujeros negros podrían sufrir una desconcertante reorganización.[11] Sus cálculos indican que la lenta pero gradual acumulación de partículas radiadas puede, en última instancia, activar una geometría de agujero de gusano latente en la superposición de Feynman, creando una especie de túnel geométrico a través de la futura región del horizonte que crea un pasadizo por el que puede escapar la información del interior.[12]

Se cree que la radiación distante logra esta notable proeza gracias a un sutil fenómeno cuántico llamado entrelazamiento cuántico. Recordemos que la radiación de Hawking se origina en las fluctuaciones cuánticas de los campos cerca del horizonte de los agujeros negros. Estas fluctuaciones dan lugar a parejas partícula-antipartícula. Cada vez que la antipartícula cae en el agujero negro, su partícula compañera puede escapar hacia el universo distante, donde aparece como radia-

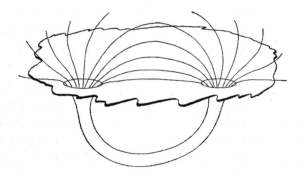

FIGURA 56. La primera representación esquemática de un agujero de gusano, dibujada por John Wheeler, que acuñó el término en 1957 para describir túneles en la geometría del espaciotiempo que conectan dos puntos distantes. En los últimos años, los teóricos han sugerido que los agujeros de gusano podrían proporcionar un pasadizo para que la información se escape de un agujero negro antiguo en evaporación.

ción de Hawking emitida por el agujero. Sin embargo, a pesar de la distancia, las parejas de partículas y antipartículas mantienen un vínculo mecánico-cuántico. Los físicos dicen que permanecen «entrelazadas». El entrelazamiento implica que, si se mide la radiación emitida por sí sola, se nos aparece como radiación térmica aleatoria. Pero, si fuese posible considerar los miembros de las parejas en su conjunto, se hallaría que contienen información codificada en delicadas correlaciones que interrelacionan sus propiedades individuales. Es como cuando encriptamos nuestros datos con una contraseña. Los datos sin la contraseña no tienen sentido. La contraseña, si se ha elegido bien, tampoco tiene ningún significado. Pero juntas revelan información. Lo que Penington y el cuarteto de cuerda han hallado —y muchos teóricos han desarrollado desde entonces— es que la acumulación durante eones y eones de entrelazamientos cuánticos entre el interior y el exterior de un agujero negro que se evapora se puede interpretar como un agujero de gusano que atraviesa el horizonte. Es como si las partículas de la radiación de Hawking, junto con sus compañeras antipartículas que están tras el horizonte, construyesen colectivamente su propio puente de espaciotiempo, transformando un agujero negro antiguo de un reino ermitaño a una especie de lugar de paso.

Es más, el entrelazamiento cuántico parece ser una parte esencial del funcionamiento general de los hologramas de Maldacena. Esto se relaciona con el que quizá sea el artículo más obvio y, al mismo tiempo, más profundo del diccionario AdS-QFT: la gravedad y el espaciotiempo curvado son fenómenos emergentes. Años de investigación han demostrado que, a fin de que un holograma superficial codifique una geometría interior curvada, no basta en absoluto con tener una superficie fronteriza con un número inmenso de constituyentes similares a partículas. Un interior curvado solo emerge si el entrelazamiento cuántico interconecta numerosos constituyentes de la frontera. Sorprendentemente, el entrelazamiento cuántico parece ser el motor central que genera la gravedad y el espaciotiempo curvado en la física holográfica. Es, para Maldacena, lo que la luz láser es para un holograma óptico ordinario.

Se trata de una idea asombrosa. Einstein demostró que la gravedad es una manifestación del espaciotiempo deformado. La holografía va más allá y postula que este espaciotiempo deformado está tejido a partir del entrelazamiento cuántico. De forma muy parecida a como la segunda ley de la termodinámica surge del comportamiento estadístico de numerosas partículas clásicas, o las ondas de sonido de las oscilaciones sincronizadas de las moléculas de materia, la dualidad holográfica transmite el punto de vista de que la relatividad general de Einstein surge del entrelazamiento colectivo de una miríada de partículas cuánticas que se mueven en una superficie fronteriza de dimensión menor. Las regiones vecinas en el interior del AdS corresponden a componentes altamente entrelazados en la superficie fronteriza. Las partes distantes del espacio interior corresponden a porciones menos entrelazadas de la frontera. Si la configuración superficial tiene un patrón ordinario de entrelazamiento, surge un interior casi vacío. Si el sistema superficial se encuentra en un estado caótico, con todos sus componentes entrelazados entre sí, el interior contiene un agujero negro. Y, si se lleva a cabo una operación cuántica extraordinariamente compleja sobre los cúbits entrelazados con la esperanza de leer la historia del agujero negro, se hallará, asombrosamente, una geometría interior de agujero de gusano.

En todo esto hay un conspicuo elemento de perspectiva descendente. En el lenguaje del capítulo anterior, podríamos decir que los bits entrelazados de la frontera juegan el papel del observador. En la cosmología descendente, los datos de una superficie de observación seleccionan un pasado dentro de un océano de pasados posibles. De manera parecida, la holografía predice que los patrones de entrelazamiento sobre una superficie fronteriza esférica determinan la forma de una dimensión interior. Tanto la holografía como la cosmología descendente dictan, pues, una sorprendente inversión del orden normal de las cosas en física: el espaciotiempo deformado llega después de las «preguntas formuladas» sobre determinada superficie de frontera.

En la actualidad se celebran conferencias de «gravedad cuántica en el laboratorio» donde los teóricos de la gravedad y los experimentalistas cuánticos debaten sobre formas de crear sistemas cuánticos fuertemente entrelazados, compuestos de átomos o iones atrapados, que imiten algunas de las propiedades de los agujeros negros. Experimentando con estos sistemas se espera obtener más información sobre la clase de patrones de entrelazamiento que sostienen el espaciotiempo deformado, y sobre qué sucede con la geometría cuando el entrelazamiento cuántico que la sustenta se rompe. Se trata de avances muy emocionantes. ¿Quién iba a pensar al principio de la revolución holográfica, a mediados de la década de 1990, que los experimentalistas cuánticos pronunciarían importantes conferencias sobre modelos de agujeros negros de juguete en las conferencias Strings de la década de 2020?

Es una pena que Stephen no viviese para disfrutar de estas nuevas e impactantes ideas. Sin duda habría estado encantado de ver cómo los agujeros de gusano surgen como elusivos canales de fuga de los agujeros negros en evaporación. No podemos más que aventurar qué concisa respuesta se le habría ocurrido. Yo creo que habría estado igual de entusiasmado de contemplar un nuevo nivel de conexión entre los dos temas que siempre impulsaron su trabajo, la comprensión de los agujeros negros y la del principio del universo. A través de su carrera de investigación, las ideas sobre agujeros negros influyeron con frecuencia en su obra subsiguiente sobre cosmología, desde el teorema de la singularidad del agujero negro de Penrose a su propio descubrimiento de la radiación de Hawking. La aparición de la holografía provocó una interacción aún más estrecha entre ambos ejes, con ideas cosmológicas como el enfoque descendente, que empezamos a desarrollar en 2002, que inspiraron su trabajo sobre agujeros negros de 2004.

Dicho esto, algunos teóricos de cuerdas están confusos con los recientes progresos en la teoría cuántica de los agujeros negros. Su esperanza ha sido siempre que la resolución de la paradoja de la información del agujero negro sustituyese la extravagante mezcla semiclásica de geometrías de Hawking por algo diferente por completo. En vez de eso, ahora parece que deberíamos tomarnos en serio la superposición de geometrías de Hawking y que, si nos la tomamos de verdad en serio, esta forma de pensar acerca de la gravedad cuántica supera las expectativas de todo el mundo (salvo las de Hawking, por supuesto, que siempre habían sido muy altas). Aunque queda mucho por aprender antes de que podamos relatar la historia de un agujero negro mediante la lectura de sus cenizas —la radiación de Hawking—, muchos teóricos aceptan ahora que ya no hay una verdadera paradoja. Es más, me atrevería a sostener que este desarrollo sí es algo diferente del todo. Pasar de un único espaciotiempo a espaciotiempos emergentes tiene implicaciones realmente fundamentales.

Para empezar, este cambio pone fin al viejo sueño reduccionista de la física fundamental. El reduccionismo es la extraordinariamente exitosa idea de que las flechas explicativas en ciencia siempre apuntan hacia abajo, hacia niveles menores de complejidad. Sostiene que en la torre de la ciencia, que tiene muchos pisos, desde física hasta biología pasando por química, los fenómenos de los niveles superiores pueden, en principio, explicarse en términos de fenómenos de niveles inferiores. El reduccionismo no significa que las explicaciones de nivel inferior sean siempre necesarias o útiles, ni siquiera alcanzables en la práctica. Tampoco está en conflicto con la emergencia de nuevos fenómenos y «leyes» en niveles más altos de complejidad. Lo único que el reduccionismo significa es que las leyes de niveles altos no están separadas de sus raíces a niveles bajos; comprendemos cualitativamente los fenómenos biológicos en términos químicos, y los fenómenos químicos en términos físicos. Y, si tuviésemos ordenadores lo bastante potentes como para simular sistemas biológicos complejos en el nivel microscópico de su química molecular, esperaríamos, por supuesto, ver surgir su comportamiento biológico.

Pero ¿qué hay del nivel inferior absoluto de las leyes fundamentales de la física? ¿Es acaso este el fundamento sólido —la estructura de absolutos— que soporta todos los niveles superiores de la torre de la ciencia? La holografía dibuja una imagen bastante diferente. Si el entrelazamiento, ese fantasmagórico fenómeno que, como es bien sabido, tanto molestaba a Einstein —y que fue el protagonista del Premio Nobel de Física de 2022—, es esencial para la construcción del espaciotiempo, entonces la antítesis reduccionismo-emergencia parecería ser una forma demasiado limitada de contemplar el mundo. La holografía incorpora un elemento fundamental de emergencia en la raíz misma de la física, en el mismo tejido del espaciotiempo. La dualidad holográfica encarna la visión de que la realidad física y las leyes «fundamentales» a las que obedece surgen de una confluencia de elementos básicos de construcción *y* también de la forma en que estos están entrelazados. Crea una especie de bucle cerrado de interdependencias que va de la reducción a la emergencia y de vuelta a la reducción. La holografía sostiene que incluso las regularidades más elementales asimilables a leyes están, en último término, arraigadas en la complejidad del universo que nos rodea. Lo que nos lleva a preguntarnos: ¿cuáles son las implicaciones cosmológicas de esta conclusión?

Después del descubrimiento de la naturaleza holográfica del espacio anti-de Sitter por parte de Maldacena, los teóricos no tardaron en especular con que nuestro universo en expansión también podría ser un holograma. En los cuadernos de notas en los que transcribía algunas de mis conversaciones con Stephen, encuentro cavilaciones acerca de una posible descripción como superficie del espacio de De Sitter en expansión que se remontan a febrero de 1999. Pero hasta que no tuvimos bien encaminado nuestro planteamiento descendente, más de 10 años después, no empezamos a plantear en serio la idea de una cosmología holográfica.

Por desgracia, para entonces Stephen estaba perdiendo el escaso control sobre sus músculos, que, milagrosamente, había logrado conservar durante los muchos años que llevaba sufriendo ELA. Por razones que aún no se comprenden demasiado bien, las células nerviosas largas que transfieren las señales electroquímicas del cerebro a la médula espinal y de esta a los músculos se debilitan y mueren en los pacientes de ELA, provocando que sus músculos, a los que no llega a orden alguna, se atrofien. Para entonces, la ELA había acabado con casi todo el control muscular de Stephen. Por supuesto, esto redujo muchísimo su libertad para actuar. En las primeras fases de nuestra colaboración, Stephen podía manejar con facilidad la silla de ruedas para acercarse a sus colegas y, con el clicador en la mano derecha, mantener conversaciones. Ahora Stephen ya no podía moverse de manera independiente, lo que en la práctica suponía que sus interacciones científicas habían quedado limitadas a un círculo mucho menor de colegas próximos. Es más, la progresión de la enfermedad había imposibilitado que Stephen manejase Equalizer con el clicador. Aquel dispositivo pasado de moda, que durante tantos años había sido el cordón umbilical que conectaba su mente con el mundo exterior, desde hablar y enviar correo electrónico a llamar por teléfono o hacer búsquedas en internet, se sustituyó por un sensor montado en sus gafas que podía activar mediante una ligera contracción de la mejilla. Esto garantizaba una línea vital de comunicación, pero no restablecía su capacidad para moverse o, por ejemplo, mantener debates a la hora de comer o cenar que habían sido importantes foros de intercambio con su círculo más amplio. (En la época del clicador, Stephen solía bromear con que podía comer y hablar al mismo tiempo). Así, Stephen se hallaba en un riesgo constante de quedarse aislado. Es probable que su incapacidad para comunicarse con fluidez en los últimos años fuera lo que acabó por ser la más importante de las restricciones de su vida científica. Significaba que ya no podía participar plenamente en aquellos acalorados debates sobre cualquier tema, desde un signo negativo en una ecuación a los méritos de la filosofía, debates que todos necesitamos para refinar y poner a prueba nuestras ideas. Aunque todas sus capacidades cognitivas siguieron intactas, durante la última década de su vida, más o menos, a veces quedaba casi por completo enclaustrado.

Para empeorar las cosas, ahora tenía dificultades para respirar, y todos temíamos que no pasaría mucho tiempo hasta que dejara de poder moverse en absoluto. Pero entonces su equipo de apoyo adaptó un respirador a su silla de ruedas, lo que la convirtió en una especie de combinación de unidad de cuidados intensivos móvil y punto de acceso a tecnologías de la información. Pronto, Stephen se puso en marcha de nuevo. Además, sus acaudalados amigos pusieron a su disposición sus aviones privados para llevarlo de un lado a otro del mundo, un cambio agradable con respecto a nuestras pasadas expediciones. Iba con frecuencia a Houston, porque había hecho amistad con el petrolero de Texas George P. Mitchell, que había tomado la iniciativa de invitar a Stephen y a su círculo de colegas más próximos a un retiro anual de física en su rancho «para crear un entorno en el que Stephen pudiese trabajar». Y eso es lo que hizo. Lejos del ajetreo de su oficina de Cambridge, un año tras otro fui testigo de cómo el espíritu inquieto de Stephen cobraba vida en los bosques de Texas. Fue en el rancho de Mitchell, donde las sesiones ante la pizarra pasaban sin transición a ser debates durante la cena y ante el fuego, donde nació la teoría holográfica del universo de Stephen.

El primer obstáculo para aplicar la holografía a la cosmología es que no vivimos en un mundo como una bola de nieve anti-De Sitter, sino en un universo en expansión que se parece más al espacio de De Sitter. Desde un punto de vista clásico, AdS y su opuesto De Sitter tienen propiedades muy diferentes. La curvatura negativa del espacio AdS crea un campo gravitatorio que impulsa los objetos unos hacia otros, hacia el centro del espacio. En cambio, la curvatura positiva de un universo de De Sitter en expansión hace que todo repela a todo lo demás. Esta diferencia se puede rastrear hasta el signo de λ, la constante cosmológica, que es el término de energía oscura en la ecuación de Einstein. Un universo como el nuestro tiene una λ positiva, lo que hace que se expanda, mientras que el espacio AdS tiene una λ negativa, lo que conduce a un tirón atractivo adicional. Es más, a diferencia del AdS, los universos en expansión pueden no tener siquiera una superficie fronteriza que pueda alojar un holograma. Algunos universos en expansión son hiperesféricos, versiones tridimensionales de una esfera. Las hiperesferas no tienen una frontera en la que podamos llegar a codificar lo que sucede en su interior. Por tanto, parece virtualmente imposible lograr algo como la dualidad holográfica de Maldacena.

Pero ¿y si abandonamos el pensamiento clásico y adoptamos, en cambio, un punto de vista semiclásico? ¿Y si pensamos en el AdS y su contrario en tiempo imaginario? Al fin y al cabo, la principal motivación para desarrollar una cosmología holográfica es comprender mejor el comportamiento cuántico del universo, y hacía tiempo que Stephen sostenía que las geometrías con cuatro dimensiones espaciales capturaban sus propiedades cuánticas. Este era el aspecto crucial de su enfoque euclidiano de la gravedad cuántica (ver capítulo 3). El lector recordará el círculo que me pidió que dibujase en el hospital (ver figura 25). Ese círculo representaba el borde del disco que se obtiene al proyectar sobre un plano la evolución cuántica del universo circular en inflación que se muestra en la figura 23(b). La figura 57 evoca esta proyección de una forma más elaborada. El origen sin límites del universo se halla en el centro del disco, donde el tiempo se ha metamorfoseado en espacio. El universo actual corresponde a la frontera circular. Si pudiésemos dibujar las cuatro dimensiones grandes, la frontera circular unidimensional de la figura 57 sería una hiperesfera, a saber, la superficie tridimensional en el espaciotiempo tetradimensional en la que están, más o menos, confinadas todas nuestras observaciones del universo. Podemos ver que, en esta proyección plana, la expansión significa que la mayor parte del volumen del espaciotiempo que constituye nuestro pasado queda apretada hacia el borde del disco. En consecuencia, la inmensa mayoría de las estrellas y las galaxias se apelotonan cerca de la superficie fronteriza. ¿No nos recuerda eso algo? ¡Claro que sí! Si sustituimos estrellas y galaxias por ángeles y demonios, el disco de la figura 57 se transforma sin dificultades en la proyección escheresca del espacio AdS que se representa en la figura 55.

Esta era justo la conexión que Stephen andaba buscando. El espacio AdS clásico no es en absoluto como un universo en expansión. Pero, desde una perspectiva semiclásica, pasando al tiempo imaginario, vemos que ambas formas de espacio están, de hecho, estrechamente relacionadas. En el ámbito semiclásico, tanto el AdS como su opuesto De Sitter se pueden imaginar como discos escherescos, con la mayor parte de su volumen interior apelotonado cerca de una superficie fronteriza esférica. En cierto sentido, razonaba Stephen, el pensamiento semiclásico sobre la gravedad y el espaciotiempo unifica el

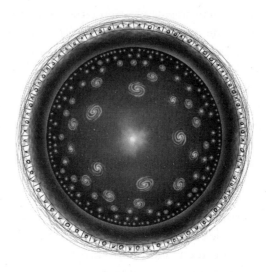

Figura 57. Para comprender su origen cuántico, el primer Stephen, en la década de 1980, imaginó el universo en tiempo imaginario. En este, todas las dimensiones se comportan como direcciones del espacio, dos de las cuales se muestran aquí. El origen del universo se halla en el centro del disco y se expande hacia el exterior en dirección radial (de tiempo imaginario). El universo actual corresponde a la frontera circular. Sin embargo, el Stephen tardío fue más allá, mucho más allá, y nos llevó del tiempo imaginario a ningún tiempo en absoluto. Sacando partido de las propiedades holográficas de la gravedad, llegamos a imaginar la frontera del disco como un holograma hecho de cúbits entrelazados desde el cual se proyecta el espaciotiempo interior, es decir, nuestra historia pasada. La cosmología holográfica construye una visión descendente en la que el pasado es, en cierto sentido, contingente al presente.

AdS y su contrario. «Es como si el signo de λ no tuviese un significado real en el ámbito de la gravedad cuántica».

Esta idea allanó el camino para una dualidad dS-QFT holográfica. De manera similar a lo que sucede en el AdS, la superficie fronteriza circular de la figura 57 acoge de manera natural una descripción holográfica de un universo en expansión. Dadas las similitudes, los campos y partículas duales que viven en esta superficie pueden, de hecho, compartir bastantes propiedades con las de los hologramas

AdS.[13] Los físicos están trabajando para tratar de comprender cómo, mediante el ajuste de los rasgos de los mundos de la superficie holográfica, se puede generar, bien un espacio AdS sin vida, bien un universo en inflación que da lugar a galaxias y a vida. «El universo podría tener un límite, después de todo», bromeaba Stephen.

La diferencia principal entre los hologramas que reflejan interiores de espacios AdS y los de los universos en inflación yace en la naturaleza de la dimensión adicional que emerge. En el primer caso, la dirección emergente es una dimensión curvada del espacio; es la profundidad interior del AdS. En el caso de un universo en expansión, lo que emerge es la dimensión temporal. Esto es, la propia historia está cifrada holográficamente. ¡Este podría llegar a ser el artículo más alucinante de todo el diccionario holográfico!

Puede que esto suene extravagante. Sin embargo, la noción de que el tiempo y la expansión cosmológica son cualidades emergentes del universo es la consecuencia natural de la serie de perspectivas que nos hemos ido encontrando en nuestro viaje. Cuando Georges Lemaître planteó por primera vez la idea de un origen cuántico, ya sopesaba la posibilidad de que el tiempo pudiese ser emergente: «El tiempo solo empezaría a tener un significado sensato cuando el cuanto original se hubiese dividido en un número bastante grande de cuantos».[14] Cincuenta años más tarde, la descripción sin límites de Jim y Stephen corroboró la intuición de Lemaître con su idea de que el tiempo se transforma en espacio a medida que nos aproximamos al principio. La encarnación holográfica de su teoría, ilustrada en la figura 57, nos lleva aún más allá, hacia el estado sin tiempo. Al incorporar la gravedad y la evolución cosmológica en multitud de interacciones cuánticas confinadas a una superficie tridimensional, la holografía prescinde por completo de una noción previa de tiempo. En un universo holográfico, el tiempo sería, en cierto sentido, ilusorio. Esto hace que la propuesta original de la ausencia de límites parezca, en realidad, bastante conservadora.

Este ha sido un viaje extraordinario, desde el tiempo absoluto de Newton hasta el tiempo sin tiempo. Pensar acerca del paso del tiempo como una proyección holográfica aún produce una sensación extraña, incluso a los físicos teóricos. Intuyo que pasarán muchos años antes de que los físicos sean capaces de descifrar la clase de hologramas que codifican las inestables historias de expansión de universos vacilantes como el nuestro. Innumerables e intrincadas sutilezas matemáticas, todas ellas muy interesantes de pleno derecho, mantendrán ocupados a los físicos durante un largo tiempo. No debemos esperar que la holografía, en algún día cercano, nos exija reescribir los libros de texto de cosmología estándar. Esto es así sobre todo porque el lenguaje geométrico de Einstein funciona perfectamente bien como forma de describir la mayor parte del universo a gran escala. Por otro lado, podemos esperar que la holografía se haga sumamente importante allí donde falla la teoría de Einstein: dentro de los agujeros negros y, en especial, en el big bang. Después de todo, esta es la naturaleza —y la potencia— de las dualidades holográficas. Una posibilidad apasionante en particular es que los puntales holográficos de la expansión hayan revestido una importancia crucial durante la inflación y que futuras observaciones de ondas gravitatorias puedan detectar sutiles huellas de ello en las fluctuaciones del fondo de microondas. ¡El tiempo lo dirá!

En un nivel conceptual, la holografía sella el enfoque descendente de la cosmología. El postulado central de la cosmología holográfica —que el pasado se proyecta desde una red de partículas cuánticas entrelazadas que forman un holograma de menor dimensión— implica una visión descendente del universo. Si, como plantea la cosmología holográfica, la superficie de nuestras observaciones es, en cierto modo, lo único que hay, esto supone el funcionamiento hacia atrás en el tiempo, que es el sello distintivo de la cosmología descendente. La holografía nos dice que hay una entidad más básica que el tiempo —un holograma— de la que emerge el pasado. El universo en evolución y expansión sería una consecuencia, no una causa, en un universo holográfico.

En el pensamiento semiclásico de Stephen acerca de la cosmología cuántica, los tres pilares del tríptico descendente —historias, génesis y observador— estaban solo vagamente entretejidos. Aunque había una estrecha interacción entre estos elementos, conceptualmente seguían siendo entidades distintas. En consecuencia, seguía habiendo dudas sobre si los tres ingredientes podían estar realmente combinados —o incluso si tenían que estarlo—, y sobre si el enfoque descendente era de verdad el cambio fundamental que Stephen afirmaba que era. Pero la arquitectura de la cosmología holográfica demuestra que Hawking tenía razón. La holografía enlaza el tríptico de arriba abajo en un nudo unificador que constituye un marco de predicción genuinamente novedoso. En primer lugar, al extraer el tiempo de nuestra lista de aspectos fundamentales, une la dinámica con las condiciones de contorno. En segundo lugar, al situar el entrelazamiento holográfico en una posición anterior al espaciotiempo, integra el proceso de observación. Es más, la matemática que hay tras la cosmología holográfica encapsula esta síntesis en una única ecuación unificada, una versión preliminar que se puede apreciar en la pizarra que está detrás de Stephen en la lámina 11 del inserto. Esto sitúa el pensamiento descendente en un terreno de verdad más firme.

Con su énfasis en el entrelazamiento, la holografía sitúa la capacidad de los sistemas para almacenar y procesar información en el corazón de este tríptico fuertemente anudado. La holografía concibe que la realidad física no solo está hecha de cosas reales, como partículas de materia y radiación o siquiera el campo del espaciotiempo, sino que posee también una entidad mucho más abstracta: la información cuántica. Esto insufla nueva vida a otra de las audaces y en apariencia descabelladas ideas de Wheeler, a quien también le gustaba pensar en la realidad física como en una especie de entidad teórica de información, una idea a la que denominó *it from bit* ('del bit, el objeto'). Wheeler sostenía el punto de vista de que el mundo físico deriva su existencia, en última instancia, de bits de información que forman un núcleo irreducible en el corazón de la realidad. «Todos los objetos físicos, todos los *it* —escribió—, derivan su significado de *bits*, las unidades binarias, de sí o no, de la información».[15] Treinta años más tarde, la holografía hace realidad la visión de Wheeler con los cúbits, las unidades básicas de información cuántica (y con unas cuantas capas de excentricidad que aún están por desenvolver). De acuerdo con la dualidad dS-QFT, la información cuántica inscrita en un holograma intemporal abstracto de cúbits entrelazados forma el hilo que teje la realidad. Si se quita el entrelazamiento en la superficie de frontera, el mundo interior se derrumba.

A diferencia de los bits de información ordinaria, que son cero o uno, los cúbits consisten en partículas cuánticas que pueden estar en una superposición de cero y uno al mismo tiempo. Cuando los cúbits individuales interactúan, sus estados posibles quedan entrelazados y las probabilidades de cero y uno de cada uno dependen de las del otro. El entrelazamiento implica que, si se miden varios cúbits, también se puede saber algo acerca de sus compañeros entrelazados, aunque estén muy alejados. Obviamente, el entrelazamiento en un número cada vez mayor de cúbits aumenta de manera exponencial el número de posibilidades simultáneas, y esto es lo que hace que los ordenadores cuánticos sean en teoría tan potentes. La forma distribuida en la que el entrelazamiento cuántico puede almacenar información ayuda a compensar el hecho de que los cúbits individuales son notoriamente propensos a error, lo cual constituye el desafío principal al que se enfrenta la construcción de ordenadores cuánticos. El más débil de los campos magnéticos o de los pulsos electromagnéticos puede hacer que los cúbits cambien y desbaratar los cálculos. Así que a los ingenieros cuánticos les gusta trabajar con cúbits distribuidos espacialmente y entrelazados, y desarrollan esquemas especializados que incorporan redundancia a fin de proteger la información cuántica aunque los cúbits individuales se corrompan. De hecho, los esfuerzos para diseñar códigos de corrección de error que puedan enfrentarse a las desalentadoras tasas de error de los cúbits físicos son uno de los mayores impulsos en la carrera por construir un ordenador cuántico.

En un giro extraordinario, como consecuencia de la revolución holográfica que recorre la física teórica, los teóricos de cuerdas han empezado a desarrollar sus propios códigos de corrección de error cuánticos ¡para construir el espaciotiempo! De hecho, la forma en que un espaciotiempo interior se proyecta en las dualidades holográficas se parece bastante a un código de corrección de errores cuánticos altamente eficiente. Esto podría explicar cómo adquiere el espaciotiempo su solidez intrínseca pese a estar tejido con una materia cuántica tan frágil. Algunos teóricos han llegado a sugerir que el espaciotiempo es un código cuántico. Contemplan el holograma de menores dimensiones como una especie de código fuente que opera sobre una inmensa red de partículas cuánticas interconectadas, procesando información y, de esta manera, genera gravedad y todos los otros fenómenos físicos conocidos. Desde este punto de vista, el universo es una especie de procesador de información cuántica, una visión que se acerca muchísimo a la idea de que vivimos en una simulación.

La holografía pinta un universo que se está creando de forma continua. Es como si hubiese un código que, operando sobre innumerables cúbits entrelazados, engendrara la realidad física, y esto es lo que percibimos como el flujo del tiempo. En este sentido, la holografía sitúa el verdadero origen del universo en el futuro distante, porque solo ese futuro revelaría el holograma en todo su esplendor.

¿Y qué hay del pasado distante? ¿Cómo concibe una cosmología intemporal los orígenes del tiempo? Supongamos que los teóricos del mañana identifican el holograma que corresponde a nuestro universo en expansión y nosotros nos proponemos leerlo, con el diccionario AdS-QFT en la mano, viajando hacia atrás en el tiempo. ¿Qué hallaríamos atrás de todo, en el fondo del espaciotiempo?

Para aventurarse en el pasado en cosmología holográfica, uno toma algo así como un punto de vista borroso en el holograma. Es como hacer zoom hacia atrás. Recordemos que, en la dualidad de Maldacena, para movernos hacia el interior del AdS debemos considerar escalas mayores en el holograma superficial. Los objetos localizados en el mismo centro del AdS están holográficamente codificados como correlaciones de largo alcance a través de todo el holograma. Del mismo modo, un holograma de un universo en expansión inscribe el pasado lejano en cúbits que abarcan enormes distancias en la superficie que alberga el mundo. Nos movemos más atrás hacia el pasado —hacia el centro del disco en la figura 57— pelando una capa tras otra de información en el holograma, hasta que solo nos quedan unos cuantos cúbits entrelazados a gran distancia. Desde un punto de vista holográfico, los primeros momentos del universo son, sin duda, los más raros. De hecho, al final, se nos acaban los bits entrelazados. Este sería el origen del tiempo.[16]

El primer Hawking (el del enfoque ascendente) contemplaba la propuesta de ausencia de límites como una descripción de la creación del universo a partir de la nada. En aquellos días, Stephen se esforzaba por hallar una explicación fundamentalmente causal del origen del universo: el porqué, no el cómo. Pero la holografía propone una interpretación más radical de su teoría. La cosmología holográfica muestra que lo que la propuesta de Stephen del «tiempo que se convierte en espacio» está tratando de decir en realidad es que la propia física se desvanece cuando viajamos hacia atrás, hacia el big bang. La hipótesis de la ausencia de límites surge de la holografía no como una ley del principio, sino más bien como un principio de la ley. ¿Qué queda, pues, de la inmemorial pregunta de la causa última del big bang? Parece desvanecerse. La última palabra no la tendrían ya las leyes como tales, sino su capacidad para cambiar y transmutar.

Esta noción de la cosmogénesis como frontera de verdad limitante que surge de la cosmología holográfica tiene implicaciones de gran alcance para la cosmología del multiverso. No hay pruebas de un mosaico de universos isla en ninguno de los hologramas ideados por los físicos. Por el contrario, las funciones de onda interiores que están holográficamente codificadas parecen abarcar solo un fragmento muy pequeño del paisaje de cuerdas: «La cosmología holográfica extirpa el multiverso cual navaja de Ockham», concluía Stephen.* En los últimos años de su vida, Stephen defendió con firmeza que el delirio del multiverso había sido un artificio del «pensamiento clásico, ascendente, enredado sobre sí mismo».

El multiverso es, en muchos aspectos, el análogo cosmológico de la teoría (semi)clásica de los agujeros negros. Esta última no logra identificar que hay un límite superior en la cantidad de información que los agujeros negros pueden almacenar. Del mismo modo, la cosmología del multiverso supone que nuestras teorías cosmológicas pueden contener una cantidad arbitrariamente grande de información sin afectar al cosmos que describen. Pero la cosmología holográfica ofrece una imagen muy diferente. En ella, el tapiz cósmico de uni-

---

* Stephen se refería al principio filosófico, atribuido con frecuencia al filósofo inglés del siglo XIII Guillermo de Ockham, según el cual «las entidades no deben multiplicarse innecesariamente».

versos isla que se extiende hacia todos los rincones del paisaje de la teoría de cuerdas parece estar perdido en la incertidumbre. En lugar de una superestructura física real, ese paisaje se podría concebir mejor como un ámbito matemático que puede orientar a la física, pero que no necesita existir como tal. Algo parecido a lo que la tabla de Mendeléyev es a la biología. «Preguntar qué hay más allá de nuestro propio universo sería como preguntar por qué rendija pasa el electrón en el experimento de la doble rendija», explicaba Stephen. Vivimos en un fragmento de espaciotiempo, rodeados por un océano de incertidumbre sobre la cual, a fin de cuentas, debemos guardar silencio.

Hacia el final de nuestro viaje, me tropecé con Andrei Linde en una conferencia y le pregunté qué pensaba sobre el multiverso, veinte años después. Para mi sorpresa, Andrei dijo que pensaba que, para comprender el multiverso, era necesario adoptar un punto de vista cuántico riguroso sobre el papel de los observadores en la cosmología. ¿Había pensado siempre así? Desde luego que no. La ciencia es lo que hacen los científicos. Progresamos mediante el intercambio de ideas, debatiendo y razonando, apoyándonos en las pruebas disponibles y en la abstracción. Se precisaron las profundas paradojas del multiverso para poner de claro manifiesto las limitaciones del paradigma convencional de la física, que se remontaba a Newton. El trabajo de Andrei nos inspiró para hallar la rendija por la que se introdujo el cuanto. Sin los extraordinariamente frustrantes y complejos enigmas que nos endosó la teoría del multiverso, tal vez todavía andaríamos buscando la vista desde ninguna parte, perdidos y confusos en la nada más allá del espacio y del tiempo.

Stephen alzó el velo de nuestro desafío al multiverso en noviembre de 2016, durante una sesión de cosmología en la sede de la Pontificia Academia de las Ciencias en memoria de Georges Lemaître. No me sorprendió cuando Stephen me dijo que tenía muchas ganas de participar en esa convocatoria. Después de todo, había sido en el Vaticano donde, en 1981, había propuesto por primera vez que el universo no tenía límite. Después de haber vuelto del revés la historia del universo, debió de sentir que le debía a la sociedad científica una actualización sobre el asunto que durante tantos años había estado tan próximo a él.

Sería el último viaje al extranjero de Stephen, y resultó ser una expedición complicada. Los médicos de Hawking ya no le dejaban volar en ninguno de los aviones de sus amigos. Tenía que transportarlo una ambulancia aérea, y no una cualquiera, sino una perteneciente a una empresa suiza en particular. Se trataba de un viaje muy caro y, con las limitaciones presupuestarias de la Pontificia Academia de las Ciencias, tuvimos que hallar una forma de costear el viaje con nuestras becas de investigación, que solo cubren tarifas de clase turista. Cuando sus médicos siguieron negándose a autorizar el viaje, Stephen les informó de que tenía programada una entrevista con el papa Francisco. Al fin, prefirieron no tener que enfrentarse a la perspectiva de negar una audiencia divina (aunque, viniendo de Stephen, podrían haber sospechado de esta afirmación) y Stephen pudo volar a Roma.

Y así fue como, treinta y cinco años después de la primera vez que habló en el Vaticano, Stephen volvió a sentarse en el templo de la Pontificia Academia, detrás de la basílica de San Pedro, para explicar que hay una descripción dual del cosmos, una forma diferente por completo y profundamente contraintuitiva de ver la realidad, en la que la expansión del espacio —y, por supuesto, del propio tiempo— es un fenómeno manifiestamente emergente, compuesto de una miríada de hebras cuánticas que forman un mundo intemporal que reside en una superficie de menos dimensiones. «El universo podría, después de todo, tener un límite».[17]

Pocas semanas antes de su fallecimiento, visité a Stephen en su casa. En aquel momento estaba casi clínicamente enclaustrado, pero rodeado por los mejores cuidados posibles. Sabía que no tardaría en morir. En su estudio de Wordsworth Grove, volvimos a conectar por última vez. «Nunca fui un fan del multiverso —redactó laboriosamente, como si yo no lo hubiese sabido—. Es hora de un nuevo libro... incluir holografía» fueron las últimas palabras que me dirigió, como última tarea. Creo que Stephen pensaba que la nueva perspectiva holográfica del universo acabaría por hacer que nuestro enfoque descendente de la cosmología pareciese obvio, y que un día nos preguntaríamos cómo podíamos haberlo pasado por alto durante tanto tiempo.

Nevaba copiosamente, como si la naturaleza ofreciese a Stephen una manta para su último viaje. De vuelta a la facultad, a través de Maltings Lane y por encima de Coe Fen, cruzando el Cam y pasando junto al Mill antes de rodear el antiguo DAMTP, reflexioné sobre nuestro viaje. En nuestra búsqueda de los puntales últimos de la realidad habíamos vuelto, mediante una especie de curioso bucle de interconexiones, a nuestras propias observaciones. «Somos una forma de que el universo se conozca a sí mismo», dice la famosa frase de Carl Sagan. Pero a mí me parece que en un universo cuántico, nuestro universo, estamos llegando a conocernos a nosotros mismos. La cosmología descendente, en su forma holográfica o en otra, se fundamenta en nuestra relación con el universo. Hay un aspecto sutilmente humano en ella y en muchas ocasiones he tenido la intensa sensación de que el cambio de una vista de Dios sobre el cosmos a una vista de gusano ha sido para Stephen Hawking como volver a casa.

FIGURA 58. Trabajando en nuestra teoría final con Jim Hartle en Cook's Branch, Texas.

Capítulo 8

En casa en el universo

The fabric of existence weaves itself whole.

El tejido de la existencia se teje entero a sí mismo.

CHARLES IVES

En 1963, Hannah Arendt participó en el certamen de ensayos «Un simposio sobre el espacio», organizado por los editores de *Great Ideas Today*. Fue poco después de las primeras expediciones humanas al espacio, en la época en que la NASA planeaba lanzar la misión lunar Apolo XI. Se le preguntó a Arendt si «la conquista humana del espacio había aumentado o disminuido su estatura». La respuesta al parecer obvia sería que sí, por supuesto, había incrementado la estatura del hombre. Arendt, sin embargo, no se adhirió a este punto de vista.

En su ensayo *La conquista del espacio y la estatura del hombre*, Arendt reflexiona sobre cómo la ciencia y la tecnología transforman lo que significa ser humano.[1] Una idea crucial en su concepto de humanismo es la idea de libertad. La libertad de actuar y ser significativos, sostenía ella, es lo que nos permite ser humanos.[2] Arendt proseguía sopesando si la libertad humana se ve amenazada a medida que adquirimos, cada vez más, la capacidad de rediseñar y controlar el mundo, desde nuestro entorno físico y el mundo vivo a la naturaleza de la inteligencia.

Nacida en 1906 en Hannover, en el seno de una familia judía alemana, Hannah Arendt estudió en la Universidad de Marburgo, donde tuvo como profesor a Martin Heidegger. Pero, igual que Einstein, se vio forzada a huir de Alemania en 1933, en una lección de primera mano de cómo pueden restringirse la libertad y la dignidad humanas. Durante los ocho años siguientes vivió en París. Luego, en 1941, emigró a Estados Unidos, donde formó parte de un animado círculo intelectual en Nueva York. Más tarde, mientras cubría para *The New Yorker* el proceso por crímenes de guerra de Adolf Eichmann en Jerusalén, sostuvo el argumento célebre (o notorio, para otros) de que las personas ordinarias se convierten en complacientes actores en los sistemas totalitarios porque dejan de pensar libremente (o de pensar por completo) y se desconectan del mundo. Atribuyó tales excesos en la esfera sociopolítica a la corrosión social acarreada por lo que ella llamaba alienación del mundo, la pérdida de un sentido de pertenencia al mundo y del reconocimiento de que todos estamos vinculados, de que hay una unicidad en la humanidad y del compromiso cívico que este vínculo implica.

Arendt sentía con fuerza que la ciencia y la tecnología modernas se hallaban en la raíz de la alienación del ser humano del mundo. De hecho, señaló como principal responsable la idea central que desencadenó la revolución científica moderna: que el mundo es objetivo. Desde su mismo nacimiento, la ciencia moderna ha buscado una verdad más elevada, gobernada por leyes racionales y universales. En su búsqueda de estas leyes, los científicos sucumbieron a lo que Arendt denominó alienación de la Tierra (que no se debe confundir con la alienación del mundo), la búsqueda de un punto de apoyo arquimediano desde el que se espera poder alzar tal comprensión objetiva.

Su tesis central era que esta postura es la antítesis del humanismo. Sin duda, el enfoque científico ha tenido un éxito fabuloso en términos tanto teóricos como prácticos, y sus beneficios para la humanidad son innegables. Pero el abandono de nuestras raíces terrenales, que es el sello distintivo de la ciencia moderna, también ha abierto un abismo entre nuestras ambiciones humanas y el funcionamiento en teoría objetivo de la naturaleza. A lo largo de casi cinco siglos, sostenía Arendt, este abismo se ha ensanchado, desafiando cada vez más la naturaleza humana, alterando el tejido social y, de manera lenta pero constante, convirtiendo la alienación de la Tierra, el punto de vista desde ninguna parte que es intrínseco a buena parte de la ciencia, en alienación del mundo, en una disociación del mundo generalizada.

En su ensayo, Arendt pone el dedo en este grave problema en el corazón de la ciencia moderna y argumenta que, con el tiempo, acabará siendo un paradigma autodestructivo. Es interesante que, para apoyar su tesis, cite al pionero de la física cuántica Werner Heisenberg, que dijo que «el ser humano, en su búsqueda de la realidad objetiva, descubrió de pronto que siempre se enfrenta a sí mismo en soledad».[3] Heisenberg se refería aquí al papel central del observador en la teoría cuántica, al hecho de que las propias preguntas que se formulan afectan a la forma en que la realidad se manifiesta. La interpretación instrumentalista de la teoría que él mismo y Bohr propusieron y que tipificó los inicios de la era cuántica generó un profundo problema epistemológico. A los físicos se les dijo que «callaran y calculasen» y que no se preocuparan por la ontología de la teoría cuántica. Pero Arendt hizo justo eso y señaló en especial que era como si las ciencias, con el advenimiento de la teoría cuántica, hiciesen lo que las humanidades siempre habían sabido pero nunca habían podido demostrar, a saber, que los humanistas tenían razón al preocuparse por la estatura del hombre en el nuevo mundo científico.

Para Arendt, el lanzamiento del Sputnik, un acontecimiento «de suprema importancia», encarnaba la evolución hacia un mundo completamente artificial, un «tecnotopo» sujeto al dominio y el control humanos. En su ensayo, escribe: «El astronauta, lanzado al espacio exterior y aprisionado en su cápsula abarrotada de instrumentos, donde cualquier encuentro físico real con su entorno supondría la muerte inmediata, podría tomarse como la encarnación simbólica del hombre de Heisenberg: el hombre que menos posibilidades tendrá de conocer otra cosa que no sea él mismo y objetos artificiales, por mucho que anhele eliminar todas las consideraciones antropocéntricas de su encuentro con el mundo no humano que lo rodea».

Para Arendt, esta búsqueda de la ciencia y la tecnología despojadas de todos los elementos antropomórficos y preocupaciones humanísticas era en esencia fallida. Ya sea la conquista del espacio con la esperanza de transformar otro planeta mediante geoingeniería, o la búsqueda de la piedra filosofal en la biotecnología —o, desde luego, la búsqueda de una teoría definitiva en la física teórica—, todo esto eran para ella actos de rebelión contra nuestra condición humana como habitantes de este planeta:

> El hombre perderá necesariamente su ventaja. Lo único que puede encontrar es el punto arquimediano con respecto a la Tierra, pero, una vez llegado allí y habiendo adquirido ese poder absoluto sobre su hábitat terrestre, necesitará un nuevo punto arquimediano, y así *ad infinitum*. El hombre solo puede perderse en la inmensidad del universo, porque el único punto arquimediano verdadero sería el vacío absoluto detrás del universo.

Arendt sostenía que, si empezamos a mirar al mundo y a nuestras actividades como si estuviésemos fuera, si empezamos a usar la palanca con nosotros mismos, nuestras acciones acabarán por perder su sentido más profundo, porque empezaríamos a ver la Tierra como un objeto como cualquier otro, y ya no como nuestro hogar. Nuestras actividades, desde las compras en línea a nuestras prácticas científicas, se reducirían a simples datos que se pueden analizar con los mismos métodos que utilizamos para estudiar las colisiones de partículas o el comportamiento de las ratas en el laboratorio. Nuestro orgullo por lo que somos capaces de hacer se disolvería en una especie de mutación de la raza humana, transformándonos de sujetos de la Tierra en simples objetos. Si en algún momento llegase a este punto, concluye Arendt su ensayo, «la estatura del hombre no solo se habría reducido según todos los estándares que conocemos, sino que habría quedado destruida». En otras palabras, perderíamos nuestra libertad. Dejaríamos de ser humanos.

He aquí la paradoja. En nuestro intento de hallar la verdad última y obtener el control absoluto sobre nuestra existencia como humanos en la Tierra, nos arriesgamos a acabar siendo más pequeños, no más grandes.

En el centro del argumento de Arendt se halla la idea de que la ciencia y la tecnología solo pueden contribuir a la estatura del hombre en tanto que deseemos estar en casa en el universo. «La Tierra es la quintaesencia misma de la condición humana», sostenía. Sea lo que sea lo que hallemos acerca del mundo o lo que hagamos con él, todo son descubrimientos y empeños humanos. No importa cuán abstractos e imaginativos sean nuestros pensamientos o cuál sea el alcance de su impacto, nuestras teorías y nuestras acciones siguen estando inextricablemente entretejidas con nuestra condición humana y terrenal. Y este es el motivo por el que Arendt imploraba una práctica de la ciencia y una visión del tecnotopo sujetos a nuestra condición humana:

> La nueva visión del mundo que podría surgir de la ciencia moderna podría ser de nuevo geocéntrica y antropomórfica. No en el viejo sentido de que la Tierra sea el centro del universo y el hombre se halle en el cénit de la existencia. Sería geocéntrica en el sentido de que la Tierra, y no un punto fuera del universo, es el centro y hogar de la humanidad. Y sería antropomórfica en el sentido de que el hombre consideraría su propia finitud entre las condiciones elementales que hacen posibles sus esfuerzos científicos.

Aquí es donde Hannah se encuentra con Stephen. Esto es, el Stephen tardío, el de la perspectiva descendente. La teoría final de Hawking libera la cosmología de su corsé platónico. En cierto sentido, trae las leyes físicas de vuelta a casa. Adoptando una perspectiva del universo de dentro afuera, la teoría está arraigada en lo que Arendt llamaría nuestras condiciones terrenales. No se trata de una simple cuestión académica abstrusa, porque una cosmología física que reconozca la finitud inherente en nuestra perspectiva de gusano del cosmos reorientará, con el tiempo, el propio plan de la ciencia. De hecho, si es que podemos guiarnos por el pasado, podemos albergar la esperanza de que la teoría final de Hawking llegue a ser el núcleo de una nueva visión del mundo científica y humana, en la que el conocimiento y la creatividad del ser humano giren de nuevo alrededor de su centro común.

Es posible que la cosmología sea el único campo de la ciencia en el que la validez de las inquietudes de Hannah Arendt se encuentre más allá de toda duda. ¡Por supuesto que estamos dentro del universo! Sin embargo, desde Newton, los cosmólogos se han esforzado por razonar desde un punto exterior a él, y para finales del siglo XX, la especulación del multiverso había convertido la alienación de la Tierra en alienación del universo. Confundidos por la naturaleza biofílica de las leyes en teoría objetivas y perdidos en el multiverso, los cosmólogos acabaron en algo más pequeño, no más grande, como Arendt previó.

Lo que Arendt, creo, no anticipó, fue que la nueva teoría cuántica de Heisenberg, en la que «el ser humano se enfrenta a sí mismo solo», contenía también las semillas para que la cosmología se reinventase. En este libro he sostenido que una genuina perspectiva cuántica del universo se opone a las implacables fuerzas de alienación de la ciencia moderna y nos permite construir una cosmología nueva a partir de un punto de vista interior, que es la esencia de la teoría definitiva de Hawking.

En un universo cuántico, un pasado y un futuro tangibles emergen de una neblina de posibilidades por medio de un proceso continuo de interrogación y observación. Este proceso interactivo de observación, que se halla en el centro de la teoría cuántica y que transforma lo que podría ser en lo que en realidad sucede, arrastra de manera constante al universo más firmemente hacia la existencia. Los observadores adquieren, en este sentido cuántico, una suerte de función creativa en los asuntos cósmicos que imbuye la cosmología de un delicado toque subjetivo. El proceso de observación también introduce un sutil elemento retrógrado, hacia atrás en el tiempo, en la teoría cosmológica, porque es como si el acto de observación de hoy fijase retroactivamente el resultado del big bang «en aquel entonces». Por eso Stephen se refería a su teoría final como cosmología descendente: leemos los aspectos fundamentales de la historia del universo hacia atrás, es decir, de arriba abajo.

Al integrar el proceso de observación dentro de su arquitectura, pero sin asignar a la vida un papel privilegiado, la cosmología descendente evita tanto el peligro de «perderse en las matemáticas» que expresaba Arendt como las trampas del principio antrópico. De forma un tanto prosaica, podría decirse que la teoría final de Stephen concibe al hombre no como una figura semidivina que flota por encima del universo ni como una víctima desamparada de la evolución en los márgenes de la realidad, sino nada más y nada menos que como el ser humano mismo. Después de combatir el principio antrópico durante la mayor parte de su carrera, Stephen estaba evidentemente complacido con este resultado. La cosmología descendente, en cierto modo, vuelve del revés el enigma del aparente diseño del universo. Encarna el punto de vista de que, en el nivel cuántico, el universo organiza su propia idoneidad para la vida. De acuerdo con la teoría, la vida y el universo encajan en cierto modo el uno con el otro porque, en un sentido más profundo, su existencia surge al mismo tiempo.

De hecho, me atrevo a afirmar que este punto de vista recoge el verdadero espíritu de la revolución copernicana. Cuando Copérnico puso el Sol en el centro, comprendió muy bien que, a partir de ese momento, habría que tener en cuenta el movimiento de la Tierra alrededor del Sol para interpretar de forma correcta las observaciones astronómicas. La revolución copernicana no pretendía decir que nuestra posición en el universo sea irrelevante, sino que no es privilegiada. Cinco siglos más tarde, la cosmología descendente regresa a estas raíces, y me gusta pensar que eso habría complacido a Hannah Arendt.

Dicho esto, la teoría final de Hawking no surgió de una súbita inclinación hacia una u otra postura filosófica. Stephen trató más bien de abstenerse de adoptar una de ellas. Creía que Einstein, con su universo estático y su renuencia a adoptar la teoría cuántica, se había dejado guiar en exceso por sus prejuicios filosóficos, y trató de evitar cometer los mismos errores. Desarrollamos nuestro enfoque descendente sobre todo como intento de desentrañar las paradojas del multiverso y hallar una teoría cosmológica mejor. En retrospectiva, este empeño resultó ser filosóficamente bastante productivo.

El descubrimiento, a finales de la década de 1920, de que el universo tiene historia es uno de los más sorprendentes de todos los tiempos. Durante casi un siglo hemos estado estudiando esa historia contra el telón de fondo estable de unas leyes de la naturaleza inmutables. Pero la esencia de la teoría que Stephen y yo propusimos es que este enfoque es incapaz de transmitir la profundidad y el ámbito de lo que Lemaître halló acerca del universo. La cosmología cuántica que proponemos lee la historia del universo desde dentro y como una historia que incluye, en sus etapas más tempranas, la genealogía de las leyes físicas. Según nuestra perspectiva, lo fundamental no son las leyes en sí, sino su capacidad para cambiar. De esta forma, la cosmología descendente completa la revolución conceptual en nuestro pensamiento acerca del universo iniciada por Lemaître.[4]

Para revelar la esencia de lo que se oculta en las primeras fases cuánticas, es necesario apartar las muchas capas de complejidad que nos separan del nacimiento del universo. Para hacer esto se puede rastrear el universo hacia atrás en el tiempo. Cuando por fin se alcanza el big bang, se abre un nivel más profundo de evolución en el que las propias leyes de la física cambian. Se descubre una especie de metaevolución, una fase en la que las reglas y los principios de la evolución física coevolucionan con el universo que gobiernan.

Esta metaevolución tiene un sabor darwiniano, con su interacción entre variación y selección en el entorno primordial del universo joven. La variación entra en juego porque los saltos cuánticos aleatorios provocan frecuentes desviaciones diminutas del comportamiento determinista y, en ocasiones, otras más grandes. La selección, porque algunas de estas desviaciones, sobre todo las mayores, se pueden amplificar y congelar en forma de nuevas reglas que ayudan a dar forma a la evolución subsiguiente. La interacción entre estas dos fuerzas contrapuestas en el horno del big bang caliente produce un proceso de ramificación —un tanto análogo a la forma en que emergen las especies biológicas, miles de millones de años más tarde— en el que dimensiones, fuerzas y especies de partículas se diversifican primero, y luego adquieren su forma efectiva cuando el universo se expande y se enfría hasta alrededor de diez mil millones de grados. La participación de la aleatoriedad en estas transiciones hace que, como en la evolución darwiniana, el resultado de este nivel realmente antiguo de la evolución cósmica solo se pueda entender *ex post facto*.

Por supuesto, juntar las piezas para reconstruir el árbol de las leyes físicas seguirá siendo un reto en el futuro próximo. Con los escasos registros fósiles de los primeros momentos, y siendo la mayoría del contenido del universo oscuro y misterioso, la cosmogénesis ha resultado ser en extremo difícil de descifrar. Pero los avances en la tecnología de los telescopios siguen amplificando nuestros sentidos. Desde exquisitas observaciones de la radiación de fondo de microondas hasta ingeniosas búsquedas de partículas de materia oscura y estallidos de ondas gravitatorias, los físicos de todo el mundo se están preparando para desvelar los secretos de esa remota época que contiene nuestras raíces más recónditas.

Pero si las leyes efectivas de la física son reliquias fósiles de una antigua evolución, entonces, desde un punto de vista ontológico, probablemente deberíamos considerarlas en el mismo nivel que las características similares a leyes de otros niveles de evolución. Se podría incluso argumentar que, en el marco global de la cosmología cuántica, no parece haber la menor diferencia ontológica entre el hecho de que las religiones cristianas dominaran Europa Occidental al principio de la era científica moderna y, pongamos por caso, el valor del momento magnético anómalo del electrón en el modelo estándar de la física de partículas. Ambos son accidentes congelados, solo que en niveles de complejidad muy diferentes.

El modelo sin límites del principio que propuso Stephen —¡concebido desde un enfoque descendente!— es esencial para hacer efectiva la perspectiva fundamentalmente histórica de la física y la cosmología que he defendido aquí, una perspectiva de la física que incluye la génesis de las leyes. La hipótesis de ausencia de límites predice que, si rastreamos el universo primordial hacia atrás en el tiempo tanto como nos es posible, sus propiedades estructurales se evaporan y transmutan, y esto se extiende en última instancia hasta el propio tiempo. En un principio, el tiempo habría estado fusionado con el espacio en algo así como una esfera multidimensional, cerrando el universo en la nada. Esto llevó al joven Hawking, que aún razonaba de manera causal, ascendente, a declarar que el universo se creó de la nada. Pero la teoría final de Hawking ofrece una interpretación diferente por completo de esta clausura del espaciotiempo en el big bang. El Hawking posterior sostenía que esta nada del principio no es en absoluto como la vacuidad del vacío, a partir del cual pueden nacer o no universos, sino que es un horizonte epistémico mucho más profundo, que no implica ni espacio, ni tiempo, ni, lo que es más importante, leyes físicas. «El origen del tiempo» en la teoría final de Stephen es el límite de lo que se puede decir acerca de nuestro pasado, no solo el principio de todo lo que es. Esta perspectiva queda corroborada sobre todo por la forma holográfica de la teoría, donde la dimensión del tiempo y, por tanto, la noción básica de evolución, que es el paradigma de los conceptos reduccionistas, se ven como cualidades emergentes del universo. Desde un punto de vista holográfico, retroceder en el tiempo es como dirigir una mirada cada vez más borrosa al holograma. Consiste, de manera literal, en ir despojándose de la información que este codifica hasta quedarse sin cúbits. Ese sería el principio.

Una asombrosa propiedad de la cosmología descendente es que lleva incorporado un mecanismo que limita lo que podemos decir acerca del mundo. Es como si la adopción de una visión cuántica rigurosa del cosmos nos protegiese de querer saber demasiado. Y esto es importante, porque es justo la clausura de nuestro pasado en la teoría final de Hawking, y el reconocimiento fundamental de una cierta finitud impuesta por esta clausura, lo que impide que nos quedemos enredados en las paradojas del multiverso. En la cosmología cuántica, el multiverso se evapora como la nieve ante el sol. La cosmología descendente despoja el abigarrado tapiz cósmico de la mayoría de sus colores, pero esta reducción, curiosamente, supone un incremento del ámbito predictivo de la teoría. Así, como anticipó Hannah Arendt en su incisivo análisis, al abandonar la perspectiva arquimediana, la teoría cosmológica se hace más grande, no más pequeña. Para citar a Wittgenstein al final de su famoso *Tractatus*: «De lo que no se puede hablar hay que callar». El poder de una perspectiva cuántica sobre el cosmos es que nos proporciona las herramientas matemáticas para hacer justo eso: callar.

La consecuencia de todo ello es una profunda revisión de lo que entendemos que la cosmología puede, en último término, averiguar acerca del mundo. El primer Hawking (también en su faceta de autor) buscaba una comprensión más extensa del aparente diseño del universo en las condiciones físicas que reinaban en el origen del tiempo. Él (nosotros) suponía que había una explicación causal fundamental oculta en lo más hondo de las matemáticas que gobernaban el big bang y que determinaría «por qué el universo es como es», como solía decir Stephen. Es decir, suponíamos que había una teoría final superior al universo —o multiverso— físico. Después de volver la cosmología del revés, el Hawking posterior proclamó que su *alter ego* anterior se había equivocado. Nuestra perspectiva descendente invierte la jerarquía entre leyes y realidad en la física. Nos lleva a una nueva filosofía de la física que rechaza la idea de que el universo es una máquina gobernada por leyes incondicionales con existencia previa y la sustituye por una visión en la que el universo es una especie de entidad que se autoorganiza, en la que aparecen todo tipo de patrones emergentes, el más general de los cuales es el que llamamos leyes de la física. Se podría decir que, en la cosmología descendente, las leyes sirven al universo, no el universo a las leyes. La teoría sostiene que, si hay una respuesta al gran interrogante de la existencia, esta debe hallarse dentro de este mundo, no en una estructura de absolutos más allá de él.

He resumido los amplios principios que se hallan tras la perspectiva descendente en el tríptico de interrelaciones esbozado en la figura 43. Este esquema generaliza el paradigma convencional de la física en la que los tres pilares —historias, génesis y observación— no estaban enlazados, sino que se concebían como entidades independientes y disjuntas, cada una con su propio estatus. El tríptico constituye una nueva estructura de predicción que incluye el propio proceso inductivo de construcción de leyes del universo y en la que, en consecuencia, nuestras teorías físicas se ven como una posibilidad entre muchas. Del enfoque descendente se desprende, en toda honestidad, que las leyes de la física son propiedades del universo que inducimos a partir de nuestros datos colectivos, comprimidos en algoritmos computacionales,[5] y no manifestaciones de una verdad externa. La sucesión de teorías físicas se entiende como la identificación de patrones cada vez más generales que abarcan un número cada vez mayor de fenómenos empíricos interconectados. Por supuesto, esta progresión potencia en gran medida el poder predictivo y la utilidad de la teoría física, pero sería una lectura por completo diferente afirmar que eso nos pone en el camino hacia una teoría final única, independiente de su construcción y también de nuestros datos. Es, en efecto, una observación básica que siempre hay un gran número de teorías que se ajustan a un conjunto finito de datos, igual que hay muchas curvas que interpolan un conjunto finito de puntos. De igual modo, el enfoque descendente de la cosmología debería llevarnos a sospechar que iremos encontrando hacia abajo una sucesión de teorías, pero no un punto final. En cierto modo, la teoría final de Stephen afirma que no existe una teoría final. Liberada así de toda proclamación de verdades absolutas, la cosmología descendente deja espacio para una multitud de esferas del pensamiento, desde el arte hasta la ciencia, cada una de ellas con objetivos distintos y estimulando ideas complementarias. Si nuestro pensamiento descendente contiene las semillas de una nueva visión del mundo, esta es en su totalidad pluralista. Las nociones del tiempo y de patrones similares a leyes aparecen de una forma contingente a las preguntas que formulamos y están ancladas en la complejidad del universo que nos rodea. Cuando el Hawking de los últimos tiempos perfiló nuestra cosmología postplatónica en el Vaticano, en noviembre de 2016, ya se habían acabado las batallas con Dios o con el papa. Al contrario, Stephen halló una intensa y emotiva concordancia con el papa Francisco en su meta compartida de proteger nuestro hogar común en el cosmos para el beneficio de la humanidad de hoy y de mañana.

De la cosmología cuántica aprendemos que la evolución biológica y la cosmológica no son fenómenos en esencia independientes, sino dos niveles muy dispares de un gigantesco árbol evolutivo. La evolución biológica se ocupa de las ramas más altas, en el ámbito de la alta complejidad, en tanto que la cosmología se centra en los niveles de baja complejidad, y los niveles astrofísico, geológico y químico ocupan capas intermedias. Y, a pesar de que cada nivel tiene su propia especificidad y su propio lenguaje, la función de onda universal los entreteje.[6] La forma «azarosa» en la que emergió el árbol de leyes físicas en el universo temprano muestra que los grandes principios del darwinismo, la quintaesencia del esquema biológico, llegan hasta el nivel más profundo de evolución que podamos imaginar. La cosmología cuántica representa, en cierto sentido, un puente que cruza la persistente brecha conceptual que durante siglos ha separado la biología y la física. Nos dice que el esquema de Darwin del árbol de la vida y el esquema de Lemaître de un universo vacilante (ver inserto, láminas 4 y 3, respectivamente) están conectados de manera robusta y representan dos etapas de un único proceso histórico global.

Tan extraordinario arco revela una profunda y poderosa unidad en la naturaleza. Niveles muy diferentes de evolución se combinan en un todo interconectado, con correlaciones que los vinculan entre ellos. El *leitmotiv* de todo nuestro viaje, la asombrosa idoneidad para la vida de las leyes efectivas de la física, es con toda probabilidad el ejemplo más destacado de una correlación que abarca múltiples niveles de complejidad. Ahora podemos empezar a comprender a un nivel más profundo cómo nosotros, que no somos más que una ramita en el árbol de la vida, junto con todas las demás especies de nuestro planeta, estamos interconectados con el universo físico que nos rodea, y entender qué es lo que insufla la vida en el cosmos. De hecho, es posible que la clarividencia de Charles Darwin ya hubiese anticipado este avance. En una carta dirigida a George Wallich en 1882, Darwin escribía: «El principio de continuidad hace probable que en adelante se demuestre que el principio de la vida es parte, o consecuencia, de alguna ley general que abarque toda la naturaleza». Quizá estemos por fin a punto de hacer realidad la visión de Darwin.

No obstante, muchos físicos, en especial los teóricos (que tienden a mantener vigorosas opiniones sobre las raíces más hondas de las leyes de la naturaleza), todavía prefieren creer que existe una teoría final más allá de la realidad física, un fundamento sólido de la torre de la ciencia en el centro de la existencia. Esta postura no era ajena a Stephen.[7] «Algunas personas quedarán muy decepcionadas si, finalmente, no hay una teoría final —señalaba, para luego continuar—: Yo solía pertenecer a ese grupo de personas. Ahora me alegro de que nuestra búsqueda del conocimiento nunca llegue a su final y de que siempre tengamos el desafío de nuevos descubrimientos. Sin este, nos estancaríamos». Fiel a su esencia, Stephen estaba preparado para avanzar, ansioso por embarcarse en un emocionante viaje de descubrimiento posplatónico.

Como Darwin, Stephen sentía que hay grandeza en esta visión. ¡Y, desde luego, las perspectivas para el futuro son tremendamente emocionantes! Si todas las leyes científicas son emergentes, incluidas las leyes «fundamentales» de la física, estamos a punto de descubrir una visión de la naturaleza mucho más amplia. De hecho, estas ideas se relacionan con recientes desarrollos en el ámbito de diversas disciplinas científicas. Al abandonar la idea de que estamos buscando el conjunto único de reglas, diversos ámbitos de la ciencia están pasando de estudiar «qué es» a estudiar «qué puede ser».

En las ciencias de la información, la IA y el aprendizaje automático están creando nuevas formas de computación e inteligencia, algunas de ellas con la capacidad de evolucionar e incluso adquirir un elemento de intuición, humano o no. La bioingeniería revela novedosos caminos evolutivos basados en códigos genéticos, e incluso proteínas, diferentes. Técnicas de edición genética como CRISPR,* por ejemplo, permiten a los genetistas modificar el ADN de una célula de formas muy precisas y específicas, diseñando seres vivos con formas o capacidades que no existen en la «naturaleza natural», desde ratones genios hasta gusanos longevos y quizá, algún día, longevos genios humanos, o más bien posthumanos. Mientras, los ingenieros cuánticos crean nuevas formas de materia que ponen de manifiesto la extrañeza del entrelazamiento cuántico microscópico a las escalas macroscópicas de la vida cotidiana. Puede que algunos de estos materiales incluso codifiquen holográficamente nuevas teorías de la gravedad y de los agujeros negros, o incluso universos en expansión de juguete, cuya evolución se halla codificada en operaciones algorítmicas de un gran número de bits cuánticos interconectados.

Estos son desarrollos de gran alcance. Lejos de limitarse a descubrir las leyes de la naturaleza estudiando los fenómenos existentes, los científicos están empezando a imaginar leyes hipotéticas para luego crear sistemas en los que esas leyes emerjan. El antiguo objetivo de hallar la naturaleza de la inteligencia o la teoría del todo puede convertirse pronto en una reliquia de una visión del mundo obsoleta y extremadamente limitada. En un reciente artículo en la revista *Quanta Magazine*, Robbert Dijkgraaf, antiguo director del Instituto de Estudios Avanzados de Princeton, escribe: «Lo que solíamos llamar "na-

---

* *Clustered regularly interspaced short palindromic repeats*, repeticiones palindrómicas cortas agrupadas y regularmente interespaciadas.

turaleza" no es más que una diminuta fracción de un paisaje enormemente mayor que está esperando a que lo desvelemos».[8]

Es más, estos desarrollos se refuerzan entre sí, y es en su intersección donde quizá encontremos las consecuencias de mayor alcance. En 2020, un programa de aprendizaje automático profundo denominado AlphaFold, desarrollado por DeepMind, la rama de IA de Google, se entrenó a sí mismo para determinar la forma plegada tridimensional de las proteínas a partir de su secuencia de aminoácidos, resolviendo así uno de los grandes desafíos abiertos en el campo de la biología molecular. En los próximos años, los algoritmos de aprendizaje automático buscarán nuevas partículas en los petabytes de datos producidos en el LHC del CERN, y patrones de ondas gravitatorias en las vibraciones con ruido recogidas por el LIGO. Con el tiempo, podemos esperar que estos programas de aprendizaje profundo nos sumerjan en las estructuras matemáticas subyacentes a nuestras teorías físicas y, quién sabe, reconfiguren el lenguaje básico de la física.

Así, adoptando el ámbito de «lo que podría ser», hemos llegado a la cúspide de un capítulo completamente nuevo en la era de la ciencia moderna. En el siglo XX, los científicos identificaron los bloques constitutivos elementales de la naturaleza: partículas, átomos y moléculas son los constituyentes de toda la materia; genes, proteínas y células son los componentes de la vida; bits, códigos y sistemas en red sustentan la inteligencia y la información. Conectando estos componentes de maneras novedosas, durante este siglo empezaremos a construir nuevas realidades con sus propias leyes. Es lo que el resto del mundo natural lleva haciendo desde hace más de trece mil millones de años de expansión cosmológica y casi cuatro mil millones de años de evolución biológica en la Tierra. Y, aun así, como dice Dijkgraaf con elocuencia, solo ha explorado una fracción minúscula de todos los diseños posibles. El número de genes que se pueden concebir matemáticamente es enorme, mucho más incluso que el número de microestados de un agujero negro típico, pero solo una pequeñísima fracción de estos se ha hecho realidad en la vida en la Tierra. Del mismo modo, el ámbito de fuerzas físicas y partículas que se pueden inventar en la teoría de cuerdas es enorme también. Pero la expansión del universo temprano solo produjo este conjunto específico. Así pues, en todo el espectro de complejidad, desde la física fundamental hasta la inteligencia, la innumerable diversidad de realidades posibles es inmensamente mayor que lo que ha producido la evolución natural hasta ahora. El siglo XXI es el periodo crítico de la historia en el que empezamos a desentrañar este ingente dominio.

Esta transición supone el alba de una nueva era, la primera de su clase en la historia de la Tierra y quizá, incluso, del cosmos. Una era en la que una especie trata de reconfigurar y trascender la biosfera en la que ha evolucionado. Haciéndonos eco de Hannah Arendt, estamos realizando la transición desde simplemente sufrir la evolución hasta alterarla a voluntad, y, con ella, también nuestra propia humanidad.

Por un lado, se trata de una época de grandes promesas. La tremenda variedad de caminos que se abren ante nosotros es en realidad fantástica comparada con cualquier cosa que hayamos experimentado antes. En algunas ramas del futuro, las elecciones que hagamos hoy actuarán como trampolín hacia una innovación y prosperidad posthumanas inimaginables. En esos futuros, la era humana representará una transición notable entre los primeros cuatro mil millones de años de dolorosamente lenta evolución darwiniana y un inconmensurable periodo de evolución impulsada por el diseño tecnológico e inteligente, tanto aquí, en la Tierra, como mucho más allá.

Pero la nuestra es también una época peligrosamente precaria. Los riesgos existenciales creados por el ser humano, desde la proliferación de armas nucleares y el calentamiento global hasta los avances en biotecnología e inteligencia artificial, superan de lejos a los que suceden de manera natural. El astrónomo real de Gran Bretaña, sir Martin Rees, ha calculado que, si tenemos en cuenta todos los riesgos, solo hay un 50% de posibilidades de que alcancemos el año 2100 sin sufrir un retroceso catastrófico. El Instituto para el Futuro de la Humanidad de Oxford sitúa el riesgo existencial para la humanidad en este siglo en alrededor de 1/6. Así, hay incontables caminos futuros, no solo una rama improbable aquí o allí, en los que podríamos descender hacia el caos e incluso desaparecer, sin dejar más que una huella nimia en la historia cósmica.

Solo tenemos un dato sólido sobre nuestras perspectivas: ninguna civilización alienígena parece haber explorado una fracción sustancial de los sistemas estelares de nuestra vecindad cósmica. Así, entre los miles de millones de estrellas de nuestro cono de luz pasado local, ninguna parece haber evolucionado hasta un ecosistema a gran escala con el nivel de tecnología que nosotros podríamos alcanzar en poco tiempo. Las leyes físicas son marcadamente idóneas para la vida y, sin embargo, no hay pruebas de que haya nadie ahí fuera. No hemos podido sintonizar la emisora de radio alienígena que transmite poesía extraterrestre ni hemos visto misteriosos proyectos de astroingeniería cruzando el cielo. En cambio, hemos tenido mucho éxito explicando el comportamiento de los sistemas estelares, de nuestra galaxia y de todo el universo observable basándonos en un único conjunto de leyes físicas naturales. Reflexionando sobre esta paradoja, en el verano de 1950 el físico italiano Enrico Fermi se formuló la siguiente famosa pregunta: «¿Dónde está todo el mundo?». Lo que Fermi quería decir era que la falta de pruebas de civilizaciones extraterrestres, dadas las condiciones biofílicas, sugiere que en el camino de la evolución de la materia muerta ordinaria al tecnotopo avanzado en el que pronto estaremos se interpone algún obstáculo grave. ¿Se hallan los principales cuellos de botella en nuestro pasado, en nuestro futuro o en ambos? Si los pasos evolutivos de nuestro pasado son tan increíblemente improbables que las formas de vida complejas son raras en el universo, entonces ya habríamos dejado el principal cuello de botella a nuestras espaldas. Pero Fermi tenía la acuciante sensación de que el obstáculo podía estar en la transición que separa a nuestra civilización actual de la capacidad de dispersarse por el cosmos: es posible que no podamos sobrevivir al mundo que hemos creado. Serían útiles más ideas a este respecto para adquirir un poco de perspectiva colectiva a medida que construimos un futuro.[9] De hecho, Stephen compartía la impresión de Fermi, y en algún momento dijo: «Basta con mirarnos a nosotros mismos para comprender cómo la vida inteligente podría desarrollarse hasta un estado que no querríamos conocer».

Esto nos lleva a la siguiente cuestión: ¿qué clase de futuro prevemos para nuestro planeta y nuestra especie? ¿La vida posthumana prosperará y se expandirá por el cosmos? En cierto sentido, desde un punto de vista cuántico, la miríada de caminos que se ramifican hacia el futuro ya se abre ante nosotros como paisaje de posibilidades. Quizá incluso algunos futuros puedan parecer bastante plausibles. Sin embargo, deberíamos aprender del pasado que el azar interfiere de manera constante, haciendo que la historia dé giros inesperados. El comportamiento accidental de un murciélago en Wuhan en algún momento de 2019 no es más que un ejemplo. Sin embargo, podemos definir los pasos para evitar el precipicio si adquirimos una visión global clara del tipo de futuro al que aspiramos y para, pese a la incertidumbre, modelar sobre una base más o menos cuantitativa cómo podría funcionar. Una de las responsabilidades más importantes en este sentido recaerá en la comunidad científica y académica, que deberá actuar como laboratorio de ideas social y asegurarse de que sus investigaciones estén integradas y dirigidas al bien común, desde la bioingeniería al aprendizaje automático y la tecnología cuántica. No podemos quedarnos sentados y esperar que suceda lo mejor. Si la humanidad no puede siquiera imaginar colectivamente un futuro al que aspirar, a duras penas podemos albergar la esperanza de alcanzar nada que se le parezca, siquiera remotamente. No existe un manual que podamos consultar, ni unos fundamentos —ni siquiera, como yo mismo he afirmado, en el fondo de las leyes de la física— que permitan amortiguar el fracaso. Si la humanidad no escribe su propio guion, nadie lo hará por nosotros. Podemos dejar que la evolución siga su trayectoria ciega reduciendo la estatura de la humanidad a la de una colonia de hormigas a gran escala, colectivizada y supervisada, privada de toda libertad, o podemos reconocer que nuestro destino está en nuestras propias manos para, poco a poco, darle forma hacia una visión coordinada de lo que constituye un futuro que pueda dejar en evidencia el pesimismo de Fermi.

En este momento crítico de la historia, cuando damos nuestros primeros pasos en los zapatos de la naturaleza, será más importante que nunca recordar el mensaje de Hannah Arendt que dice que somos ocupantes del planeta Tierra, no dioses que actúan desde los cielos. Somos agentes dentro de un universo en constante cambio. Somos la evolución. Necesitamos hallar el camino hacia una consciencia planetaria para mitigar la alienación del mundo de la que hablaba Arendt y avanzar hacia una perspectiva del planeta que redibuje nuestras relaciones interpersonales y con el resto de la biosfera de una forma que imprima valor al futuro. Solo si tomamos consciencia de que somos custodios del planeta Tierra, y de la finitud que viene con ello, tendremos la capacidad de evitar que los muchos poderes de la humanidad se vuelvan contra ella misma.

Al dejar sin efecto la visión desde ninguna parte, la teoría final de Stephen nos ofrece una poderosa semilla de esperanza. Nuestro viaje hacia el big bang trataba de nuestros orígenes, no solo de los del universo que empezó con ese big bang. Esta era una parte esencial del viaje. Como Einstein, Stephen pensaba que el futuro de la humanidad a largo plazo dependerá en último término de lo bien que lleguemos a comprender nuestras raíces más profundas. Fue eso lo que lo impulsó a estudiar el big bang. Su teoría final del universo es más que una cosmología científica. Es una cosmología en el sentido humanista, pues contempla el universo como nuestro hogar —ingente, eso sí— y ve su física arraigada en nuestra relación con él. La última cosmología de Hawking tiende un puente entre el rigor matemático de Isaac Newton y la profunda idea de Charles Darwin de que, en el sentido más profundo, somos uno. Es realmente apropiado que las cenizas de Stephen estén ahora enterradas entre las tumbas de Newton y Darwin en la nave de la abadía de Westminster, en Londres.

A lo largo de mi viaje con Stephen, llegué a conocerlo como alguien que aspiraba a que todos adoptásemos en mayor medida una perspectiva cósmica de nuestra existencia, que pensásemos en términos de tiempo profundo. Su teoría final es como una semilla que nace y tiene el potencial de crecer hasta convertirse en una nueva visión del mundo firmemente arraigada en la ciencia y, al mismo tiempo, en nuestra humanidad. Como es evidente, el arco que se extiende de la cosmología cuántica a un universo moral es extremadamente largo y frágil. Pero también lo es el arco tendido por Arendt, desde el Galileo que observa la Luna a la actual sociedad tecnológica. Stephen creía firmemente que el coraje de nuestras preguntas y la trascendencia de nuestras respuestas nos permitiría gobernar con seguridad y prudencia el planeta Tierra hacia el futuro. La historia de su vida, en la que, después de su terrible diagnóstico de ELA, halló la voluntad de amar, de tener hijos, de experimentar el mundo en todas sus dimensiones y de aprehender el universo, inspiró a millones de personas y seguirá siendo una potente metáfora de lo que la humanidad puede conseguir. Su mensaje de despedida, enviado al espacio durante una ceremonia conmemorativa el 15 de junio de 2018 en la abadía de Westminster, lo resume todo: «Cuando vemos la Tierra desde el espacio, nos vemos a nosotros mismos en conjunto; vemos la unidad y no las divisiones. Es una imagen muy simple, pero con un mensaje persuasivo: un planeta, una raza humana. Nuestras únicas fronteras son la forma en que nos vemos a nosotros mismos. Debemos convertirnos en ciudadanos globales. Trabajemos juntos para hacer que ese futuro sea un lugar que queramos visitar».

De Stephen Hawking podemos aprender a amar el mundo tanto que aspiremos a reinventarlo sin darnos nunca por vencidos. A ser de verdad humanos. Aun casi inmovilizado, Stephen fue el hombre más libre que jamás he conocido.

Agradecimientos

Mi viaje con Stephen Hawking no habría sido posible sin la ayuda de muchos colegas y amigos a lo largo del camino.

Gracias a Adrian Ottewill y Peter Hogan, de Dublín, Irlanda, que en 1996 me pusieron en el tren hacia Cambridge, Reino Unido. Mi sincero agradecimiento a Neil Turok, cuyas fascinantes clases en esta meca de la cosmología teórica me alentaron para llamar a la puerta de Stephen. También a mis compañeros estudiantes de doctorado en la órbita de Hawking y Turok, incluidos Christophe Galfard, Harvey Reall, James Sparks y Toby Wiseman, por su camaradería.

«Deberías irte lo más lejos posible», me dijo Stephen cuando me gradué, y así lo hice. Muchas gracias a Steve Giddings, David Gross, Jim Hartle, Gary Horowitz, Don Marolf, Mark Srednicki y el difunto Joe Polchinski por crear un entorno de investigación tan extraordinario y estimulante en la Universidad de California, en Santa Bárbara, en estos emocionantes primeros tiempos de la cosmología de cuerdas.

En esta época más o menos, Stephen conectó con George Mitchell. Mi sincero agradecimiento a la familia Mitchell por crear un maravilloso refugio en su Cook's Branch Conservancy, donde Stephen tuvo oportunidad de trabajar. Un agradecimiento especial también a los Institutos Internacionales Solvay en Bruselas, a su presidente Jean-Marie Solvay y a su director durante muchos años, Marc Henneaux, y a la *mater familias* de los Institutos, madame Marie-Claude Solvay, cuyos perspicuos recuerdos acerca de Oppenheimer, Feynman o Lemaître insuflan vida a la historia de la física del siglo xx. La calidez y generosidad de los Solvay hicieron que los Institutos se convirtieran en algo mucho más allá de un remanso científico en nuestro viaje. A lo largo de los años, numerosas conversaciones con colegas han influido profundamente en mis ideas sobre el origen del tiempo. Mi agradecimiento especial por ello va para Dio Anninos, Nikolay Bobev, Frederik Denef, Gary Gibbons, Jonathan Halliwell, Ted Jacobson, Oliver Janssen, Matt Kleban, Jean-Luc Lehners, Andrei Linde, Juan Maldacena, Don Page, Alexei Starobinsky, Thomas Van Riet, Alex Vilenkin, y, de nuevo, a Gary Horowitz, Joe Polchinski, Mark Srednicki y Neil Turok. Gracias también al European Research Council y a la Research Foundation Flanders por el apoyo a la investigación técnica que subyace a la más amplia teoría cosmológica que desarrollo en este libro.

Por descontado, trabajar con Stephen habría resultado imposible sin sus equipos de soporte, su larga serie de asistentes de posgrado y secretarios personales, en especial Jon Wood y Judith Croasdell, y los numerosos cuidadores y enfermeras cuyos profesionales y creativos cuidados, arreglos y planificación hicieron que la Misión Hawking volase en condiciones mucho más allá de su duración prevista.

Quiero dar las gracias profundamente a Jim Hartle, nuestro compañero de viaje en esta estimulante singladura, cuya —al parecer— innata visión cuántica del universo actuó siempre como un brillante faro en el horizonte, y a Tom Dedeurwaerdere, mi inestimable caja de resonancia y fuente de inspiración. Estoy en deuda con el Centro para la Cosmología Teórica en Cambridge, con sus benefactores y con el Trinity College, por la beca como profesor visitante en una bifurcación clave en el camino. A Martin Rees y a la Pontificia Academia de las Ciencias, que facilitaron la divulgación de una versión temprana de la teoría cosmológica final de Stephen.

Un agradecimiento sincero y especial a Lucy Hawking por su amable y resuelta dirección, sobre todo en las últimas y difíciles etapas, cuando se aproximaban los últimos días de Stephen y nació la idea de narrar nuestro periplo. Las primeras líneas de este libro se escribieron a la mesa de la cocina de Wordsworth Grove.

Mi objetivo ha sido enmarcar nuestras tareas colaborativas en el desarrollo histórico más amplio de las cosmologías relativista y cuántica. Por los esclarecedores debates sobre esta historia, quiero dar las gracias al difunto John Barrow, Gary Gibbons, Dominique Lambert, Malcolm Longair y Jim Peebles. También un agradecimiento especial va para Frans Cerulus por compartir, a los noventa y cinco años, sus aún vívidos recuerdos personales del abad Georges Lemaître. A Liliane Moens y Véronique Fillieux por su valiosa asistencia en el recorrido de los profusos Archivos Lemaître en la Université Catholique de Louvain; y a Graham Farmelo por una enriquecedora conversación sobre los inicios de la vida científica y personal de Hawking.

El compromiso de mis cercanos colegas en KU Leuven, Nikolay Bobev, Toine Van Proeyen y Thomas Van Riet, con un dinámico grupo de investigación en el Instituto de Física Teórica también creó un estimulante ambiente de escritura a pesar de los desafíos del confinamiento por la COVID-19. Gracias también a mi círculo más amplio de colegas en Lovaina y en los Países Bajos, desde los visionarios que alimentaron un preciado ambiente académico donde tiene su hogar la autoría científica para un grupo más general de lectores hasta los héroes que se esfuerzan en poner a prueba nuestras teorías cosmológicas más avanzadas. Un agradecimiento especial a Robbert Dijkgraaf por, puede que involuntariamente, ofrecer una gran inspiración y estímulo.

A Demis Hassabis por una reveladora conversación sobre cuál podría ser el futuro (o futuros) de la cosmología en la era de la IA y qué podría significar. Al dramaturgo Thomas Ryckewaert, que se atrevió a llevar ese espectro de ideas (y al autor) al escenario. A su majestad la reina Matilde de Bélgica, por su deliciosa visita a la exposición «To the Edge of Time», en Lovaina. Y a mi co-comisaria Hannah Redler Hawes por aventurarse con entusiasmo en el vasto espacio abierto entre la ciencia y el arte, agregando en el proceso un ligero toque artístico a esta obra.

También quiero dar las gracias, y mis felicitaciones, a los archivistas del VRT, la empresa pública de radiodifusión flamenca. Apenas se había secado la tinta de este manuscrito cuando hallaron la grabación, que se creyó perdida durante mucho tiempo, de una entrevista de 1964 con Georges Lemaître en la que ofrecía un sorprendente apoyo a la trayectoria intelectual del Hawking de los últimos tiempos que establezco en este libro.

Doy las gracias a Aïsha De Grauwe, que convirtió magistralmente mis esbozos en los dibujos que ilustran el texto, y a Georges Ellis,

Roger Penrose y James Wheeler por su amable ayuda con algunas de las imágenes más antiguas. También quiero expresar mi reconocimiento a los conservadores de la oficina de Hawking en el Museo de Ciencias de Londres, y de los documentos de Paul A. M. Dirac en la Florida State University.

Por sus buenos consejos y orientación a lo largo de este proyecto literario, muchas gracias a mis agentes literarios, Max Brockman y Russell Weinberger. Y a Hilary Redmon, mi excelente editora en Random House, por sus agudos comentarios editoriales y sus ánimos sin descanso, y a Miriam Khanukaev por pilotar mi manuscrito hasta la etapa de producción.

Por último, un sincero agradecimiento a Nathalie y a nuestros hijos, Salomé, Ayla, Noah y Raphael, por hacer posible un hogar amable y maravilloso a lo largo de mi viaje.

Bibliografía

Arendt, Hannah, *The Human Condition*, Chicago, University of Chicago Press, 1958 [hay trad. cast.: *La condición humana*, Barcelona, Paidós Ibérica, 2016].

Barrow, John y Frank Tipler, *The Anthropic Cosmological Principle*, Oxford, Oxford University Press, 1986.

Carr, Bernard J., George F. R. Ellis, Gary W. Gibbons, James B. Hartle, Thomas Hertog, Roger Penrose, Malcolm J. Perry y Kip S. Thorne, *Biographical Memoirs of Fellows of the Royal Society: Stephen William Hawking CH CBE, 8 January 1942-14 March 2018*, Londres, Royal Society, 2019.

Carroll, Sean, *The Big Picture: On the Origins of Life, Meaning, and the Universe Itself*, Londres, Oneworld, 2017.

Davies, Paul, *The Goldilocks Enigma: Why Is the Universe Just Right for Life?*, Londres, Allen Lane, 2006.

Farmelo, Graham, *The Strangest Man: The Hidden Life of Paul Dirac, Mystic of the Atom*, Nueva York, Basic Books, 2009.

Gell-Mann, Murray, *The Quark and the Jaguar*, Nueva York, Freeman, 1997 [hay trad. cast.: *El quark y el jaguar*, Barcelona, Tusquets Editores, 1995].

Greene, Brian, *The Fabric of the Cosmos*, Nueva York, Alfred A. Knopf, 2004 [hay trad. cast.: *El tejido del cosmos*, Barcelona, Crítica, 2010].

Greene, Brian, *The Hidden Reality: Parallel Universes and the Deep Laws of the Cosmos*, Nueva York, Alfred A. Knopf, 2011 [hay trad. cast.: *La realidad oculta: universos paralelos y las profundas leyes del cosmos*, Barcelona, Crítica, 2016].

Halpern, Paul, *The Quantum Labyrinth*, Nueva York, Basic Books, 2018.

Hawking, Stephen, *A Brief History of Time: From the Big Bang to Black Holes*, Nueva York, Bantam Books, 1988 [hay trad. cast.: *Historia del tiempo: del big bang a los agujeros negros*, Madrid, Alianza Editorial, 2019].

Hawking, Stephen y Leonard Mlodinow, *The Grand Design*, Nueva York, Bantam Books, 2010 [hay trad. cast.: *El gran diseño*, Barcelona, Crítica, 2012].

Lambert, Dominique, *The Atom of the Universe: The Life and Work of Georges Lemaître*, Cracovia, Copernicus Center Press, 2011.

Nussbaumer, Harry y Lydia Bieri, *Discovering the Expanding Universe*, Cambridge, Cambridge University Press, 2009.

Pais, Abraham. *«Subtle Is the Lord»: The Science and the Life of Albert Einstein*, Oxford, Oxford University Press, 1982 [hay trad. cast.: *El Señor es sutil: la ciencia y la vida de Albert Einstein*, Barcelona, Ariel, 1984].

Peebles, James, *Cosmology's Century: An Inside History of Our Modern Understanding of the Universe*, Princeton, Princeton University Press, 2020.

Pross, Addy, *What Is Life?*, Oxford, Oxford University Press, 2012.

Rees, Martin, *If Science Is to Save Us*, Cambridge, Polity Press, 2022.

Rees, Martin, *Our Cosmic Habitat*, Princeton, Princeton University Press, 2001 [hay trad. cast.: *Nuestro hábitat cósmico*, Barcelona, Paidós Ibérica, 2002].

Rovelli, Carlo, *The First Scientist: Anaximander and His Legacy*, trad. inglesa de Marion Lignana Rosenberg, Yardley (Pennsilvania), Westholme, 2011 [hay trad. cast.: *El nacimiento del pensamiento científico: Anaximandro de Mileto*, Barcelona, Herder, 2018].

Smolin, Lee, *The Trouble with Physics: The Rise of String Theory, the Fall of Science and What Comes Next*, Boston, Mariner Books, 2007 [hay trad. cast.: *Las dudas de la física en el siglo XXI: ¿es la teoría de cuerdas un callejón sin salida?*, Barcelona, Crítica, 2016].

Susskind, Leonard, *The Cosmic Landscape: String Theory and the Illusion of Intelligent Design*, Nueva York, Little, Brown, 2006 [hay trad. cast.: *El paisaje cósmico: teoría de cuerdas y el mito del diseño inteligente*, Barcelona, Crítica, 2007].

Susskind, Leonard, *The Black Hole War*, Nueva York, Little, Brown, 2008 [hay trad. cast.: *La guerra de los agujeros negros: una controversia científica sobre las leyes últimas de la naturaleza*, Barcelona, Crítica, 2013].

Turok, Neil, *The Universe Within: From Quantum to Cosmos*, Toronto, House of Anansi Press, 2012 [hay trad. cast.: *El universo está dentro de nosotros: del cuanto al cosmos*, Barcelona, Plataforma Editorial, 2015].

Weinberg, Steven, *To Explain the World: The Discovery of Modern Science*, Nueva York, Harper, 2015 [hay trad. cast.: *Explicar el mundo*, Barcelona, Taurus, 2016].

Wheeler, John Archibald y Kenneth Ford, *Geons, Black Holes, and Quantum Foam: A Life in Physics*, Londres, Norton, 1998.

Créditos de las ilustraciones

Figura 1: © Science Museum Group (UK)/Science & Society Picture Library.

Figura 2: © ESA-Agencia Espacial Europea/Planck Observatory.

Figuras 3, 5, 9, 19-21, 23-25, 27-31, 33-38, 41-43, 45-46, 48-49, 52-54, 57: © autor/Aïsha De Grauwe.

Figura 4: con permiso del Ministerio de Cultura-Museo Nazionale Romano, Terme di Diocleziano, foto n.° 573616: Servizio Fotografico SAR.

Figura 6: dominio público/provista por la ETH-Bibliothek Zürich, Rar 1367: 1.

Figura 7(a): © foto de Anna N. Zytkow.

Figuras 7(b), 14, 17, 50, 51: © autor.

Figura 8: dominio público/Posner Library, Carnegie Mellon.

Figura 10: © colaboración del Event Horizon Telescope.

Figura 11: reproducido de Roger Penrose, «Gravitational Collapse and Space-time Singularities», *Physical Review Letters*, 14, n.° 3 (1965), pp. 57-59; © 2022 de la American Physical Society.

Figura 12: publicada por primera vez en Vesto M. Slipher, «Nebulae», *Proceedings of the American Philosophical Society*, 56 (1917), p. 403.

Figura 13: © Georges Lemaître Archives, Université Catholique de Louvain, Louvain-la-Neuve, BE 4006 FG LEM 609.

Figura 15: Paul A. M. Dirac Papers, Florida State University Libraries.

Figura 16: foto de Eric Long, Smithsonian National Air and Space Museum (NASM 2022-04542).

Insertos a color

Lámina 1: © Georges Lemaître Archives, Université Catholique de Louvain, Louvain-la-Neuve, BE 4006 FG LEM 836.

Lámina 2: publicada por primera vez en *Algemeen Handelsblad*, 9 de julio de 1930, «AFA FC WdS 248», Leiden Observatory Papers.

Lámina 3: © Georges Lemaître Archives, Université Catholique de Louvain, Louvain-la-Neuve, BE 4006 FG LEM 704.

Lámina 4: dominio público.

Lámina 5: © *The New York Times Magazine*. Publicada por primera vez el 19 de febrero de 1933.

Lámina 6: © Succession Brâncuși-reservados todos los derechos (Adagp)/Centre Pompidou, MNAM-CCI/Dist. RMN-GP.

Lámina 7: publicada por primera vez en Thomas Wright, *An Original Theory of the Universe* (1750).

Lámina 8: «Oog», de M. C. Escher © The M. C. Escher Company-Baarn, Holanda. Reservados todos los derechos. www.mcescher.com.

Lámina 9: © ESA-Agencia Espacial Europea/Planck Observatory.

Lámina 10: © Science Museum Group (UK)/Science & Society Picture Library.

Lámina 11: © Sarah M. Lee.

Notas

1. Tras la muerte de Stephen, el London Science Museum Group adquirió la pizarra para la nación, junto con otros recuerdos del despacho de Hawking en Cambridge. Los garabatos han resultado no ser de Hawking, pero sí de los participantes de aquella conferencia, de un mes de duración, entre los que se encontraba el coorganizador e investigador posdoctoral de Hawking en aquel tiempo, Martin Roček, cuyo rostro puede verse esbozado en la parte central derecha.

2. Christopher B. Collins y Stephen W. Hawking, «Why Is the Universe Isotropic?» *Astrophysical Journal*, 180 (1973), pp. 317-334.

3. Stephen, en ocasiones, prestaba su voz en un proceso por el que alguien construía una frase que luego se hacía pasar por su sintetizador del habla y se emitía al mundo. Sin embargo, quienes lo conocíamos podíamos distinguir fácilmente las frases impostadas de Hawking de las reales, pues estas destacaban por su concisión, claridad y su singular sentido del humor. Aunque esta práctica fuese necesaria por varias razones, también resultó ser desafortunada, pues hizo que la imagen pública de Hawking se fuera disociando de manera paulatina de la persona real.

Capítulo 1. Una paradoja

1. Fred Hoyle, «The Universe: Past and Present Reflections», *Annual Review of Astronomy and Astrophysics*, 20 (1982), pp. 1-36.

2. Steven Weinberg, «Anthropic Bound on the Cosmological Constant», *Physical Review Letters*, 59 (1987), p. 2607.

3. Paul Davies, *The Goldilocks Enigma: Why Is the Universe Just Right for Life?*, Allen Lane, Londres, 2006, p. 3.

4. Este fragmento nos ha llegado a través de Simplicio de Cilicia, que lo cita en su comentario de la *Física* de Aristóteles.

5. *Galileo Galilei, Il Saggiatore*, Appresso Giacomo Mascardi, Roma, 1623.

6. Frase atribuida a François Arago.

7. Paul Dirac, citado en Graham Farmelo, *The Strangest Man: The Hidden Life of Paul Dirac, Mystic of the Atom*, Basic Books, Nueva York, 2009, p. 435.

8. William Paley, *Natural Theology or Evidences of the Existence and Attributes of the Deity, Collected from the Appearances of Nature*, Printed for R. Faulder, Londres, 1802.

9. Charles Darwin, *On the Origin of Species*, manuscrito, 1859 [hay trad. cast.: *El origen de las especies*, Alianza, Madrid, 2009. La frase ya aparece en los esbozos de 1842 y 1844, disponibles en Darwin, C. y A. R. Wallace, *La teoría de la evolución de las especies*, Crítica, Barcelona, 2006].

10. Stephen Jay Gould, *Wonderful Life: The Burgess Shale and the Nature of History*, Norton, Nueva York, 1989 [hay trad. cast.: *La vida maravillosa: Burgess Shale y la naturaleza de la historia*, Crítica, Barcelona, 2018].

11. Charles Darwin, citado en Charles Henshaw Ward, *Charles Darwin: The Man and His Warfare*, Bobbs-Merrill, Indianápolis, 1927, p. 297.

12. Leonard Susskind, *The Cosmic Landscape: String Theory and the Illusion of Intelligent Design*, Little, Brown, Nueva York, 2006 [hay trad. cast.: *El paisaje cósmico: teoría de cuerdas y el mito del diseño inteligente*, Crítica, Barcelona, 2007].

13. Pese a lo que el nombre sugiere, ni Carter ni nadie concibe el principio antrópico como algo referido de manera específica a los humanos, sino a las condiciones para la vida en general. Una revisión detallada de la idea se puede encontrar en John Barrow y Frank Tipler, *The Anthropic Cosmological Principle*, Oxford University Press, Oxford, 1986.

14. Andrei Linde, «Universe, Life, Consciousness» (conferencia, Grupo de Ciencia y Cosmología del programa «Science and Spiritual Quest» del Center for Theology and the Natural Sciences [CTNS], Berkeley, California, 1998).

15. Steven Weinberg, «Living in the Multiverse», comunicación en el simposio «Expectations of a Final Theory», Trinity College, Cambridge,

septiembre de 2005, y publicado en *Universe or Multiverse?*, de B. Carr, Cambridge University Press, Cambridge, 2007.

16. Nima Arkani-Hamed, «Prospects for Contact of String Theory with Experiments» (conferencia, Strings 2019, Flagey, Bruselas, 9-13 de julio de 2019).

17. Hawking repitió esto en su conferencia «Cosmology from the Top Down» (conferencia, Davis Meeting on Cosmic Inflation, University of California, Davis, 22-25 de marzo de 2003).

18. En *La estructura de las revoluciones científicas*, el filósofo americano de la ciencia Thomas Kuhn explicó que los cambios de paradigma se producen cuando el paradigma reinante bajo el que funciona la ciencia normal se manifiesta incompatible con nuevos fenómenos. Cabe preguntarse cuáles debían ser los «nuevos fenómenos» que aparecieron y desataron las voces de renovación en la cosmología hacia el cambio de siglo al XXI. Los principales, según creo, fueron las observaciones astronómicas de la expansión acelerada obtenidas de finales de la década de 1990. Estas se confabularon con nuevas ideas teóricas de la teoría de cuerdas que ejemplificaban la naturaleza accidental de las leyes biofílicas.

19. Hawking, en colaboración con su estudiante Bernard Carr, especuló, a mediados de la década de 1970, sobre la existencia de pequeños agujeros negros que se habrían formado tras el big bang caliente. Esos «agujeros negros primordiales» serían más calientes y radiarían más deprisa. De hecho, los de unos 10^{15} gramos (la masa de una montaña en el tamaño de un protón) estarían explotando en la actual era del universo. Para decepción de Hawking, no se ha detectado ninguna de esas explosiones.

CAPÍTULO 2. EL DÍA SIN AYER

1. Georges Lemaître, «Rencontres avec Einstein», en *Revue des Questions Scientifiques*, Société Scientifique de Bruxelles, Bruselas, 20 de enero de 1958, p. 129.

2. Georges Lemaître, en «Univers et Atom», su última conferencia pública, pronunciada en 1963 ante un público de antiguos estudiantes de Lovaina. La manera en que lo expresó aquí es algo más fuerte de como solía describir su posición, lo que sin duda refleja cierta frustración con la actitud de sus oponentes. Una exposición detallada de las opiniones (hasta cierto punto en evolución) de Lemaître acerca de la relación entre ciencia y reli-

gión, que incluye un análisis de esta conferencia, nos la ofrece Dominique Lambert en *L'itinéraire spirituel de Georges Lemaître*, Lessius, Bruselas, 2007 [hay trad. cast.: *Ciencia y fe en el padre del big bang, Georges Lemaître*, Sal Terrae, Bilbao, 2015].

3. A Thomson lo nombraron primer barón Kelvin de Laargs en 1892. El título hace referencia al río Kelvin, que fluye cerca de su laboratorio en la Universidad de Glasgow. Hoy conocemos a lord Kelvin sobre todo porque su nombre ha pasado a designar la escala absoluta de temperatura. Kelvin determinó que el valor del cero absoluto de la temperatura es aproximadamente −273,15 grados Celsius. En una empresa épica, también tendió el primer cable de telégrafos transatlántico, entre Irlanda y Terranova. La cita aquí corresponde a lord Kelvin, «Nineteenth Century Clouds over the Dynamical Theory of Heat and Light», *Philosophical Magazine*, 6, n.° 2 (1901), pp. 1-40.

4. Hermann Minkowski, «Raum und Zeit» (conferencia, 80th General Meeting of the Society of Natural Scientists and Physicians, Colonia, septiembre de 1908).

5. Citado en Abraham Pais, *«Subtle Is the Lord»: The Science and the Life of Albert Einstein*, Oxford University Press, Oxford, 1982 [hay trad. cast.: *El Señor es sutil: la ciencia y la vida de Albert Einstein*, Ariel, Barcelona, 1984].

6. El lenguaje de la geometría curvada que Einstein utilizó había sido desarrollado en el siglo XIX por matemáticos como Carl Friedrich Gauss y Bernhard Riemann, que se dieron cuenta de que las leyes habituales de la geometría que aprendemos en la escuela, como el famoso teorema de Pitágoras o el teorema de que los ángulos de un triángulo suman 180 grados, no funcionan en las superficies curvas. Por ejemplo, en una naranja (o sobre la superficie de la Tierra), los ángulos de un triángulo suman más de 180 grados. Antes de Gauss y Riemann, las superficies curvas siempre se habían considerado incrustadas en el espacio euclidiano tridimensional normal. Pero Gauss demostró que las propiedades geométricas de las superficies curvas bidimensionales, como las nociones de líneas rectas y ángulos, se pueden definir de manera intrínseca, sin necesidad de referencia a nada fuera de ellas. Esto abrió el camino para que Riemann concibiese que, de manera parecida, un espacio tridimensional podía ser curvo y diferir de un espacio euclidiano. Einstein imaginó justo eso y dio un paso más al describir el mundo físico en términos de una geometría curvada tetradimensional de espaciotiempo. El espaciotiempo curvo obedece las reglas de la geometría no euclidiana en cuatro dimensiones sin necesidad de apelar a nada fuera o

más allá de él. Lo que esto significa en física es, por ejemplo, que el universo no necesita existir o expandirse en ninguna clase de caja más grande.

7. John Archibald Wheeler y Kenneth Ford, *Geons, Black Holes, and Quatum Foam: A Life in Physics*, Norton, Londres, 1998, p. 235.

8. Pais, «Subtle is the Lord».

9. Telegrama especial a *The New York Times*, 10 de noviembre de 1919.

10. Esta no fue la primera vez que este radio aparecía en la física. Ya en el siglo XVIII, usando la mecánica newtoniana, John Michell y Pierre-Simon Laplace hallaron que una masa esférica M comprimida hasta este radio tendría una velocidad de escape igual a la velocidad de la luz. Tales objetos hipotéticos no podrían radiar partículas de luz y pueden verse como precursores de los agujeros negros.

11. Véase, por ejemplo, Georges Lemaître, «L'univers en expansion», *Annales de la Societé Scientifique de Bruxelles*, A53 (1933), pp. 51-85. Hay traducción al inglés, «The Expanding Univers», *General Relativity and Gravitation*, 29, n.° 55 (1997), pp. 641-680.

12. Durante la mayor parte de su vida, una estrella normal se sostiene a sí misma en contra de su propia gravedad gracias a la presión térmica generada por la fusión nuclear que convierte el hidrógeno en helio. Con el tiempo, sin embargo, la estrella agota su combustible nuclear y se contrae. Si la estrella no es demasiado masiva en un principio, la presión de la repulsión entre electrones (o entre neutrones y protones) frenará el colapso y la estrella se estabilizará como una enana blanca (o una estrella de neutrones). Sin embargo, el astrofísico indio-americano Subrahmanyan Chandrasekhar fue galardonado con el Premio Nobel por demostrar, en 1930, que las enanas blancas tienen una masa máxima. Luego, en 1939, Robert Oppenheimer y George Volkoff demostraron que las estrellas de neutrones también tienen una masa máxima. El resultado es que no conocemos ningún estado de la materia que pueda frenar el colapso de estrella de masa suficiente, que seguiría contrayéndose hasta producir un agujero negro.

13. Roger Penrose, «Gravitational Collapse: The Role of General Relativity», *La Rivista Del Nuovo Cimento*, 1 (1969), pp. 252-276.

14. Roger Penrose, «Gravitational Collapse and Space-time Singularities», *Physical Review Letters*, 14, n.° 3 (1965), pp. 57-59.

15. La ecuación de Einstein de la página 75 contiene una cantidad, $8\pi G/c^4$, que multiplica el contenido de masa y energía de la materia en el lado derecho de la ecuación. El valor numérico de esta cantidad es extraordinariamente pequeño, lo que significa que se necesita un enorme cantidad

de masa o energía para deformar el campo de espaciotiempo que reside en el lado izquierdo de la ecuación, aunque solo sea muy levemente. Para hacernos una idea, la masa de todo el planeta Tierra deforma la forma del espacio a su alrededor, en comparación con el espacio euclidiano normal, en una magnitud del orden de 10^{-9}.

16. Einstein, carta a Willem de Sitter, 12 de marzo de 1917, en *Collected Papers*, vol. 8, eds. Albert Einstein, Martin J. Klein y John J. Stachel, Princeton University Press, 1998, doc. 311.

17. Para una exposición más detallada de la historia del descubrimiento de la expansión recomiendo Harry Nussbaumer y Lydia Bieri, *Discovering the Expanding Universe*, Cambridge University Press, Cambridge, 2009.

18. Me complace recomendar la biografía de Georges Lemaître, *The Atom of the Universe*, de Dominique Lambert (Copernicus Center Press, Cracovia, 2015).

19. Lemaître cita aquí a santo Tomás de Aquino, quien dijo que «nada existe en el intelecto que no estuviese antes en los sentidos».

20. Georges Lemaître, «L'Etrangeté de l'Univers», conferencia pronunciada en el Circolo di Roma en 1960; reimpresa en *Pontificiae Academiae Scientiarum Scripta Varia*, 36 (1972), p. 239.

21. Las Cefeidas son estrellas pulsantes cuya luminosidad sube y baja con periodos que varían desde unos meses a apenas un día. Henrietta Leavitt, una de las primeras mujeres astrónomas de la era moderna, notó una curiosa relación entre el periodo de pulsación de las Cefeidas y su luminosidad: las más tenues mostraban periodos más cortos. Esto significaba que se podían utilizar observaciones de las variaciones periódicas del brillo de las Cefeidas para medir distancias en cosmología. De este modo, las Cefeidas se convirtieron en la primera vara de medir fiable para estimar las distancias a las nebulosas.

22. El Observatorio Lowell lo había fundado en 1894 Percival Lowell para estudiar los misteriosos «canales» de Marte. Fue allí donde se descubrió Plutón en 1930.

23. El espectro de la luz es la forma en que esta se distribuye entre distintos colores. El desplazamiento en el espectro de la luz de un objeto astronómico se puede establecer comparando la longitud de onda de una característica identificable en el espectro con la longitud de onda de la misma característica cuando se mide en un laboratorio en la Tierra.

24. Vesto M. Slipher, «Nebulae», *Proceedings of the American Philosophical Society*, 56 (1917), pp. 403-409.

25. Escribió el artículo en francés y lo publicó en una revista de poca distribución, *Annales de la Société Scientifique de Bruxelles* (Série A. 47 [1927], pp. 49-59). Su título, «Un univers homogène de masse constante et de rayon croissant, rendant compte de la vitesse radiale des nébuleuses extragalactiques» («Un universo homogéneo de masa constante y de radio creciente explica las velocidades radiales de las nebulosas extragalácticas»), no deja duda sobre las intenciones de Lemaître. De hecho, Lemaître lo modificó ligeramente durante la revisión final del manuscrito, cambiando «variant» por «croissant», probablemente para reforzar la conexión entre su modelo y las observaciones astronómicas que indican que las galaxias se alejan de nosotros.

26. Lambert, *Atom of the Universe*.

27. A causa de las grandes incertidumbres en las distancias, Lemaître dividió el valor medio de las velocidades por el valor medio de las distancias en la muestra de galaxias para la que Hubble había publicado estimaciones de distancias. Tomar la media ayudó a promediar la gran incertidumbre de las mediciones individuales de distancias.

28. Para proseguir su conversación con Einstein, Lemaître se metió en el taxi que llevaba a Einstein al laboratorio de Auguste Piccard, su antiguo estudiante, en Berlín. Durante el trayecto, Lemaître sacó el tema de la recesión que se había observado en las nebulosas y de cómo eso proporcionaba ciertas pruebas a favor de un universo en expansión. Sin embargo, según sus propios recuerdos, se fue con la impresión de que Einstein no conocía las últimas observaciones astronómicas ni le interesaban.

29. La amplitud de competencias de Friedmann abarcaba desde trabajos puramente matemáticos sobre la relatividad a dramáticos vuelos en globo a gran altura para investigar los efectos de la altitud sobre el cuerpo humano. Ostentó el récord de altitud para vuelos en globo durante un tiempo en 1925, cuando ascendió hasta 7.400 metros, más que la montaña más alta de Rusia. Murió pocos meses después, al parecer de fiebres tifoideas, con treinta y siete años de edad.

30. Como Einstein, Lemaître sentía una fuerte preferencia filosófica por un universo espacialmente finito.

31. En 2018 la Unión Astronómica Internacional adoptó una resolución que dicta que la relación debe conocerse como ley de Hubble-Lemaître.

32. A partir de mejores observaciones de veinticuatro galaxias, Hubble obtuvo un valor para la constante de proporcionalidad H de la relación velocidad-distancia de la página 90 de 513 km/s por cada tres millones de

años luz de distancia, no muy diferente del valor hallado anteriormente por Lemaître. Hubble y Humason interpretaron sus observaciones en términos de un desplazamiento Doppler ordinario.

33. Einstein, carta a Tolman, 1931, en Albert Einstein Archives, Achivnummer 23-030.

34. Arthur Stanley Eddington, *The Expanding Universe*, Cambridge University Press, Cambridge, 1933, p. 24.

35. Georges Lemaître, «Evolution of the expanding universe», *Proceedings of the National Academy of Sciences*, 20, pp. 12-17.

36. Einstein, carta a Lemaître, 1947, en Archives Georges Lemaître, Université Catholique de Louvain, Louvain-la-Neuve, A4006.

37. Las observaciones del desplazamiento al rojo de Hubble y Humason solo nos remontan a unos pocos millones de años luz. Por consiguiente, sus mediciones determinaron la tasa de expansión en tiempos cósmicos relativamente recientes, pero no decían nada sobre cómo ese ritmo de expansión había evolucionado a lo largo de la historia del universo. En la década dorada de 1990, las observaciones espectrales de brillantes explosiones de supernovas, que se podían ver desde miles de millones de años luz, hicieron posible la reconstrucción del curso de la expansión del universo durante miles de millones de años. Esto reveló que nuestro universo había hecho una transición de una expansión decelerada a una aceleración hace unos cinco mil millones de años.

38. Georges Lemaître, *Discussion sur l'évolution de l'univers*, Gauthier-Villars, 1933, pp. 15-22.

39. Lemaître pertenecía a una nueva hornada de astrónomos matemáticos convencidos de que el futuro de la astronomía implicaría análisis puros además de programación informática. Sus investigaciones computacionales siguieron muy de cerca el progreso en la tecnología de la computación. A principios de la década de 1920 ayudó a Vannevar Bush en el MIT testando el analizador diferencial sobre el problema Störmer.

40. Arthur S. Eddington, «The End of the World: from the Standpoint of Mathematical Physics», *Nature*, 127, n.° 2130 (21 de marzo de 1931), pp. 447-453.

41. Lemaître, *Revue des Questions Scientifiques*.

42. Lemaître, «L'univers en expansion».

43. Georges Lemaître, «The Beginning of the World from the Point of View of Quantum Theory», *Nature*, 127, n.° 2130 (9 de mayo de 1931), p. 706.

44. P. A. M. Dirac, en «The Relation Between Mathematics and Physics», conferencia pronunciada el 6 de febrero de 1939 con motivo de la concesión del premio James Scott. Publicada en *Proceedings of the Royal Society of Edinburgh*, 59 (1938-1939, Part II), pp. 122-129.

45. Fred Hoyle, «The Universe: Past and Present Reflections», *Annual Review of Astronomy and Astrophysics*, 20 (1982), pp. 1-36.

46. Fred Hoyle, *The Origin of the Universe and the Origin of Religion*, Wakefield, Moyer Bell, R.I., 1993.

47. Pueden encontrarse muchas más anécdotas de su pintoresca vida en su autobiografía, Gamow, G., *My World Line: An Informal Autobiography*, Nueva York, Viking Press, 1970.

48. Los elementos más pesados, como el carbono, se produjeron por fusión nuclear mucho más tarde en el interior de las estrellas. Los elementos aún más pesados, como el hierro, se formaron todavía más tarde, bien en el súbito calor de las supernovas, bien en las violentas fusiones de estrellas de neutrones. Estos y otros procesos forjaron el ambiente químicamente rico del universo actual. De hecho, los elementos más exóticos de todos son los que se producen por fusión en la actualidad en los laboratorios de física de la Tierra (y quién sabe si en otros lugares).

49. Lambert, *Atom of the Universe*.

50. Citado en Duncan Aikman, «Lemaitre Follows Two Paths to Truth», *The New York Times Magazine*, 9 de febrero de 1933 (ver inserto, lámina 5).

51. Georges Lemaître, «The Primaeval Atom Hypothesis and the Problem of the Clusters of Galaxies», en *La structure et l'evolution de l'univers: onzieme conseil de physique tenu a l'Universite de Bruxelles du 9 au 13 juin 1958*, ed. R. Stoops (Institut International de Physique Solvay, Bruselas, 1958, pp. 1-30). La idea de Isaías del *Deus Absconditus*, el Dios oculto, fue un tema constante en el trasfondo del pensamiento de Lemaître. Por ejemplo, el manuscrito de su manifiesto del big bang publicado en *Nature* en 1933 contiene un breve párrafo al final —tachado antes de su publicación—, en el que escribe: «Creo que todo aquel que cree que un ser supremo sustenta cada ser y cada acto cree también que Dios está esencialmente oculto y le complacerá ver cómo la física actual proporciona un velo que oculta a la creación».

52. Lemaître, «The Primaeval Atom Hypothesis and the Problem of the Clusters of Galaxies».

CAPÍTULO 3. COSMOGÉNESIS

1. Stephen Hawking, *My Brief History*, Nueva York, Bantam Books, 2013, p. 29 [hay trad. cast.: *Breve historia de mi vida*, Barcelona, Crítica, 2014].

2. La presión provenía, por ejemplo, de prospecciones de fuentes de radio, más tarde conocidas como cuásares, que mostraban que estas fuentes están distribuidas de manera bastante uniforme por el firmamento. Eso significaba que probablemente se hallasen fuera de nuestra galaxia. Pero había demasiadas fuentes débiles, lo que indicaba que su densidad había sido más alta en el pasado lejano, algo que no cabe esperar en un universo no cambiante en estado estacionario.

3. Como Penrose, Stephen identificó un punto de no retorno, a saber, la formación de una superficie antiatrapada, de la que los rayos de luz radiados en todas las direcciones divergen. Stephen demostró que, si en algún momento hubo una superficie antiatrapada, entonces debió haber una singularidad un poco más atrás en el tiempo.

4. George F. R. Ellis, «Relativistic Cosmology», en *Proceedings of the International School of Physics «Enrico Fermi», Course 47: General Relativity and Cosmology*, ed. R. K. Sachs, Academic Press, Nueva York y Londres, 1971, pp. 104-182.

5. Citado en *General Relativity and Gravitation: A Centennial Perspective*, eds. A. Ashtekar, B. Berger, J. Isenberg, M. Maccallum, Cambridge University Press, Cambridge, 2015, p. 19.

6. Hendrik A. Lorentz, «La théorie du rayonnement et les quanta», en *Proceedings of the First Solvay Council, Oct 30-Nov 3, 1911*, eds. P. Langevin y M. de Broglie, Villars, París, 1912, pp. 6-9.

7. El principio de indeterminación (o incertidumbre) de Heisenberg va de la mano con la hipótesis cuántica de Planck. Imaginemos que queremos medir la posición de una partícula. Para hacerlo, tenemos que mirar la partícula, por ejemplo, arrojando luz sobre ella. Para medir la posición de manera más precisa, podemos usar luz de una longitud de onda más corta. Sin embargo, de acuerdo con la hipótesis cuántica de Planck, tenemos que usar al menos un cuanto de luz. Este cuanto perturbará ligeramente la partícula, alterando su velocidad de un modo que no se puede predecir. Cuanto menor sea la longitud de onda, mayor será la energía de un solo cuanto de luz y mayor será la incertidumbre resultante en la velocidad de la partícula. El principio de indeterminación de Heisenberg cuantifica esto estipulando que la incertidumbre en la posición de una partícula multiplicada por

la incertidumbre en su momento nunca pueden ser menores que cierta cantidad llamada constante de Planck, denotada con el símbolo h. El calor de la constante de Planck se puede determinar experimentalmente. Es una de las constantes fundamentales de la naturaleza, junto con la velocidad de la luz, c, y la constante gravitatoria de Newton, G, ambas presentes en la ecuación de Einstein de la página 75. ¡Por contraste, la constante cuántica de Planck está notoriamente ausente de esta ecuación clásica (por oposición a cuántica)!

8. La descripción de Schrödinger de las partículas en términos de ondas de probabilidad también explica los primeros experimentos cuánticos con átomos. Tomemos, por ejemplo, un electrón en órbita alrededor de un núcleo atómico. Si vemos el electrón como una entidad de naturaleza ondulatoria, entonces solo para ciertas órbitas la longitud de la órbita corresponderá a un número entero de longitudes de onda del electrón. Para estas órbitas, la cresta de la onda estará en la misma posición cada vez, de modo que las ondas sumarán y se reforzarán una a otra. Estas son precisamente las órbitas cuantizadas de Bohr.

9. Erwin Schrödinger, *Science and Humanism: Physics in Our Time*, Cambridge, Cambridge University Press, 1951, p. 25.

10. Para un colorido relato de las interacciones científicas y personales entre Richard Feynman y John Wheeler, recomiendo encarecidamente Paul Halpern, *The Quantum Labyrinth*, Nueva York, Basic Books, 2018.

11. Freeman J. Dyson, haciendo referencia a Feynman en una afirmación de 1980, citado en Herbert, N., *Quantum Reality: Beyond the New Physics*, Garden City, N.Y., Anchor Press, 1987.

12. Imaginemos que hacemos trampas colocando un aparato cerca de una de las rendijas para verificar qué camino sigue realmente el electrón. Con el nuevo detector en posición, veremos efectivamente que cada electrón pasa por una o la otra rendija. Sin embargo, también encontraremos que el patrón de interferencia desaparece de la pantalla. Esto se debe a que, con el nuevo aparato en posición, estamos formulando una pregunta distinta, y por tanto seleccionando un conjunto distinto de historias. Al añadir el nuevo aparato, preguntamos: «¿Qué camino sigue el electrón?». Para responderla, el esquema de suma de historias de Feynman nos pide que sumemos todos los caminos que puede seguir un electrón que pasa por una rendija dada. Obviamente, esto arrojará la probabilidad total de atravesar esa rendija, es decir, 50%. Pero, al forzar al electrón a revelar esa información, también hemos eliminado todas las historias que pasan por la otra rendija, y así la

posibilidad de interferencia entre ambos conjuntos de trayectorias de camino a la pantalla. El patrón de interferencia solo aparece si el experimentador no realiza ningún intento de determinar por cuál de las dos rendijas pasa un electrón particular.

13. James B. Hartle y S. W. Hawking, «Path-Integral Derivation of Black-Hole Radiance», *Physical Review D*, 13 (1976), pp. 2188-2203.

14. A su debido tiempo, podremos descubrir más sobre la génesis de la hipótesis de ausencia de límites: los archivos UCSB contienen un gran cuaderno azul con la etiqueta «81-82 Wave Function» en el que Jim Hartle guardó meticulosamente su correspondencia con Stephen durante aquellos dos años cruciales.

15. Jim Hartle, comunicación privada.

16. El diámetro del cigarro especifica la temperatura del agujero negro tal como la mide un observador distante. Cuanto mayor es el diámetro del cigarro, menor es la temperatura del agujero. Para una masa dada, el diámetro se especifica en el marco euclidiano con el requisito de que la geometría sea lisa en la punta, como una esfera, no como un cono. Así es como la geometría euclidiana de un agujero negro encripta su comportamiento cuántico.

17. Eds. Gary W. Gibbons y S. W. Hawking, *Euclidean Quantum Gravity*, World Scientific, Singapur; N. J., River Eagle, 1993, p. 74.

18. Sidney Coleman, «Why There Is Nothing Rather Than Something: A Theory of the Cosmological Constant», *Nuclear Physics B*, 310, n.ºs 3-4 (1988), p. 643.

19. Este tipo de reunión de debate sobre un tema lo estableció monsignor Lemaître en la década de 1960, cuando era presidente de la Pontificia Academia de las Ciencias.

20. Alocución de su santidad Juan Pablo II, publicada en *Astrophysical Cosmology: Proceedings of the Study Week on Cosmology and Fundamental Physics*, eds. H. A. Brück, G. V. Coyne y M. S. Longair, Pontificia Academia Scientiarum, Distributed by Specola Vaticana, Ciudad del Vaticano, 1982.

CAPÍTULO 4. HUMO Y CENIZAS

1. La teoría del big bang caliente predice también un fondo cósmico de neutrinos, o CNB (por sus siglas en inglés) e incluso un fondo cósmico de gravitones. Si observásemos el CNB, obtendríamos una instantánea del universo con una edad de pocos segundos.

2. Georges Lemaître, *L'hypothèse de l'atome primitif: Essai de cosmogonie*, Neuchâtel, Editions du Griffon, 1946.

3. Bernard J. Carr *et al.*, *Biographical Memoirs of Fellows of the Royal Society: Stephen William Hawking CH CBE, 8 January 1942-14 March 2018*, Londres, Royal Society, 2019.

4. En la teoría de Newton, la gravedad surge puramente de la masa y energía de un objeto, pero en relatividad general la presión también contribuye a la gravedad del objeto, a cómo deforma el espaciotiempo. Es más, a diferencia de la masa, que es siempre positiva, la presión también puede ser negativa. Un ejemplo conocido de presión negativa es el tirón hacia dentro que se siente cuando se estira una goma elástica. En la teoría de Einstein, la presión positiva, como la masa positiva, contribuye de forma positiva a la gravedad, pero los niveles de presión negativos conducen a una gravedad repulsiva o antigravedad.

5. Entre los principales responsables de estas predicciones teóricas estaban Gennady Chibisov, Viatcheslav Mukhanov y Alexei Starobinsky, que trabajaban en Rusia, y en Occidente, James Bardeen, Alan Guth, Stephen Hawking, So-Young Pi, Paul Steinhardt y Michael Turner.

6. Eds. G. W. Gibbons, S. W. Hawking y S. T. C. Siklos, *The Very Early Universe: Proceedings of the Nuffield Workshop, Cambridge, 21 June to 9 July, 1982*, Cambridge, Nueva York, Cambridge University Press, 1983.

7. Un miembro de una pareja de partículas virtuales tiene energía positiva, y el otro, energía negativa. La partícula con energía negativa no puede seguir existiendo en el espaciotiempo ordinario, sino que tiene que buscar su compañera de energía positiva y aniquilarse con ella. Sin embargo, un agujero negro contiene estados de energía negativa, por lo que, si el miembro de energía negativa de una pareja virtual cae en un agujero negro, puede seguir existiendo sin tener que aniquilarse con su compañero, que es por tanto libre de escaparse. La energía negativa de la partícula que cae en el agujero negro reduce ligeramente la masa de este, lo que explica por qué la radiación de Hawking hace que los agujeros negros se encojan y, en última instancia, desaparezcan.

8. Los primeros indicios de que el universo contiene más materia de la que el ojo puede ver datan de la década de 1930; se trata de las observaciones, efectuadas por el astrónomo suizo Fritz Zwicky, de los cúmulos de galaxias. Zwicky observó que algunas galaxias orbitan alrededor de otras galaxias a velocidades sorprendentemente altas. Esto significaba que tenía que haber mucha más materia de la que correspondía a las estrellas visibles para que los cúmulos

se mantuviesen unidos. En la década de 1970, la astrónoma estadounidense Vera Rubin observó un efecto similar en la periferia de galaxias individuales. Sus observaciones indicaban que también los brazos de las galaxias espirales debían de contener una nube de materia oscura para mantenerlos unidos.

9. Dos equipos de astrónomos, el proyecto High-Z Supernova, dirigido conjuntamente por Adam Riess y Brian Schmidt, y el proyecto Supernova Cosmology, dirigido por Saul Perlmutter, midieron el brillo y el desplazamiento al rojo de la luz de las estrellas en explosión denominadas supernovas, tan brillantes que son visibles incluso en galaxias distantes. A causa de que el brillo intrínseco de estas supernovas es conocido, los investigadores pudieron utilizar estas estrellas como referencias de distancia en el universo profundo. Combinadas con sus observaciones de desplazamiento al rojo, esto permitió que ambos equipos determinasen la ley de Hubble-Lemaître, que relaciona distancias y velocidades de recesión hasta miles de millones de años luz, reconstruyendo así el recorrido de la expansión miles de millones de años hacia atrás en el tiempo. Para su sorpresa, sus medidas mostraban que la expansión del universo había empezado a acelerarse hace unos cinco mil millones de años, un descubrimiento por el que Perlmutter, Riess y Schmidt compartieron el Premio Nobel de 2011.

10. Las dudas persisten sobre si la actual aceleración de la expansión se ve impulsada por una constante cosmológica de verdad constante o si está implicado un campo escalar que cambia lentamente, como una suerte de residuo del campo inflatón. En el primer caso, la razón entre presión y densidad de energía sería exactamente igual a -1, mientras que en el segundo sería mayor que -1. Esta diferencia puede no parecer demasiado importante, pero afecta al ritmo de aceleración a (muy) largo plazo, y puede, por tanto, alterar el destino último del universo. Ahora se está tratando de determinar el valor de esta razón con la máxima precisión posible.

11. Desde entonces ha aparecido una pequeña nube. Observaciones astronómicas relativamente locales, como las de los espectros de supernovas, señalan un ritmo de expansión de 73 km/s por cada megaparsec de distancia. En contraste, el ritmo de expansión deducido de observaciones del fondo cósmico de microondas con la ayuda de la relatividad general resulta en unos 67 km/s por cada megaparsec. Esta discrepancia se denomina «tensión de Hubble», aunque en realidad debería llamarse «tensión de Hubble-Lemaître». Los cosmólogos están buscando con ahínco una explicación. ¿Podría ser que este fuese el momento Mercurio de la relatividad general, y que es necesario ajustar de algún modo la teoría? ¡Permanezcan en sintonía!

12. Las funciones de onda de la mecánica cuántica ordinaria, sin gravedad, obedecen la ecuación de Schrödinger, que dicta su evolución en el tiempo. El tiempo es la única entidad de la mecánica cuántica ordinaria que no interfiere con nada más. Sin ningún problema, los físicos calculan probabilidades en mecánica cuántica para observaciones en un momento preciso. Todo eso solo es posible, no obstante, porque la mecánica cuántica ordinaria supone que hay un trasfondo de espaciotiempo fijo y definido en el que evolucionan las funciones de onda de las partículas. En cambio, en cosmología cuántica, el espaciotiempo en sí es mecánico-cuántico y fluctuante. En consecuencia, ya no disponemos de nada que pueda actuar como reloj universal. Así, no debería sorprendernos que el tiempo desaparezca de una descripción cuántica del universo en su conjunto. Cierto es que la función de onda del universo obedece una versión abstracta de la ecuación de Schrödinger, escrita por primera vez por John Wheeler y Bryce DeWitt, pero no se trata de una ley dinámica. Es más bien una restricción intemporal de la función de onda en su totalidad.

13. S. W. Hawking y N. Turok, «Open Inflation without False Vacua», *Physics Letters B*, 425 (1998), pp. 25-32.

14. Hasta donde yo sé, la idea de inflación eterna la mencionó por primera vez Linde en su comunicación «The New Inflationary Universe Scenario», en *The Very Early Universe: Proceedings of the Nuffield Workshop, Cambridge, 21 June to 9 July, 1982*, eds. G. W. Gibbons, S. W. Hawking y S. T. C. Siklos, Cambridge, Nueva York, Cambridge University Press, 1983, pp. 205-249.

15. Linde, «Universe, Life, Consciousness».

16. Uno puede preguntarse cómo la inflación eterna y el multiverso logran evitar el teorema de Hawking según el cual debe haber habido una singularidad en el pasado. No es exactamente eso lo que hacen, como demostraron Guth, Vilenkin y Arvind Borde. Lo que hace la teoría de la inflación eterna es simplemente empujar mucho más hacia el pasado la singularidad, pero persisten las dudas sobre si puede ser realmente eterna.

CAPÍTULO 5. PERDIDOS EN EL MULTIVERSO

1. El antiprotón es la antipartícula del protón. Su carga eléctrica es -1, opuesta a la carga eléctrica $+1$ del protón. Paul Dirac predijo su existencia en su conferencia del Premio Nobel de 1933, basándose en la ecuación que

lleva su nombre. El antiprotón se halló experimentalmente por primera vez en 1955, en el acelerador Bevatron de Berkeley. Actualmente, los antiprotones se detectan de forma habitual en los rayos cósmicos.

2. La razón es que el bosón de Higgs debería también combinarse con partículas más pesadas, que aún no se han encontrado. Esta interacción tendría que incrementar su masa y, con ella, la masa de todo lo demás. Sin embargo, este no es el caso, un enigma llamado problema de la jerarquía en física de partículas: hay una jerarquía neta, una enorme separación energética, entre las masas y energías relativamente bajas de las partículas elementales del modelo estándar y las escalas de energía mucho más altas en la naturaleza, hasta la escala de Planck, donde los físicos creen que cobran importancia microscópicos efectos de gravedad cuántica. Los teóricos han conjeturado que una simetría exótica, denominada supersimetría, puede ser la responsable de la ligereza del bosón de Higgs. La supersimetría dice que todas las partículas de materia tienen una partícula de intercambio asociada, lo que duplica en efecto el número de especies de partículas elementales. Esta duplicación supersimétrica es tal que las diversas contribuciones a la masa del Higgs se cancelarían perfectamente, manteniéndolo así ligero. Sin embargo, el LHC ha buscado en vano estas partículas asociadas predichas por la supersimetría, lo que ha hecho dudar a algunos de su existencia.

3. Citado en su conferencia del Premio Scott. De hecho, Dirac tenía una sugerencia específica. Había observado que tres grupos diferentes de algunas de las constantes de la naturaleza se combinan para obtener el mismo número extremadamente grande, 10^{39}. Esto no puede ser una coincidencia, razonó, y especuló que había una ley más profunda que relacionaba estas cantidades. La parte radical de la sugerencia de Dirac es que utilizó la edad actual del universo como una de las «constantes» en algunas de las combinaciones que consideró. Desde luego, la edad del universo cambia a lo largo del tiempo, de manera que, al asignar un sentido fundamental a estas coincidencias numéricas, impuso que una de las constantes tradicionales de la naturaleza cambiase con el paso del tiempo. Dirac sacrificó la «constante» más antigua, la constante gravitatoria de Newton, G, que tenía que ser inversamente proporcional a la edad del universo para que su aritmética funcionase. Esto resultó ser incorrecto: en un universo en el que la gravedad se debilita a lo largo del tiempo, la producción de energía del Sol habría sido mucho mayor en un pasado no muy distante, haciendo que los océanos de la Tierra hirviesen en la era precámbrica, hasta el punto de que la vida que conocemos no habría evolucionado.

4. La idea de que dimensiones adicionales del espacio podrían tener algo que ver con la unificación de las fuerzas se remonta a la obra del matemático alemán Theodor Kaluza y el físico sueco Oscar Klein, en la década de 1920. Kaluza halló que la ecuación de Einstein aplicada a universos con una dimensión temporal y cuatro dimensiones espaciales describe no solo la gravedad en el espaciotiempo tetradimensional con el que estamos familiarizados, sino también las ecuaciones de Maxwell del electromagnetismo. En la configuración de Kaluza, el electromagnetismo surge de ondulaciones propagadas a través de la cuarta dimensión espacial. Klein sugirió después que esta dimensión adicional podía estar perfectamente oculta a nuestros sentidos si fuese muy pequeña. Si lo consideramos en su conjunto, el esquema de Kaluza y Klein ofrecía un primer ejemplo del poder unificador de las dimensiones adicionales.

5. Leonard Susskind, «The Anthropic Landscape of String Theory», en *Universe or Multiverse?*, ed. B. Carr, Cambridge, Cambridge University Press, 2007, pp. 247-266.

6. Es más, la constante cosmológica no puede ser tampoco demasiado negativa, porque esto conduciría a un tirón atractivo adicional que hace que el universo (isla) vuelva a colapsar en un *big crunch* antes de que las galaxias tengan ocasión de formarse.

7. La razón es que, si el universo (isla) empieza después de la inflación con variaciones mayores de la densidad primordial, entonces el proceso de crecimiento de estructuras a gran escala puede soportar mejor el empuje hacia el exterior de una constante cosmológica. Esto amplía, en varios órdenes de magnitud, el intervalo de valores de λ que son compatibles con la existencia de galaxias.

8. Por ejemplo, pensemos en dos tipos de universos isla en el panorama cósmico, que sean igualmente habitables pero cuya materia oscura se componga de partículas diferentes (con la misma cantidad total de materia oscura). Imaginemos que, en un universo, las dimensiones adicionales retorcidas de la teoría de cuerdas generan partículas de materia oscura muy pesadas, imposibles de producir en aceleradores de partículas de la Tierra, mientras que el otro universo posee una partícula de materia oscura más ligera que debería ser detectable con el sucesor del LHC. ¿Deberíamos esperar hallar una partícula de materia oscura cuando pongamos en marcha el próximo colisionador de partículas? Esta es una pregunta perfectamente razonable, justo del tipo del cual los físicos de partículas experimentales (por no mencionar los gobiernos y los ciudadanos que apoyan la investigación

en física) querrían conocer la respuesta. Está claro que el principio antrópico no ayuda; ambos tipos de islas son perfectas desde un punto de vista antrópico. Lo que se necesita, en cambio, es un precedente teórico que sopese la probabilidad relativa de ambos tipos de islas sin depender de la selección antrópica aleatoria. Volveremos a esto en el próximo capítulo, donde sostengo que esto es en concreto lo que ofrece una perspectiva cuántica correcta de la cosmología.

9. Para una crítica elocuente de la selección aleatoria en cosmología, véase James B. Hartle y Mark Srednicki, «Are We Typical?», *Physical Review D*, 75 (2007), 123523.

10. Algunos de los padres fundadores de la cosmología también se dieron cuenta de que las probabilidades *a priori* o las ideas de tipicalidad no eran demasiado útiles cuando se tenía en cuenta un sistema único. Contemplando el origen cuántico del universo, Lemaître dijo: «La división del átomo puede haber sucedido de muchas formas. La que realmente ocurrió podría haber sido muy improbable». Dirac hizo un comentario similar en una carta a Gamow, que había criticado la teoría de Dirac de gravedad variable en el tiempo en la formación del sistema solar, sobre la base de que exigía que el Sol tuviese una historia improbable. Dirac replicó que estaba de acuerdo en que la trayectoria del Sol era improbable en su teoría, pero que este tipo de improbabilidad no importaba. «Si tenemos en cuenta todas las estrellas que tienen planetas, solo una fracción muy pequeña de ellas habrá pasado a través de nubes de la densidad correcta. [...] Sin embargo, basta con que haya una sola para ajustarse a los datos. Así, no hay objeción alguna en suponer que nuestro Sol ha tenido una historia muy inusual e improbable».

11. Comunicación privada.

CAPÍTULO 6. ¿NO HAY PREGUNTA? ¡NO HAY HISTORIA!

1. Los puntos decisivos de las conversaciones que se presentan en la primera parte de este capítulo han aparecido publicados en W. Hawking y Thomas Hertog, «Populating the Landscape: A Top-Down Approach», *Physical Review D*, 73 (2006), 123527, y en S. W. Hawking, «Cosmology from the Top Down», *Universe or Multiverse?*, ed. Bernard Carr, Cambridge, Cambridge University Press, 2007, pp. 91-99. Ver también el informe de Amanda Gefter «Mr. Hawking's Flexiverse», *New Scientist*, 189, n.º 2548 (22 de abril de 2006), p. 28.

2. Copérnico defendió un modelo heliocéntrico basándose en la simplicidad matemática, no en un mejor ajuste a las observaciones astronómicas. Las primeras versiones del modelo copernicano del sistema solar suponían órbitas planetarias circulares y hacían casi las mismas predicciones para los movimientos aparentes del Sol y los planetas que el modelo geocéntrico ptolemaico. La idea de que los planetas no se mueven en círculos, sino en elipses, que fue una ruptura importante con miles de años de historia del pensamiento, la planteó en 1609 Johannes Kepler en su *Astronomia Nova*, en un intento de conciliar la nueva teoría copernicana con los datos astronómicos mejorados de Tycho Brahe, el predecesor de Kepler en Praga. Pero incluso los refinamientos de Kepler del modelo heliocéntrico podían obtenerse en el sistema ptolemaico añadiendo unos cuantos epiciclos más. La primera prueba observacional que apoyaba de manera decisiva el heliocentrismo por encima del antiguo sistema ptolemaico no llegó hasta las observaciones telescópicas de Galileo. Galileo vio que Venus tenía fases, como las de la Luna, que la teoría ptolemaica no podía explicar de ningún modo.

3. En cuanto a Copérnico, si fue un revolucionario, lo fue con reticencia. Su *De Revolutionibus Orbium Coelestium* se les entregó a los impresores en 1543, poco antes de su muerte, y su impacto inicial quedó silenciado. Es más, como si lo hiciera para reconfortar a sus lectores, Copérnico señalaba que, en su modelo heliocéntrico, la Tierra está «casi en el centro», y escribió: «Aunque la Tierra no esté en el centro del mundo, de todos modos la distancia al centro no es nada comparada con la de las estrellas fijas».

4. Esta formulación la empleó en un contexto muy distinto Thomas Nagel, *The View from Nowhere*, Oxford, Clarendon Press, 1986.

5. Sheldon Glashow, «The Death of Science!?», en *The End of Science? Attack and Defense*, ed. Richard J. Elvee, Lanham, Maryland, University Press of America, 1992.

6. Hannah Arendt, *The Human Condition*, Chicago, University of Chicago Press, 1958 [hay trad. cast.: *La condición humana*, Barcelona, Paidós, 2016].

7. Stephen hizo una afirmación similar en público más o menos al mismo tiempo, en su conferencia «Gödel and the End of Physics» [Gödel y el fin de la física], pronunciada en Strings 2002, en Cambridge (Reino Unido).

8. De hecho, las Conferencias Solvay siguen existiendo en la actualidad y disfrutando de un generoso apoyo por parte de la familia Solvay.

9. Otto Stern, citado en Abraham Pais, «*Subtle Is the Lord: The Science and the Life of Albert Einstein*», Oxford, Oxford University Press, 1982.

10. Albert Einstein, «Autobiographical Notes», en *Albert Einstein, Philosopher-Scientist*, ed. Paul Arthur Schilpp, Library of Living Philosophers, Illinois, Evanston, 1949 [hay trad. cast.: Albert Einstein, *Notas autobiográficas*, Madrid, Alianza Editorial, 2016].

11. Einstein, carta a Max Born, 4 de diciembre de 1926, en *The Born-Einstein Letters, A. Einstein, M. Born y H. Born*, Nueva York, Macmillan, 1971, p. 90.

12. Citado en J. W. N. Sullivan, *The Limitations of Science*, Nueva York, New American Library, 1949, p. 141.

13. Hugh Everett III, «The Many-Worlds Interpretation of Quantum Mechanics» (discurso de doctorado, Universidad de Princeton, 1957).

14. Bruno de Finetti, *Theory of Probability*, vol. 1, Nueva York, John Wiley and Sons, 1974.

15. John A. Wheeler, «Assessment of Everett's "Relative State" Formulation of Quantum Theory», *Reviews of Modern Physics*, 29, n.º 3 (1957), pp. 463-465.

16. John A. Wheeler, «Genesis and Observership», en *Foundational Problems in the Special Sciences*, eds. Robert E. Butts y Jaakkob Hintikka, D. Reidel, Boston, Dordrecht, 1977.

17. John A. Wheeler, «Frontiers of Time», en *Problems in the Foundations of Physics, Proceedings of the International School of Physics «Enrico Fermi»*, ed. G. Toraldo di Francia, Ámsterdam, Nueva York, North-Holland Pub. Co., 1979, pp. 1-222.

18. Wheeler, «Frontiers of Time».

19. Considero nuestro artículo —W. Hawking y Thomas Hertog, «Populating the Landscape: A Top-Down Approach», en *Physical Review D*, 73 (2006), 123527— como la finalización de la primera etapa del desarrollo de la cosmología descendente. Utilizamos por primera vez en una publicación el término «cosmología descendente» en S. W. Hawking y Thomas Hertog, «Why Does Inflation Start at the Top of the Hill?», *Physical Review D*, 66 (2002), 123509, pero esto fue mucho antes de que tuviésemos nada parecido a una implementación coherente de la idea.

20. En este punto, la cosmología descendente se hace eco de Dirac. Véase la nota 10 del capítulo 5 y, como veremos dentro de poco, a Lemaître.

21. James B. Hartle, S. W. Hawking y Thomas Hertog, «The No-Boundary Measure of the Universe», *Physical Review Letters*, 100, n.º 20 (2008), 201301.

22. Curiosamente, Darwin parece haber sido reacio a hablar del origen de la vida. En 1863, opinaba en una carta a su amigo Josep Dalton Hooker que reflexionar sobre el origen de la vida no era más que «una tontería», y que «del mismo modo se podría uno plantear el origen de la materia». En nuestros días, por supuesto, eso es justo lo que hacemos.

23. La cosmología descendente elude la paradójica pérdida de predictibilidad del multiverso porque, gracias a sus raíces cuánticas, la teoría predice probabilidades relativas de diferentes fragmentos de onda. Cuando los cosmólogos cuánticos dicen que dos propiedades del universo están correlacionadas, lo que quieren decir es que la probabilidad es alta para fragmentos de onda en los que ambas probabilidades emergen a través de la evolución cosmológica. Desarrollamos la cuestión de las predicciones descendentes en «Local Observations in Eternal Inflation», en James B. Harle, S. W. Hawking y Thomas Hertog, *Physical Review Letters*, 106 (2021), 141302. Recuerdo que Stephen, en aquel momento, se puso furioso con *Physical Review Letters* porque nos hicieron cambiar el título de nuestro artículo. Le gustaba de verdad el de «Eternal Inflation Without Metaphysics», el título del manuscrito que habíamos presentado, que reflejaba la creciente convicción de Stephen de que el multiverso en inflación eterna no sobreviviría a una perspectiva cuántica rigurosa del universo.

24. Entre los físicos que hicieron contribuciones importantes al posterior desarrollo de la mecánica cuántica everettiana están Robert Griffiths y Roland Omnès, así como Erich Jos, Dieter Zeh y Wojciech Zurek.

25. La mecánica cuántica de historias decoherentes distingue entre las historias de grano fino y de grano grueso de un sistema. Las historias de grano fino describen todas las posibles trayectorias de un sistema —ya sea una única partícula, un organismo vivo o el universo en su conjunto— con un grado exquisito de detalle. Sin embargo, ese enorme nivel de precisión también significa que las historias de grano fino no son decoherentes entre sí y, por tanto, tienen poco significado por sí mismas. Aquí es donde entran las historias de grano grueso, que no son más que historias de grano fino ligadas entre sí, por así decirlo, para formar una única historia (de grano grueso). Las historias de grano grueso que ignoran suficientes detalles de la evolución de un sistema sufren decoherencia unas de las otras y tienen, por tanto, existencia independiente, con, por ejemplo, probabilidades significativas. Pero ¿cuáles son las historias de grano fino que deberían juntarse? Dicho de otra forma, ¿cuál es la colección de historias de grano grueso que se deberían retener? Esto lo determinan las características del sistema que se

quiere describir o predecir. Es decir, el nivel de agregación en grano más grueso está íntimamente relacionado con las preguntas que se formulan sobre un sistema. Y así es como la mecánica cuántica de historias decoherentes integra en su estructura el proceso de observación.

26. Lemaître, «Primeval Atom Hypothesis».

27. Charles W. Misner, Kip S. Thorne y Wojciech H. Zurek, «John Wheeler, Relativity, and Quantum Information», *Physics Today* (abril, de 2009), pp. 40-50.

Capítulo 7. Tiempo sin tiempo

1. «Brane New World» comenzó su andadura cuando Stephen volvió a Cambridge de Estados Unidos, en algún momento de la primavera de 1999. Entró rodando en su oficina y declaró que había un artículo que escribir, y, parafraseando a Miranda en *La tempestad*, que debía llamarse *Brane New World*, lo que nos dejó momentáneamente a oscuras sobre cuál sería el tema del artículo. Una cuestión esencial en aquel momento era si los universos-membrana con una cuarta dimensión espacial invisible podían emerger de un origen de tipo big bang. El artículo «Brane New World», que publicamos en *Physical Review D*, 62 (2000), 043501, terminaba por demostrar que en la propuesta de ausencia de límites de Stephen para el origen del universo, tales mundos (mem)brana podían surgir de la nada, en un proceso de creación cuántica. Es más, hallamos que la dimensión adicional perpendicular a la membrana, aunque no podemos observarla directamente, podía dejar una sutil huella en las fluctuaciones de la radiación de fondo de microondas dentro de la membrana, lo que nos ofrecía la esperanza de que, algún día, seríamos capaces de probar de forma indirecta si vivíamos en un mundo de branas.

2. Los libros de Stephen solían incluir algo de sus últimas investigaciones. Su teoría de ausencia de límites de 1983 era el plato fuerte de *Historia del tiempo*, y nuestras primeras ideas del enfoque descendente aparecían en *El gran diseño*, de 2010. «Brane New World» inspiró el último capítulo de *El universo en una cáscara de nuez*, donde Stephen comparaba el nacimiento de los universos membrana con la creación de burbujas de vapor en agua hirviendo. Esta correspondencia entre su investigación y sus escritos de ciencia popular era esencial en su práctica académica y refleja, creo yo, su firme convicción de que la ciencia, incluidas las ideas más nuevas y vanguardistas,

debía formar parte de nuestra cultura si es que esta pretende cambiar el mundo a mejor. Por todo esto, no me sorprendió en absoluto que, poco antes de su muerte, Stephen me dijera que había llegado el momento de un nuevo libro: el que el lector tiene en sus manos.

3. S. W. Hawking y Thomas Hertog, «A Smooth Exit from Eternal Inflation?», *Journal of High Energy Physics*, 4 (2018), p. 147.

4. S. W. Hawking, «Breakdown of Predictability in Gravitational Collapse», *Physical Review D*, 14 (1976), p. 2460.

5. Podría haberse pensado, desde luego, que los métodos semiclásicos de Hawking no son adecuados para analizar cómo escapa la información de un agujero negro que se evapora. Después de todo, los agujeros negros albergan una singularidad donde la teoría semiclásica fracasa. Sin embargo, Don Page, de la Universidad de Alberta, aclaró que el enigma de la información no tiene tanto que ver con lo que sucede en el mismo final de la vida de un agujero negro, cuando seguramente la singularidad entra en juego, sino con lo que sucede en el camino hacia él. Page llevó a cabo su propio experimento mental en el que examinaba la cantidad total de entrelazamiento cuántico entre el interior de un agujero negro y la radiación de Hawking del exterior. Esto se expresa mediante una magnitud denominada entropía de entrelazamiento, una versión cuántica de la entropía concebida por el matemático John von Neumann, que mide nuestra falta de información acerca de la función de onda precisa de un sistema cuántico. Al principio del proceso de evaporación, la entropía de entrelazamiento es obviamente cero, porque el agujero negro aún no ha emitido ninguna radiación con la que entrelazarse. A medida que la radiación de Hawking se va filtrando, la entropía de entrelazamiento entre el agujero y la radiación aumenta, porque las partículas emitidas están entrelazadas con sus partículas asociadas al otro lado del horizonte. Page razonó que, si la información debe conservarse, era necesario que esta tendencia se invirtiese en algún momento, de manera que la entropía de entrelazamiento volviera a ser cero al final, cuando ya no hay agujero negro alguno. Concluyó que, a lo largo del tiempo, la entropía de entrelazamiento debía seguir una curva en forma de V invertida, con el punto de inflexión aproximadamente a mitad del proceso de evaporación. Como en ese momento el agujero negro todavía es grande, el marco semiclásico de Stephen debería poder aplicarse, porque no tiene sentido que colapse en el entorno de curvatura relativamente baja cerca del horizonte de un agujero negro de gran tamaño. Sin embargo, no hay nada en los cálculos semiclásicos de Hawking que pueda forzar hacia abajo la

curva de entropía de entrelazamiento. Según Hawking, esta entropía no hace más que incrementarse. Este comportamiento agudiza la paradoja. La hipótesis de que los efectos aparentes de la gravedad cuántica extraen toda la información justo antes de que el agujero negro desaparezca parece, de pronto, mucho menos verosímil. El refinamiento de Page del experimento mental de Hawking muestra que el problema de información del agujero negro es una paradoja dentro del marco semiclásico de la gravedad. Page publicó su análisis «Average entropy of a subsystem» en *Physical Review Letters*, 71 (1993), p. 1291.

6. S. W. Hawking, «Black Holes Ain't as Black as They Are Painted», *The Reith Lectures*, BBC, 2015.

7. Edward Witten, «Duality, Spacetime and Quantum Mechanics», *Physics Today*, 50, 5 (1997), pp. 28-33.

8. Maldacena llegó a su dualidad holográfica teniendo en cuenta, desde dos perspectivas diferentes, las propiedades de un conjunto estrechamente apilado de membranas tridimensionales, que los teóricos llaman tribranas. Antes, el lúcido teórico Joe Poilchinski se había dado cuenta de que tales branas, en la teoría M, son ubicaciones especiales a las que están fijados los extremos de las cuerdas que constituyen las «partículas» de materia. Las cuerdas pueden moverse libremente a través de las branas, pero no pueden salir de ellas. La única excepción a esta norma son las cuerdas responsables de la gravedad, porque se trata de bucles cerrados sin extremos, de manera que las branas no pueden atraparlas. Físicamente, esto significa que, en teoría de cuerdas, la gravedad necesariamente se filtra fuera de las branas, propagándose en todas las dimensiones espaciales, mientras que la materia puede confinarse a las branas. Desde cierto punto de vista, el punto de vista intrínseco que contempla la dinámica de las cuerdas que se mueven a través de las branas, Maldacena halló que la pila de tribranas se describe mediante una teoría cuántica de campos que vive en tres dimensiones espaciales: las tres dimensiones que constituyen las tribranas. Pero, a continuación, Maldacena consideró esa misma pila de tribranas desde un punto de vista exterior, fijándose en la forma en que la pila en su conjunto afecta a su entorno. Mirándola de este modo, Maldacena halló que se trata, básicamente, de un sistema gravitante. Las branas tienen masa y energía y, por tanto, deforman el espaciotiempo en su proximidad. Es más, resulta que el espaciotiempo curvado generado por las branas se extiende en una dirección adicional ortogonal a las branas, con la forma de un espacio AdS. Ambas perspectivas parecen radicalmente diferentes. Sin embargo, Maldacena razonó que, pues-

to que describen el mismo sistema físico, deberían, en última instancia, ser la misma. Esto es, una debería ser dual de la otra. Así llegó Maldacena a la dualidad holográfica que relaciona la gravedad y la teoría de cuerdas en el espacio AdS curvado con la teoría cuántica de campos (QFT) en la superficie de frontera. Maldacena publicó su impactante análisis en el artículo «The Large N limit of superconformal field theories and supergravity», en *Advances in Theoretical and Mathematical Physics*, 2 (1998), pp. 231-252.

9. La idea general de que el lado gravitatorio de la dualidad holográfica implica una suma de geometrías interiores se remonta a los primeros tiempos de la dualidad. Cuando Witten propuso por primera vez que en un universo AdS los agujeros negros tienen una descripción dual en términos de una sopa caliente de quarks y gluones que se mueven en el mundo de frontera, también observó que en sus cálculos flotaba una segunda geometría interior sin un agujero negro. Cuando la sopa de quarks estaba caliente, el interior sin agujero negro quedaba camuflado. Su amplitud en la función de onda era insignificante. Pero, cuando Witten redujo la temperatura de la sopa (¡como experimento mental!), notó que su composición cambiaba: los quarks se agrupaban formando partículas compuestas estrechamente unidas, como protones o neutrones. Por el lado de la gravedad, esta transición de caliente a frío corresponde a que el interior sin agujero negro pasa a dominar la geometría interior con agujero negro. De modo que, al cambiar la temperatura de la sopa de partículas en la superficie de frontera, una geometría o la otra pasa a primer término en el interior, una vívida ilustración de la superposición de espaciotiempos de Feynman. Witten publicó su análisis «Anti-de Sitter space, thermal phase transition, and confinement in gauge theories», en *Advances in Theoretical and Mathematical Physics*, 2 (1998), p. 253.

10. S. W. Hawking, «Information Loss in Black Holes», *Physical Review D*, 72 (2005), 084013.

11. Geoffrey Penington, «Entanglement Wedge Reconstruction and the Information Paradox», *Journal of High-Energy Physics*, 09 (2020), 002; Geoff Penington, Stephen H. Shenker, Douglas Stanford, «Replica wormholes and the black hole interior», *JHEP 03* (2022), 205; Ahmed Almheiri, Netta Engelhardt, Donald Marolf, Henry Maxfield, «The entropy of bulk quantum fields and the entanglement wedge of an evaporating black hole», *JHEP 12* (2019), 063.

12. Figura de John Archibald Wheeler, «Geons», *Physical Review*, 97 (1955) pp. 511-536.

13. A lo largo de los años, numerosos teóricos han hecho aportaciones al desarrollo de una dualidad holográfica para universos en expansión como el espacio de De Sitter, un esfuerzo colectivo que prosigue hasta la actualidad. Las primeras reflexiones publicadas sobre una dualidad dS-QFT se remontan a principios de la década de los 2000 e incluyen trabajos de Andrew Strominger, y de Vijay Balasubramanian, Jan de Boer y Djordje Minic. La perspectiva de función de onda universal en esta dualidad se abrió camino en artículos de investigación como «Non-Gaussian features of primordial fluctuations in single field inflationary models» de Maldacena, *Journal of High-Energy Physics*, 05 (2003), 013; en «Holographic No-Boundary Measure» de Hartle y Hertog, *Journal of High-Energy Physics*, 05 (2012), 095; y en «Wave function of Vasiliev's universe: A few slices thereof» de Dionysios Anninos, Frederik Denef y Daniel Harlow, *Physical Review D*, 88 (2013), 084049).

14. Georges Lemaître, «The Beginning of the World from the Point of View of Quantum Theory», *Nature*, 127, 3210 (1931), p. 706.

15. John Archibald Wheeler, «Information, Physics, Quantum: The Search for Links», en *Proceedings of the 3rd International Symposium on Foundations of Quantum Mechanics*, ed. Shun'ichi Kobayashi, Physical Society of Japan, Tokio, 1990, pp. 354-358.

16. La onda sin límites se reduce a cero en el fondo de las geometrías en forma de cuenco que describen el origen del universo. Esta era una de las propiedades definitorias de la teoría cuando Jim y Stephen la propusieron por primera vez. La holografía da una interpretación de esta particularidad desde la perspectiva de la teoría de la información.

17. S. W. Hawking, «The Origin of the Universe», en *Proceedings of the Plenary Session, 25-29 November 2016*, eds. W. Arber, J. von Braun y M. Sánchez Sorondo, Ciudad del Vaticano, 2020), acta 24.

Capítulo 8. En casa en el universo

1. El ensayo de Arendt sintoniza con el prólogo y la última parte de su libro *La condición humana*. Se volvió a publicar, con modificaciones menores, en la segunda edición de *Between Past and Future: Eight Exercises on Political Thought*, Nueva York, Viking Press, 1968 [hay trad. cast.: *Entre el pasado y el futuro: ocho ejercicios sobre la reflexión política*, Barcelona, Ediciones Península, 2016].

2. Por una parte, razona Arendt, el ser humano es terrestre, nacido en el mundo, y se enfrenta al destino, a la fortuna y a elementos que están más allá de su control. Por otra parte, el ser humano es un artífice que hasta cierto punto puede reconstruir el mundo. Las semillas de la libertad humana, según el pensamiento de Arendt, se hallan en la confluencia de estas dos fuerzas contrapuestas.

3. Werner Heisenberg, *The Physicist's Conception of Nature*, 1st American ed., Nueva York, Harcourt Brace, 1958 [hay trad. cast.: *La imagen de la naturaleza de la física actual*, Barcelona, Orbis, 1988].

4. Es difícil deducir, a partir de sus escritos sobre la cuestión, si pioneros como Dirac o Lemaître ya imaginaron el origen del universo como una especie de límite epistémico. Sin embargo, poco después de que se completase este manuscrito, la VRT, la emisora pública flamenca, halló en sus archivos una entrevista a Lemaître que hacía tiempo que se creía perdida, efectuada por Jérôme Verhaege en 1964. En ella reflexiona sobre su hipótesis del átomo primordial de 1931 y da más detalles, específicamente, sobre este punto. Lemaître evoca claramente la idea de que el «átomo», tal y como él lo imagina, no representa simplemente el principio del tiempo, sino un origen más profundo que no puede concebirse mediante el pensamiento, «un inicio inaccesible que se encuentra justo antes de la física».

5. Aplicando algoritmos computacionales, podemos comprimir datos y almacenarlos en un mensaje más corto. Pensemos, por ejemplo, en las órbitas de los planetas. Se pueden describir especificando las posiciones y momentos de todos los planetas en una serie de instantes temporales, pero este mensaje se puede comprimir hasta un enunciado de las posiciones y momentos en un instante, combinado con las ecuaciones de movimiento de Newton. Es más, los datos de muchos sistemas gravitantes diferentes se pueden comprimir en un mensaje que incluya estas mismas ecuaciones de movimiento. Esto es lo que otorga a las ecuaciones de Newton su carácter de ley universal. Sin embargo, eso difiere bastante de dotar a estas ecuaciones de una existencia objetiva independiente que reemplaza al cosmos.

6. En el esquema global de la cosmología cuántica, la distinción entre niveles de evolución no es fundamental, pero surge cuando amplificamos diferentes tipos de ramificación de la función de onda universal. Los niveles más altos de evolución tienen que ver con cuestiones que dependen no solo de la función de onda, sino también de los resultados específicos de los procesos de ramificación que conducen hasta ese nivel. Para estudiar la abiogénesis en la Tierra hace 4.000 millones de años, por ejemplo, formu-

lamos a la función de onda universal preguntas sobre química. Por tanto, se amplifican las ramificaciones que tienen que ver con ese nivel. Para ello, es necesario proporcionar el resultado de los niveles inferiores de evolución cosmológica, astrofísica y geológica primitiva, además de un modelo de la propia función de onda.

7. S. W. Hawking, «Gödel and the End of Physics».

8. Robbert Dijkgraaf, «Contemplating the End of Physics», *Quanta Magazine* (noviembre de 2020).

9. Para admitir un cierto grado de optimismo, debe de haber pasos evolutivos pasados particularmente improbables. La tasa de formación de estrellas y la abundancia de exoplanetas que orbitan otras estrellas indican que, con toda probabilidad, las condiciones físicas no presentan un obstáculo importante. Este es de nuevo el carácter biofílico de las leyes físicas. Pero algunos de los pasos asociados con la evolución biológica siguen siendo notoriamente inciertos. Los biólogos evolutivos han identificado unos siete complicados pasos de «ensayo y error» que son candidatos razonables a ser cuellos de botella importantes en el camino hacia una vida perdurable. Entre ellos se hallan la abiogénesis, la formación de células eucariotas complejas, la reproducción sexual, la vida multicelular y la aparición de la inteligencia. En la próxima década, aproximadamente, es probable que obtengamos más información acerca de la probabilidad de algunas de estas transiciones a partir de las misiones a Marte y las observaciones de las atmósferas de exoplanetas. Si los científicos hallan vida multicelular en Marte (siempre que hubiese evolucionado de manera independiente) o signos de vida primitiva en la composición química de las atmósferas exoplanetarias, estos descubrimientos eliminarían algunos de los pasos de nuestro pasado como candidatos a transiciones improbables, afinando un poco más la paradoja de Fermi.

Índice alfabético

Los números de página de las ilustraciones están en cursiva.